高等职业教育智能制造领域人才培养系列教材

自动化生产线安装与调试

主编　　杨莉莉　　李金亮

参编　　张苗苗　　于燕华　　刘　莉　　于晓东

机械工业出版社

本书以世界技能大赛（Worldskills）机电一体化竞赛指定设备——德国Festo公司生产的MPS模块化生产加工系统为教学载体，以具体设备的实际应用为课题设计来源，将知识点和技能点嵌入到多个小课题中，体现了理实一体化的教学理念。

本书主要内容分为8个学习模块，分别为自动化生产线整体认知、供料单元的安装与调试、检测单元的安装与调试、提取安装单元的安装与调试、操作手单元的安装与调试、成品分装单元的安装与调试、可编程控制技术在自动化生产线中的应用、CIROS仿真软件在自动化生产线中的应用。

本书可作为高等职业院校机电设备类专业的教材，也可供相关工程技术人员参考。

为方便教学，本书配套有多媒体课件、思考与练习答案、模拟试卷及答案等教学资源，凡选用本书作为授课教材的学校，均可通过电话（010-88379758）咨询。

图书在版编目（CIP）数据

自动化生产线安装与调试 / 杨莉莉，李金亮主编 . — 北京：机械工业出版社，2023.11（2025.9 重印）
高等职业教育智能制造领域人才培养系列教材
ISBN 978-7-111-74155-8

Ⅰ.①自…　Ⅱ.①杨…②李…　Ⅲ.①自动生产线 – 安装 – 高等职业教育 – 教材②自动生产线 – 调试方法 – 高等职业教育 – 教材　Ⅳ.①TP278

中国国家版本馆 CIP 数据核字（2023）第 207424 号

机械工业出版社（北京市百万庄大街 22 号　邮政编码 100037）
策划编辑：王宗锋　曲世海　　　责任编辑：王宗锋　曲世海
责任校对：张亚楠　梁　静　　封面设计：马若濛
责任印制：单爱军
保定市中画美凯印刷有限公司印刷
2025 年 9 月第 1 版第 2 次印刷
184mm×260mm · 15.25 印张 · 365 千字
标准书号：ISBN 978-7-111-74155-8
定价：49.80 元

电话服务　　　　　　　　　网络服务
客服电话：010-88361066　　机　工　官　网：www.cmpbook.com
　　　　　010-88379833　　机　工　官　博：weibo.com/cmp1952
　　　　　010-68326294　　金　书　网：www.golden-book.com
封底无防伪标均为盗版　机工教育服务网：www.cmpedu.com

前　言

党的二十大报告提出，"建设现代化产业体系。坚持把发展经济的着力点放在实体经济上，推进新型工业化，加快建设制造强国、质量强国、航天强国、交通强国、网络强国、数字中国。"为了更好地适应国家新型工业化发展，贯彻落实《国家职业教育改革实施方案》，深化职业教育"三教"改革，加快实现培养一大批知识结构合理、素质优良的技术技能型、复合技能型和知识技能型高技能人才这一宏大目标，编者与北京恒达集电教学设备有限公司等企业进行合作，联合开发了本书。

本书从典型生产线的实际应用入手，面向世界技能大赛（Worldskills）机电一体化赛项，服务于高等职业教育专科机电设备类专业职业能力培养。本书由 8 个学习模块组成，每个模块中设置了若干个课题，采用"教学目标—教学内容—相关知识—技能训练—效果测评"这种依次深入的教学模式。每一个课题都追求教学练结合、自成系统，内容适度、够用，循序渐进地完成知识和技能的学习，实践项目丰富、详尽，可操作性高，旨在培养学生的工程实践能力。

本书内容突出职业性、专业性和技能性，以 Festo 公司生产的 MPS 模块化生产加工系统为教学载体，根据世界技能大赛机电一体化竞赛赛项要求，对学生进行技能训练，充分融"教、学、做"为一体，体现了"以人为本、终身教育"的理念，实现教学资源与教学内容、学习过程与工作过程、课堂学习与拓展学习的有效对接。

本书运用信息技术手段，展现立体化学习资源，实现线上线下混合式教学，以微课、动画、技能操作视频、仿真、电子课件等丰富的数字化资源作为支撑，构建新形态立体化课程体系。

本书由杨莉莉、李金亮任主编，张苗苗、于燕华、刘莉、于晓东参与编写。本书在编写过程中参考了有关文献资料，在此向这些文献资料的作者表示衷心的感谢。

由于编者水平有限，书中难免存在疏漏与不足之处，恳请读者批评指正。

编　者

二维码清单

序号	名称	二维码	序号	名称	二维码
01	了解自动化生产线及应用		09	检测单元的功能和结构组成	
02	认识 MPS 自动化生产线		10	检测单元的机械结构安装	
03	供料单元运行仿真动画		11	检测单元的气动控制回路设计与调试	
04	供料单元功能与结构组成		12	检测单元的电气系统安装与调试	
05	供料单元气动系统安装与调试		13	检测单元控制程序设计	
06	供料单元控制程序设计		14	提取安装单元运行仿真动画	
07	供料单元程序编写仿真及调试		15	提取安装单元的机械结构与安装	
08	检测单元运行仿真动画		16	提取安装单元气路设计与连接	

（续）

序号	名称	二维码	序号	名称	二维码
17	提取安装单元电气控制回路及连接		23	操作手单元控制程序设计	
18	提取安装单元控制程序设计		24	成品分装单元运行仿真动画	
19	操作手单元运行仿真动画		25	成品分装单元的机械结构与安装	
20	操作手单元的机械结构与安装		26	成品分装单元气路设计与连接	
21	操作手单元气路设计与连接		27	成品分装单元电气控制回路及连接	
22	操作手单元电气控制系统		28	成品分装单元控制程序设计	

目　录

模块 1

自动化生产线整体认知

　　自动化生产线是指由自动化机器体系实现产品工艺过程的一种生产组织形式。它是在连续流水线进一步发展的基础上形成的。自动化生产线在无人干预的情况下按规定的程序或指令自动进行操作或控制的过程，其目标是"稳，准，快"。自动化技术广泛用于工业、农业、军事、科学研究、交通运输、商业、医疗、服务和家庭等方面。采用自动化生产线不仅可以把人从繁重的体力劳动、部分脑力劳动以及恶劣、危险的工作环境中解放出来，而且能扩展人的器官功能，极大地提高劳动生产率，增强人类认识世界和改造世界的能力。

　　首先，我们必须对自动化生产线的概念、应用、发展、特点等特性有所了解和掌握；其次，按照自动化生产线上典型工作任务的工作要求，我们借助 MPS 生产线中的典型工作站来实现其相应的控制要求，因此我们需要熟悉典型工作站的结构和功能等。

课题 1　　了解自动化生产线及其应用

教学目标

知识目标

（1）掌握自动化生产线的定义。
（2）掌握自动化生产线的特点。
（3）了解自动化生产线的发展概况。

能力目标

（1）能够理解自动化生产线的含义。
（2）能够理解自动化生产线的功能及作用。

素质目标

（1）具备爱岗敬业的精神。
（2）具备扎实的职业素养。

（3）具备专业的服务态度与服务精神。

（4）具备弘扬中华传统文化意识，增强大国文化自信。

教学内容

本课题教学内容为了解自动化生产线及其应用，旨在使学生了解自动化生产线的功能、作用、特点以及发展概况等。

相关知识

一、自动化生产线的应用

20 世纪 80 年代，许多工厂和企业开始普遍采用计算机进行生产的控制和管理，从而使企业进入工厂自动化（FA）时代。自动化生产线作为大批量生产核心的组件，将机械技术、电工电子技术、网络通信技术、传感器技术、信息技术等融为一体，是典型的机电一体化设备。它在汽车制造、机械加工、食品加工、家用电器、建筑材料等领域有着广泛的应用。

图 1-1 所示是某啤酒厂的自动灌装生产线，主要完成自动上料、灌装、封口、检测、打标、包装、码垛等多个生产过程，其作用如下：

1）极大地提高了生产效率。

2）降低了企业成本。

3）保证产品的质量。

4）实现集约化大规模生产的要求，增强企业的竞争能力。

图 1-2 所示是某汽车公司的自动化生产线。一般来说，一个完整的汽车生产厂家都拥有四大生产工艺，即冲压、焊接、涂装、总装。由于各个工艺环节都采用了自动化设备，因此在工作效率、质量与安全性方面比人工操作都有很大提高。

图 1-1　某啤酒厂的自动灌装生产线

图 1-2　某汽车公司的自动化生产线

图 1-3 所示是某烟草公司的自动化生产线，该生产线引入了工业网络，由其连接制丝生产、卷烟生产、包装成品等一体化的全过程自动化系统。通过采用先进的计算机技术、

控制技术、自动化技术、信息技术，集成工厂自动化设备，对卷烟生产全过程实施控制、调度、监控。同时该生产线充分应用了工控机、变频器、人机界面、PLC、智能机器人等自动化产品。

图 1-4 所示是某电子产品生产企业的自动焊接生产线，包括丝印、贴装、固化、回流焊接、清洗、检测等工序单元，其功能如下：

1）生产线上每个工作单元都有独立的控制与执行功能。

2）通过工业网络技术将生产线构成一个完整的工业网络系统，确保整条生产线高效有序运行，实现大规模的自动化生产控制与管理。

图 1-3　某烟草公司的自动化生产线

图 1-4　某电子产品生产企业的自动焊接生产线

二、自动化生产线的概念

社会的发展和进步已对各行业提出了越来越高的要求。自动控制技术是随着科学技术的不断发展及生产工艺不断提出新的要求而得到飞速发展的。各生产部门为了提高生产效率和市场竞争力，多采用机械化流水线作业的生产方式，因此，自动化生产线越来越多地应用于工业生产中。在新的电气元件和计算机技术不断发展的同时，电气控制技术也在持续发展，现在 PLC 已与 CAD/CAM、Robot 一起，成为当代工业自动化技术的三大支柱，自动化生产线是现代生产发展的主要趋势之一，对加速社会生产力发展，改进企业生产技术，减轻工人体力劳动具有重大意义。自动化生产线的特点：适用于大批量生产，加工精度和生产率较高，占地面积小，能缩短生产周期和降低成本，并保证生产的均衡。

生产线指产品生产过程所经过的路线，即从原料进入生产现场开始，经过加工、运送、装配、检验等一系列生产活动所构成的路线。

自动化生产线（Automatic Production Line）简称"自动线"，是在流水生产线的基础上逐渐发展起来的。它不仅要求线体上各种机械加工装置能自动地完成预定的各道工序及工艺过程，使产品成为合格品，而且要求在装卸工件、定位夹紧、工件在工序间的输送、工件的分拣、工件的包装等方面都能自动完成。人们把这种自动工作的机械电气一体化系统称为自动化生产线。

自动化生产线的任务就是实现自动生产。那么，如何才能达到这一要求呢？

自动化生产线之所以能成为一个系统，是因为它综合应用机械技术、控制技术、传感器技术、驱动技术、网络技术、人机接口技术等，通过一些辅助装置按工艺顺序将各种机械加工装置连成一体，并通过液压系统、气压系统和电气控制系统将各部分动作联系起来，完成预定的生产加工任务。从系统工程观点出发，自动化生产线应用这些综合技术，根据生产的需要，对它进行了有效的组织与综合，从而实现了整体设备的最佳化。

自动化生产线虽源于流水生产线，与流水生产线有相似之处，但其性能已经远远超过流水生产线，并有许多明显的不同。最主要的特点是自动化生产线具有统一的自动化控制系统，有较高的自动化程度，还具有比流水生产线更为严格的生产节奏，工作必须以一定的生产节拍经过各个工位完成预定的加工。

由于生产的产品不同，故各种自动化生产线大小不一，结构有别，功能各异。从功能上来看，不论何种自动化生产线，都应具备最基本的四大功能，即运转功能、控制功能、检测功能和驱动功能。运转功能在自动化生产线中依靠动力源来提供；控制功能在自动生产线中得以实现，是由微型机、单片机、可编程控制器或其他一些电子装置来承担完成的，在工作过程中，设在各部位的传感器把信号检测出来，控制装置对信号进行存储、运输、运算、变换等，然后用相应的接口电路向执行机构发出命令，完成必要的动作；检测功能主要由位置传感器、直线位移传感器、角位移传感器等各种传感器来实现，传感器收集生产线上的各种信息，如位置、温度、压力、流量等传递给信息处理部分完成检测；驱动功能主要由电动机、液压缸、气压缸、电磁阀、机械手或机器人等执行机构来完成。

三、自动化生产线的发展概况

从 20 世纪 20 年代开始，随着汽车、滚动轴承、小型电动机和缝纫机等工业的发展，机械制造业中开始出现自动化生产线，最早出现的是组合机床自动化生产线。在此之前，首先是在汽车工业中出现了流水生产线和半自动化生产线，随后发展成为自动化生产线。第二次世界大战后，在工业发达国家的机械制造业中，自动化生产线的数目出现了急剧增加。自动化生产线的发展方向主要是提高可调性，扩大工艺范围，提高加工精度和自动化程度，同计算机结合实现整体自动化车间与自动化工厂。随着数控机床、工业机器人、计算机、通信等技术不断进步和发展，这些相关技术的自动化生产线将会发展成为一个更为完善的工业生产体系，同时自动化的思想将不断深入人们的生活，让人们的生产生活变得更加方便快捷。

随着科学技术的发展和社会需求的扩大，特别是高新技术的迅猛发展，推动着自动化生产线技术不断进步。其发展趋势主要体现在以下几个方面：

1）向智能化方向发展。自动化生产线中应用智能化技术的水平和程度决定了自动化的水平和程度。智能化已经成为各种工程现代化最明显的标志。

2）向集成化方向发展。集成化自动化生产线系统将设计、分析、生产准备、加工制造、管理服务等各个环节有机地联系在一起，最大限度地实现信息共享，从而提高信息数据的一致性和可靠性。自动化生产线系统的集成化已是大势所趋，是实现计算机集成制造系统的基础。

3）向网络化方向发展。通信技术和网络技术的飞速发展，给各自独立自动化单元的联网通信、实现资源共享提供了可靠保障。随着自动化生产线系统的集成和网络化技术的日趋成熟，自动化生产线技术可以实现资源的优化配置，极大地提高企业的快速响应能力，"全球制造"等先进制造模式因此应运而生。

4）向着标准化的方向发展。自动化生产线技术的标准化可以设计统一原理、统一数据格式、统一数据接口，简化开发和应用工作，为信息集成创造条件。随着自动化生产线系统的集成和网络化，制定自动化生产线的各种设计开发、评测和数据交换标准势在必行。

技能训练

根据学生人数进行分组，组织学生开展下列训练：

1）根据给出的自动化生产线典型应用，分析该生产线的功能、作用和特点，熟悉和理解自动化生产线的含义，编制并填写生产线组成及功能说明表格。

2）组织学生分组检索典型的自动化生产线应用实例，描述它的功能及生产节拍，并画出它的工作流程。

效果测评

根据本课题学习内容，按照表 1-1 所列内容，对学习效果进行测评，检验教学达标情况。

表 1-1　课题评价表

考核目标	考核内容	考核要求	评分标准	配分	自评	互评	师评
知识目标（60分）	自动化生产线的概念	概念清楚，表述准确	根据掌握情况给分，不完整可酌情扣分	15分			
	典型自动化生产线的功能	思路清晰，内容完整	根据掌握情况给分，不完整可酌情扣分	15分			
	自动化生产线的发展趋势	思路清晰，表述准确	根据掌握情况给分，不完整可酌情扣分	15分			
	自动化生产线的优缺点	熟悉自动化生产线特点	优点12分；缺点3分	15分			
能力目标（40分）	编制 MPS 生产线基本单元的组成及功能表格并填写	表格规范，表述准确	根据掌握情况给分，不完整可酌情扣分	30分			
	绘制生产线的工作流程	功能完整，前后过程连接准确	根据掌握情况给分，不完整可酌情扣分	10分			
合计				100分			

课题 2　认识 Festo MPS 自动化生产线

教学目标

■ 知识目标

（1）了解 Festo MPS 基本单元。
（2）掌握 Festo MPS 基本单元的功能及特点。
（3）掌握 MPS 的系统构成。

■ 能力目标

（1）能够概述 MPS 的系统构成。
（2）能够概述 MPS 的系统特点。

■ 素质目标

（1）具备爱岗敬业的精神。
（2）具备扎实的职业素养。
（3）具备专业的服务态度与服务精神。
（4）具备弘扬中华传统文化意识，增强大国文化自信。

教学内容

本课题教学内容为认识 Festo MPS 自动化生产线，旨在使学生了解 Festo MPS 自动化生产线典型工作单元的功能等。

相关知识

一、MPS 简介

随着自动化技术的不断发展，在现代的工业生产中，机与电的划分界限越来越模糊，机电一体化的综合性生产设备越来越成为工业生产中的主角，这也对教学培训提出了更高、更新的要求。

在以往的教学中，往往机械和电气专业的课程和实训是完全分开的，很多学校机电一体化专业课程的设置往往还是一种简单的组合，机和电的内容分别设立课程、分别进行实验。这样，对学生来说，相关的知识点是学到了，但这些知识点之间如何关联，又如何相互配合构成机电一体化的综合性系统，就很难有一个完整的概念了，MPS 很好地解决了这个问题。

MPS（Modular Production System）即模块化生产加工系统。本书介绍的 MPS 是从德国 Festo 公司引进的实训装置，用于模拟实际工业生产中体现机电一体化技术的实际应用，是一套包含工业自动化系统中不同程度的复杂控制过程的教学培训装置，是内含丰富的机电一体化系统。它将机械结构、气动技术、液压技术、电气控制技术、传感器技术、可编程控制器技术以及网络控制技术充分结合为一体，为我们提供了一个半开放式的学习环境，可完成加工系统中机械设计、组装、编程、传感器、电气控制、调试、操作、维护和纠错等一系列课题的不同层次的培训。

MPS 是被广泛应用的综合技能训练设备，它从实际工业应用的角度出发，将现代化工业生产设备中常见的自动化控制技术及手段集于一身，真正实现了机械与电气技术的本质结合，被世界职业技能竞赛"机电一体化"赛项指定为比赛专用设备，如图 1-5 所示。

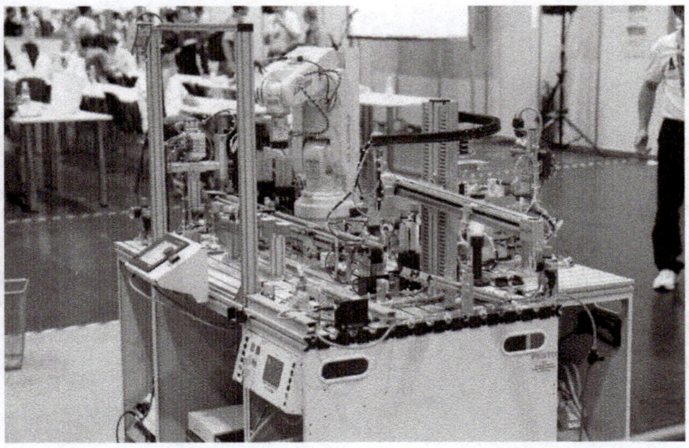

图 1-5　世界职业技能竞赛"机电一体化"赛项比赛专用设备

二、MPS 的构成

MPS 由多个相对独立的工作单元组合而成，能够进行分组训练及系统构成练习。对于更高层次的训练要求，还可以进行工程的设计规划、工程管理、生产过程的流通管理、工作小组及团队之间的交流和工作配合等练习，以及进行系统技术文献的整理、补充和技术资料的运用练习。

最典型的 MPS 由以下 8 个工作单元组成，如图 1-6 所示。

1）供料单元：功能是分离叠放料箱管道内的加工工件，也可以将工件停置在传送带上并进行分离传输。

2）检测单元：功能是将工件从运行工序中取出，将其放到测量台上并测定其高度。

3）提取安装单元：拣选工件（外壳或缸体）置于滑槽上，从滑槽供应工件（外壳或缸体）。

4）分类单元：按工件钻孔深度区分工件，并将其分到两个不同的物料流方向。

5）成品分装单元：该工作站将工件分到三个滑道内。

6）电操作手单元：可将工件置于不同的滑槽上，如果该工作单元与其他工作单元组合，还可规定其他分类标准，工件还可被传输至下游工作单元。

7）仓储单元：该单元为仓库存储的模拟，它将系统加工完成的合格产品按照不同类别进行分类存放。

8）包装单元：完全自动地包装工件，包装好的工件将被送至传送带末端。

本书介绍的 MPS 由 5 个工作单元组成，分别是供料单元、检测单元、提取安装单元、操作手单元和成品分装单元，同时引入工业 4.0 关键技术，升级为小型工业 4.0 生产线系统。MPS 较为真实地模拟了一条自动化生产线的工作过程，每个工作单元都可以自成一个独立的系统，也可以按需要组合成不同功能的系统，如图 1-7 所示。

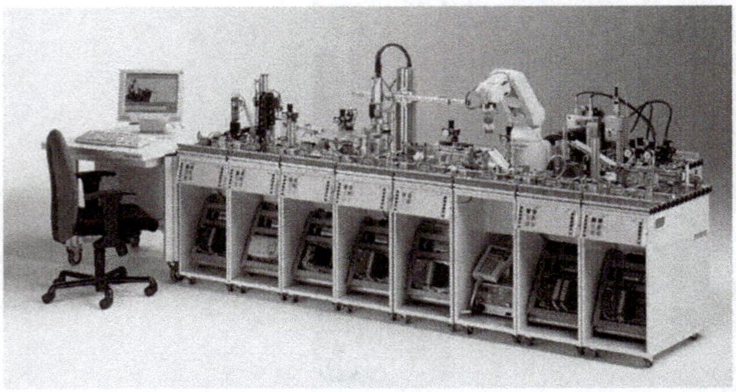

图 1-6　典型自动化生产线（MPS）

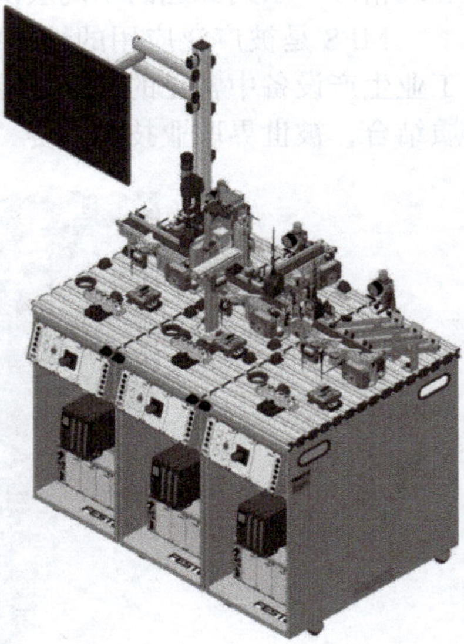

图 1-7　小型工业 4.0 生产线系统

三、MPS 的功能

MPS 是一个真正意义上将机械结构、气动技术、液压技术、电气控制技术、传感器技术、可编程控制器技术、通信技术等机、电控制技术集于一体的模块化教学培训系统。系统中的元器件均选用实际的工业元器件，无论是机械结构还是控制系统，都采用统一的标准接口，这使得整个系统真正实现完全的模块化，具有极强的柔韧性，可非常方便地进行组合、互换、扩展，使得该系统能同时满足不同层次、不同科目的培训要求。每个工作单元都具有各自独立的 PLC 控制，它既可以独立工作，又可以任意组合构成系统，实现单元与单元之间的相互配合，如图 1-8 所示。

MPS 各组成单元的结构虽已固定，但设备的各执行机构按照什么样的动作顺序执行，各单元之间如何配合，让 MPS 模拟一个什么样的生产加工控制过程，MPS 作为一条自动化生产线具有怎样的操作运行模式等，学习者都可根据自己的理解，运用所学的理论知识，设计出 PLC 控制程序，使 MPS 实现一个符合实际生产的自动控制过程。借助生产线虚拟仿真软件 CIROS，如图 1-9 所示，通过一个虚实结合的学习环境，以提高学习者的实际技能及控制技术的综合运用能力，同时也可以作为科研开发工作的试验平台。

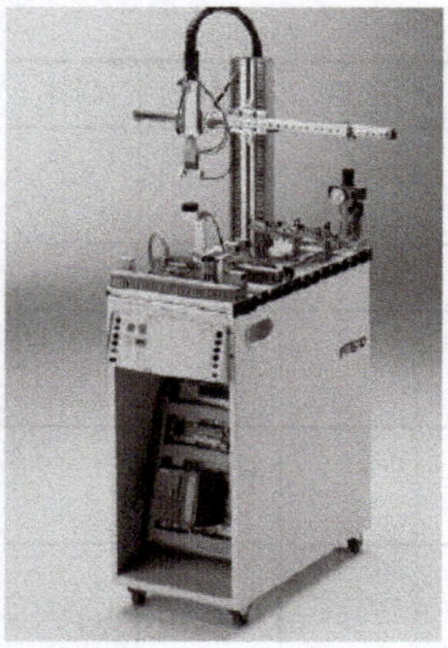

图 1-8　MPS 的功能

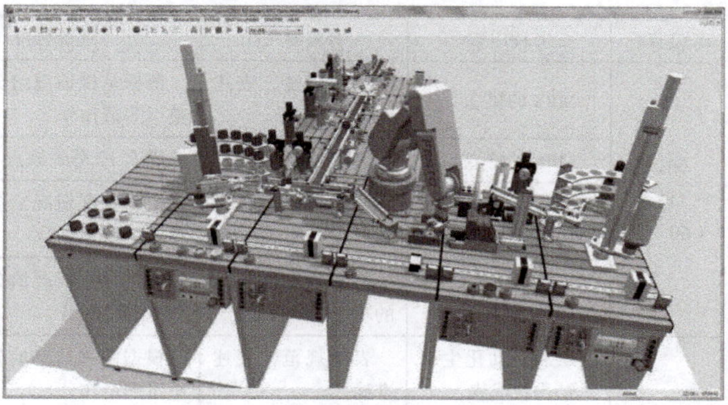

图 1-9　MPS 虚拟仿真软件 CIROS

　　MPS 的模块化结构使得每个组合都具有很强的扩展性。每个系统模块经过不同的组合，可以满足不同层次、不同需求的教学培训需要。从控制的角度上，可以从一般的 I/O 通信扩展为 PROFIBUS 通信，还可以扩展为局域网系统或通过互联网实现远程控制。

　　从系统的结构上，MPS 的每个工作单元，都可以作为后期扩展的 FMS（柔性制造系统）的一个组成部分。MPS 能够不断随着科学技术的发展而进行补充和扩展，以紧跟时代发展的步伐及工业生产的进程，始终保持其先进性，使它真正成为企业员工素质不断提高和技术发展的有力支持。

技能训练

　　根据学生人数进行分组，分别准备好 MPS 工作站供料单元、检测单元、提取安装单元、操作手单元、成品分装单元、分类单元、仓储单元、包装单元等，组织学生开展下列训练：

　　1）对 MPS 生产线各工作单元的外形和结构进行认真仔细观察，查看各工作单元的结构组成，熟悉和理解自动化生产线工作流程，绘制自动化生产线结构组成表并填写完整。

　　2）对于运行中的 MPS 生产线各工作单元进行认真观察，进一步加深对生产线各工作单元的结构和工作原理的理解，绘制 MPS 生产线各生产单元功能表并填写完整。

　　3）在有条件的情况下，组织学生对 MPS 生产线各工作单元进行操作控制训练，加深对生产线各单元的理解。

效果测评

　　根据本课题学习内容，按照表 1-2 所列内容，对学习效果进行测评，检验教学达标情况。

表 1-2　课题评价表

考核目标	考核内容	考核要求	评分标准	配分	自评	互评	师评
知识目标（60分）	MPS 的概念	概念清楚，表述准确	根据掌握情况给分，不完整可酌情扣分	15 分			
	MPS 的特点	熟悉 MPS 特点	优点 12 分；缺点 3 分	15 分			
	MPS 生产线的结构组成	熟悉各工作单元的组成	根据掌握情况给分，不完整可酌情扣分	15 分			
	MPS 生产线各工作单元的功能	熟悉各工作单元的功能	根据掌握情况给分，不完整可酌情扣分	15 分			
能力目标（40分）	绘制自动化生产线结构组成表	表格规范，表述准确	根据掌握情况给分，不完整可酌情扣分	10 分			
	绘制 MPS 生产线各生产单元功能表	表格规范，表述准确	根据掌握情况给分，不完整可酌情扣分	10 分			
	能熟练操作 MPS 生产线各工作单元	各工作单元的起动、停止、复位、手自动切换	能够顺利完成各工作单元的各类操作控制	20 分			
合计				100 分			

思考与练习

一、填空题

1. MPS 是_____的简称。

2. MPS 系统是_____、_____、_____、_____、_____ 和 _____等机电控制技术集于一体的模块化教学培训系统。

二、简答题

1. 简要概述 MPS 系统的功能和特性。
2. 概述自动化生产线的发展趋势。

三、创新题

简要描述自身熟悉的实际生产线的功能及组成，并提出改进建议。

模块 2

供料单元的安装与调试

供料单元在自动化生产线中常作为起始单元，为后续单元提供物料。对于初学者来说，供料单元是最基础的一个生产线单元。本模块围绕"供料单元的安装与调试"这条主线，通过第 1 个课题"认识供料单元功能与结构组成"先建立对供料单元的整体结构和功能的认识，明确该单元中常用的一些机械元件、气动元件的结构、工作原理和选用，在此基础上通过第 2 个和第 3 个课题深入研究供料单元的气动回路和电气回路的安装与连接，最后通过第 4 个课题"供料单元的 PLC 控制及编程"，以供料单元为载体介绍生产单元的顺序控制编程方法以及仿真调试过程，培养学习者根据生产单元控制要求进行设备编程调试的能力。

课题 1 认识供料单元功能与结构组成

教学目标

知识目标

（1）了解供料单元的功能及工作过程。
（2）了解供料单元的机械结构组成。
（3）认识供料单元机械元件及其功能。
（4）掌握直流电动机及控制器的功能。
（5）掌握供料单元中磁性开关、光电式接近开关等传感器的结构、特点及工作原理。

能力目标

（1）能够对供料单元机械本体进行安装调试。
（2）掌握推料气缸上磁性开关、生产单元上光电式传感器的安装与调试方法。
（3）使用手控盒手动控制供料单元动作，校验输入和输出地址。

素质目标

（1）培养学生分析、解决生产实际问题的能力，提高学生的职业技能和专业素养。

（2）培养学生规范操作、团结协作意识。

（3）培养学生自主学习、适应岗位能力。

教学内容

通过本课题学习，了解供料单元工作过程，认识供料单元硬件结构及功能，为后面的学习奠定基础。供料单元结构图如图 2-1 所示。

图 2-1 供料单元结构图

相关知识

一、供料单元的功能

由一个双作用气缸将工件逐个推出。传送带模块负责向右或向左输送加工工件。如果有需要，也可以将工件停置在传送带上并进行分离。

供料单元是一个提供工件的单元，具有工件的仓储、分类和进给等功能。具体功能是：按需将放置在料仓中的待加工工件自动取出，并通过传送带逐一传送到下一单元。

二、供料单元的结构组成

供料单元按照功能分由两大模块组成，分别是料仓模块和传送带模块，以及一些辅助元件。

1. 料仓模块

料仓模块的主要功能是为生产系统存放加工物料，并在加工过程中为系统逐一提供物料。料仓模块由料斗、底座、推料气缸、2 个单向节流阀、2 个磁感应接近开关和 1 个对射式光电传感器组成，如图 2-2 所示。

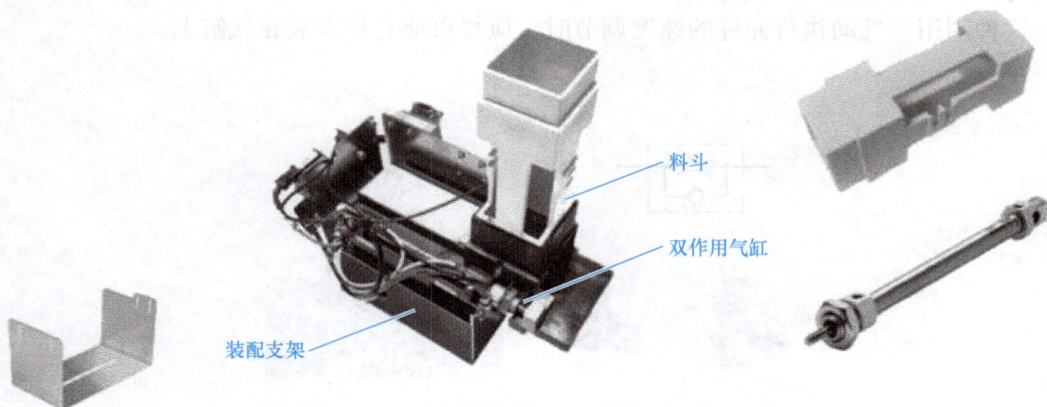

图 2-2　料仓模块的组成

（1）料斗　料斗为空心方形塑料筒，竖直插接在底座上。在工作时，工件利用重力从料斗中单个顺序地落到底座的推槽中。工件垂直叠放在料斗中，最多可放 7 个，它们可以以任意顺序摆放。通过翻转料管后，料仓中可以堆放 17 个工件盖子。

（2）推料气缸　推料气缸是一个双作用气缸（Standard cylinder），它是料仓模块中的执行元件，由缸筒、前后缸盖、活塞、活塞杆、密封件、磁环和紧固件等零件组成，终端带有弹性缓冲环（不可调），如图 2-3 所示。推料气缸用于将料仓中的工件推出到指定位置；在推料气缸的两个行程终点都安装了电磁式限位开关，使用 PLC 控制气缸动作更便捷。

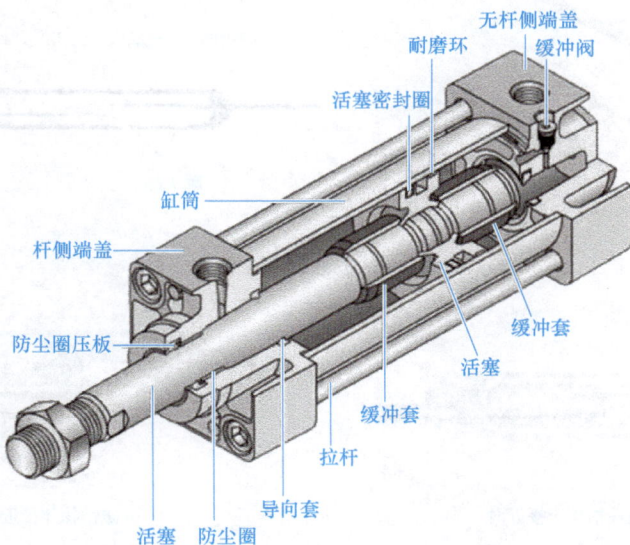

图 2-3　推料气缸

（3）单向节流阀　单向节流阀属于速度控制阀，由单向阀和节流阀组合而成，带有可转动接头，如图2-4所示。单向阀在一个方向上可以阻止空气流动，此时空气经节流阀流出，相反方向空气从单向阀流出。在气动回路里，通常用排气节流防止低速时有爬行现象。调节时，用小螺钉旋具旋转节流螺钉，改变节流面，从而改变气体流量，最终改变气动执行元件的运动速度。顺时针旋转节流螺钉减小节流面；逆时针旋转节流螺钉增大节流面。这种阀用于气动执行元件的速度调节时，应尽可能直接安装在气缸上。

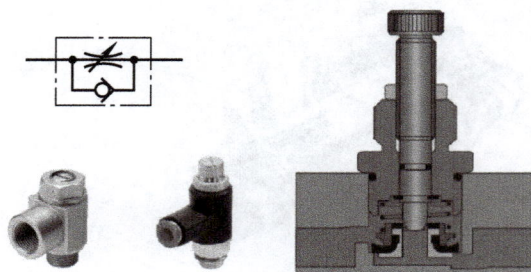

图 2-4　单向节流阀

（4）磁感应接近开关（Proximity sensor）　磁感应接近开关（见图2-5）是一种舌簧管式接近开关（简称干簧管开关），它由两片接触片组成，这两片接触片被安装在填充有惰性气体的玻璃圆管里。通过电磁场的影响，两片接触片闭合，电流从中流过。磁感应接近开关工作原理如图2-6所示。磁感应接近开关的特点在于：由于干簧管的触头被密封在玻璃管内，不受外界环境影响，工作非常稳定；用惰性金属铑做成的触头，熔点高，能减少电弧放电对触头表面的危害，铑触头硬度高、耐磨损、工作寿命长；簧片部分结构简单、体积小。

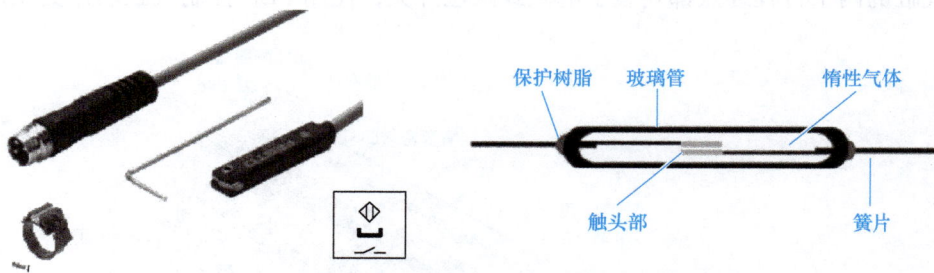

图 2-5　磁感应接近开关

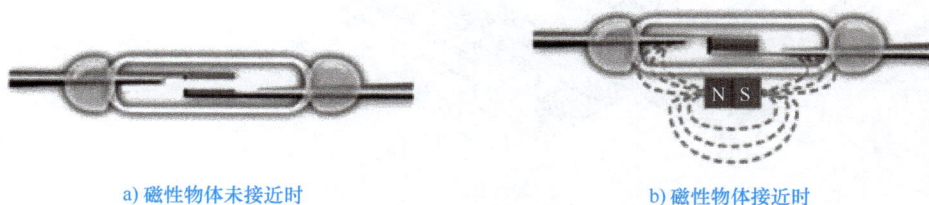

a) 磁性物体未接近时　　b) 磁性物体接近时

图 2-6　磁感应接近开关工作原理

在 MPS 供料单元中，磁感应接近开关用于检测推料气缸的两个终端位置，安装在气缸的末端，对安装在气缸上的永久磁铁进行感应。

（5）对射式光电传感器　安装在料仓上的对射式光电传感器用于检测料斗中有无工件。

料仓模块工作过程：料仓模块用于分离工件。工件必须从顶部开口处放入，顺序装入料斗。由一个在常态下活塞杆缩回的双作用气缸推动工件底部，将料斗中的一个工件送到指定位置，气缸的伸出和缩回速度通过单向节流阀调节。通过对射式光电传感器检测料斗中有无工件。料仓模块工作前后如图 2-7 所示。

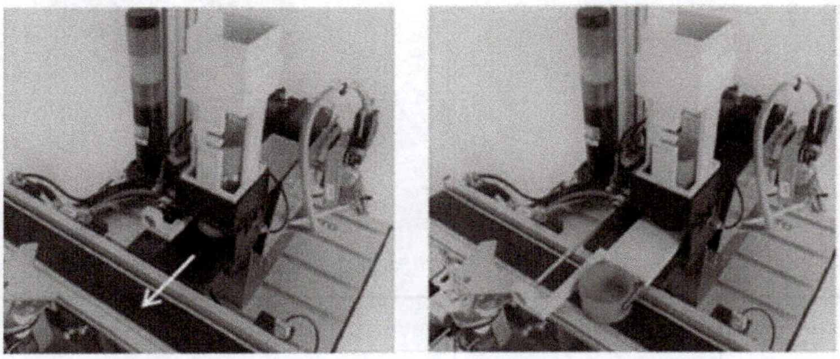

a) 物料存放于料斗中　　　　　b) 气缸推出物料

图 2-7　料仓模块工作前后

2. 传送带模块

传送带模块是用来传输和暂存工件的。光电传感器用来检测分隔器上游和传送带末端的工件。传送带由一个直流电动机驱动。图 2-8 所示为传送带模块的结构组成。

去除辅助功能元件后

传送带
支撑件
减速机构
直流电动机

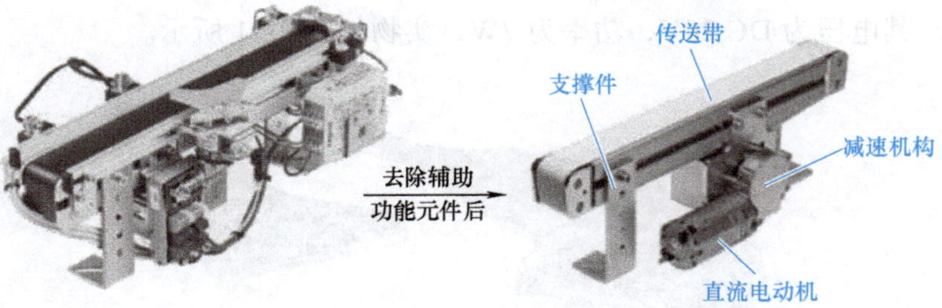

图 2-8　传送带模块的结构组成

（1）传送带　传送带可安装在铝合金底板或底座上，不带电动机，如图 2-9 所示。可传送直径为 40mm 的加工工件（如气缸缸体或气缸组装件），也可以传送工件运载工具。安装时需注意传送带单元传送带松紧的调整。

（2）直流电动机　　直流电动机是实现直流电能与机械能之间相互转换的电力机械，是带动传送带的动力源，实物如图 2-10 所示。直流电动机相关参数见表 2-1。

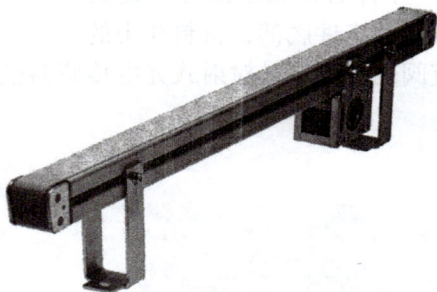

图 2-9　传送带

图 2-10　直流电动机

表 2-1　直流电动机相关参数

主要参数	值	说明
额定电压 / V	24	额定工作情况下，电枢上所加的直流电压
额定电流 / A	1.5	额定电压下轴上输出额定功率时的电流
额定转速 / (r/min)	65	额定电压、额定电流时电动机的转速
起动转矩 / N·m	7	在刚接通电源起动时，电动机轴上输出的转矩
额定转矩 / N·m	1	在额定电压、额定电流下能长期工作，电动机轴上允许输出的最大转矩

（3）分支 / 分隔模块　　分支 / 分隔模块是电气元件，直接安装在传送带上，其上端挡板可以往复摆动，用于阻挡传送带传送过来的工件。挡板的角度可以通过松开两个固定螺栓手动调节。其电压为 DC 24V，功率为 7W，实物如图 2-11 所示。

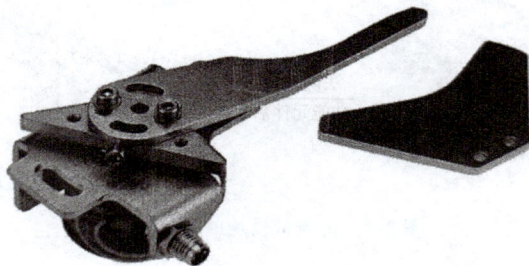

图 2-11　分支 / 分隔模块实物

（4）直流电动机控制器　　直流电动机控制器用来控制直流电动机的起动、调速和制动等，实物如图 2-12 所示。

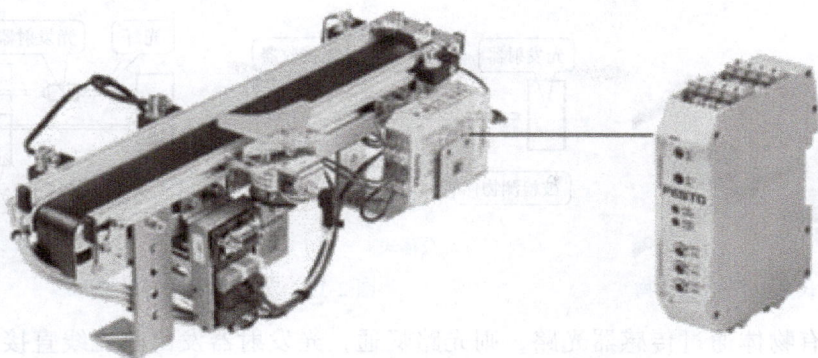

图 2-12 直流电动机控制器实物

（5）漫反射式光电传感器 漫反射式光电传感器（实物见图 2-13）的光发射器和光接收器集于一体，如图 2-14 所示，两者处于同一侧位置，利用光照射到被测物上后反射回来的光线而工作。由于没有反射板，正常情况下光发射器发出的光，光接收器是无法接收到的，只要当被测物经过时，将光发射器发出的光部分反射回来，使光接收器收到光信号，传感器才能产生输出信号，所以又称漫反射式接近开关。对于表现光亮或其反射率极高的被测物，漫反射式光电传感器是首选的检测器件。

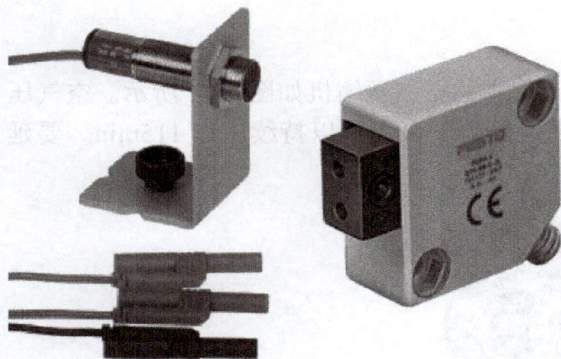

图 2-13 漫反射式光电传感器实物

图 2-14 漫反射式光电传感器原理

漫反射式光电传感器的特点：

1）漫反射式光电传感器的检测特性与介质表面的反射率有很大关系。

2）漫反射式光电传感器对距离比较敏感。

3）如果传感器安装位置不当，可能检测不到信号，或传感器信号不稳定。

（6）对射式光电传感器 对射式光电传感器的光发射器和光接收器处于相对位置，面对面安装，实物如图 2-15 所示。图 2-16a 所示为光发射器与光接收器分体的结构，图 2-16b 所示为光发射器与光接收器一体的结构。光纤（探头）共有 2 根，一根用于导出光线，一根用于导入光线，其作用是传导光。

注意：光纤在安装和使用中，不能将其折成"死弯"或使其受到其他形式的损伤。

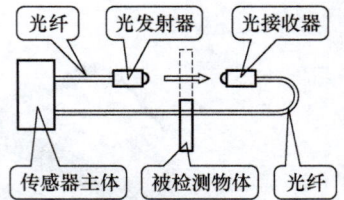

图 2-15　对射式光电传感器实物

图 2-16　对射式光电传感器原理

a) 分体式

b) 一体式

如果没有物体通过传感器光路，则光路畅通，光发射器发出的光线直接进入光接收器；若有物体通过传感器光路，则光发射器与光接收器之间的光线被阻断，引起传感器输出信号的变化。因此对射式光电传感器是检测不透明物体最可靠的检测模式。安装在供料单元料仓模块的料仓底部和传送带模块的传送带末端的对射式光电传感器，分别用于检测料仓有无工件和传送带末端有无工件。

对射式光电传感器的特点：

1）对射式光电传感器几乎可以检测所有物质。

2）对于透明物质，在减小发射光的强度下检测可靠性较高；但对于表面光洁无摩擦的透明塑料物件，则不可能检测到。

3）发射光强度越小，检测距离就会越小。

3. 辅助元件

（1）空气压缩机　MPS 模块化生产加工系统中的空气压缩机如图 2-17 所示。空气压缩机最大输出压力为 800kPa，在 600kPa 的设定压力下最多可以持续工作 115min。要延长工作时间，只能设法降低空气压缩机的温度。

图 2-17　空气压缩机

1）空气压缩机安全操作规程如下：

① 开机前应检查空气压缩机曲轴箱内油位是否正常，各螺栓是否松动，压力表、气阀是否完好，空气压缩机必须安装在平稳牢固的基础上。

② 空气压缩机的工作压力不允许超过额定排气压力，以免超负荷运转而损坏空气压缩机或烧毁电动机。

③ 不要用手去触摸空气压缩机气缸头、缸体及排气管，以免因温度过高而被烫伤。

④ 日常工作结束后，要切断电源，放掉空气压缩机储气罐中的压缩空气，打开储气罐下边的排污阀，放掉气凝水和污油。

2）空气压缩机维护保养规程如下：

① 每星期检查一次油位；给空气压缩机排水（设定压力为 200kPa）。

② 每月检查一次空气过滤器及气马达积灰情况。

③ 每年换一次油；检查安全阀。

（2）气动二联件 气动系统中常用二联件（过滤、调压组件）为各工作单元提供压缩空气。

MPS 中的二联件如图 2-18 所示。二联件由过滤器、压力表、截止阀、快插接口和快速连接件组成，安装在可旋转的支架上。其作用是除去压缩空气中所含的杂质及凝结水，调节并保持恒定的工作压力。允许压力表压力范围为 0 ~ 800kPa，实际工作压力为 600kPa。

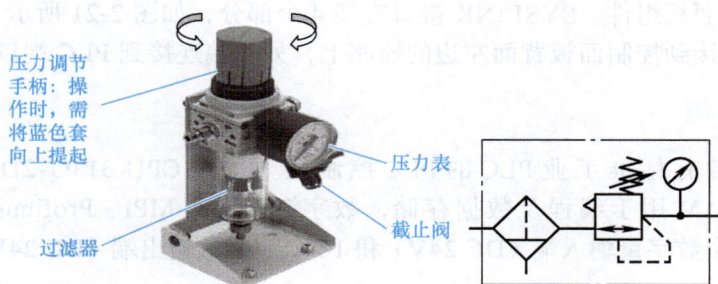

图 2-18 MPS 中的二联件实物外形和气路图形符号

二联件在使用过程中，需要注意以下几点，以延长其使用寿命。

1）安装二联件时，需要保持竖直，角度与垂直方向相差 ±5° 以内。注意加固实训台上松动的二联件。

2）在使用时，需注意观察油杯中的过滤物，以便及时排放，以免水面升高从而污染过滤器滤芯。

3）调节供气压力时，首先将压力调节手柄外套提起，然后根据外套顶端 "＋" "－" 符号的加减压提示，缓慢旋动手柄，并观察压力表，直到压力达到要求为止，之后将手柄外套压下。调节前，一定要保证气泵已经提供过来足够压力的压缩空气。生硬、过量地旋动手柄，会导致手柄内的调节螺栓上的螺纹损坏，导致二联件不能实现调压。

（3）Mini I/O 端子 Mini I/O 端子带 LED 等显示，用于将 MPS 工作站中各模块上的信号连接到端子上，如图 2-19 所示。

（4）C 接口 C 接口是用于 MPS 各工作站中的模块和 PLC 之间的连接，每个机构模块的 Mini I/O 端子会通过 C 接口端子连接到 PLC，如图 2-20 所示。

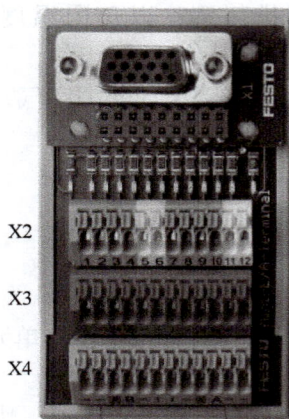

图 2-19　Mini I/O 端子　　　　　　　　　　图 2-20　C 接口

4. 控制面板

完整的控制面板包括控制面板组件（4 个输入、4 个输出）、通信面板组件（4 个输入、4 个输出）、备用面板组件、SYSLINK 接口支架 4 个部分，如图 2-21 所示。连接时一端是 XMG2 的电缆连接到控制面板背面左边的插座上，另一端连接到 PLC 端口。

5. PLC 控制板

MPS 选用带有标准工业 PLC 的 PLC 控制板。选用 CPU 313C-2DP PLC，C 表示集成，128KB RAM 用于编程及数据存储，数字 2 表示有 MPI、Profibus-DP 2 个接口。CPU 集成了 16 个数字量输入端（DC 24V）和 16 个数字量输出端（DC 24V，400mA），如图 2-22 所示。

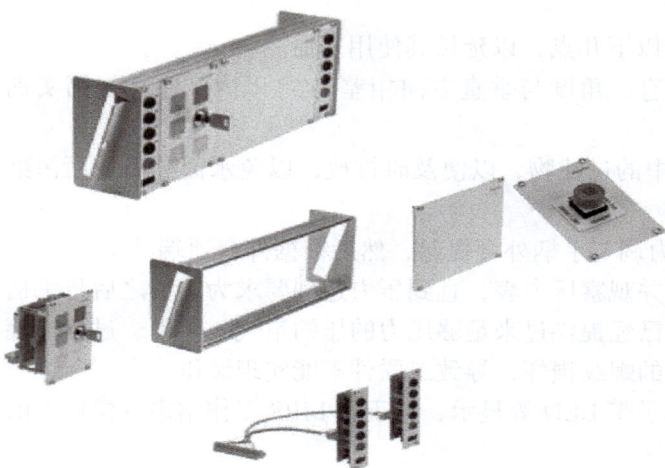

图 2-21　控制面板　　　　　　　图 2-22　PLC：CPU-313C-2DP

6. 手控盒的使用

手控盒是设备调试的重要工具，功能是代替 PLC，手动控制执行元件动作，同时校验 I/O 地址，如图 2-23 所示。

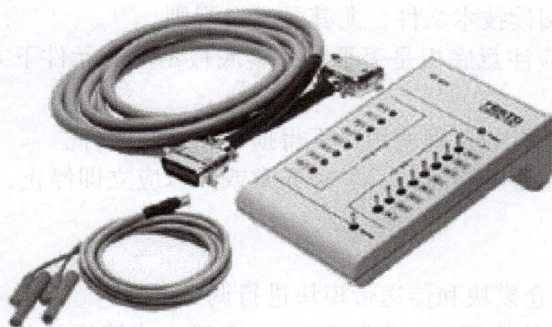

图 2-23　手控盒

使用方法如下：

1）设备电气回路检查无误后，接通气源，连接手控盒 I/O 接线端口，另一端连接 C 接口，连接手控盒电源到 24V 直流电源箱。

2）右侧最下方开关为手控盒电源开关，向右扳动开关电源接通；右侧上方 8 个拨动开关对应 PLC 输出点的 8 位，开关向左拨为脉冲输出，向右拨为连续输出。通过控制拨动开关来调试执行元件动作，同时校验地址。

3）左侧的 8 个灯对应 PLC 输入点的 8 位，可以用来校验输入信号地址。

技能训练

一、供料单元的机械安装与调试

在安装调试前，应准备好安装调试所需的工具、材料和设备，并做好工作现场和技术资料的准备工作。

1. 安装调试前准备

1）工具：尖嘴钳、水口钳、剥线钳、管子扳手、套筒扳手（9mm×10mm）、内六角扳手、一字螺钉旋具、十字螺钉旋具、万用表。

2）设备：供料单元完整设备。

3）技术资料：机械安装图、工作计划表及材料工具清单。

4）工作现场：现场工作空间充足，方便进行安装调试，工具、材料准备到位。

2. 安装工艺要求

1）工具使用方法正确，不损坏工具及元件。

2）按给定的标准图样选工具和元件。

3）在指定的位置安装工作平台元件和相应模块。

4）机械结构安装牢固，机械传动灵活，无松动或卡涩现象。

3. 安装调试安全要求

1）安装前应仔细阅读技术文件，尤其是安全规则。

2）安装元件时，应注意底板是否平整，若底板不平，元件下方应加垫片，防止损坏元件。

3）操作时应注意工具的正确使用，不得损坏工具及元件。

4）试运行时不能用手触碰元件，发现异常或异味应立即停止，进行检查。

4. 设备调试

按照控制要求对料仓模块和传送带模块进行调试。

（1）磁感应接近开关的调试（推料气缸）　磁感应式接近开关安装在推料气缸的终端位置。磁感应式接近开关对安装在气缸上的永久磁铁进行感应。

1）准备条件如下：

① 安装推料气缸和磁感应式接近开关。

② 连接气缸。

③ 打开气源。

④ 连接传感器导线。

⑤ 打开电源。

2）执行步骤如下：

① 将气缸与电磁阀连接，用电磁阀控制气缸运动。

② 将传感器在气缸轴向位置上移动，直到传感器被触发，触发后状态指示灯亮。

③ 在同一方向上轻微移动传感器，直到状态指示灯熄灭。

④ 将传感器安装在触发和关闭的中间位置。

⑤ 用内六角扳手将传感器固定。

⑥ 起动气缸，检查传感器位置是否正确（气缸活塞杆前进/后退）。

（2）对射式光电传感器的调试（传送带、料仓）　对射式光电传感器用于检测料仓是否有工件以及传送带末端是否有工件。从光栅上导出两根光纤导线。传感器光栅发出红色可见光。如果料仓或传送带末端有工件，会遮挡红色光。

1）准备条件如下：

① 安装传感器。

② 连接传感器。

③ 接通电源。

2）执行步骤如下：

① 将光纤导线探头安装在料仓或传送带末端位置。

② 将光纤导线连接至光栅上。

③ 用内六角扳手调节传感器灵敏度，直到指示灯亮。

注意：调节螺孔，最大只能旋转12圈。光纤的插入深度也会影响传感器的灵敏度。

④ 将工件放入料仓或传送带末端位置，传感器指示灯熄灭。

（3）漫反射式光电传感器的调试（传送带）　漫反射式光电传感器用于检测传送带起始端和中间位置是否有工件。从光栅上导出一根光纤导线，传感器光栅发出红色可见光，如果料仓或传送带末端有工件，会反射红色光。

1）准备条件如下：

① 安装传感器。

② 连接传感器。

③ 接通电源。

2）执行步骤如下：

① 将光纤导线探头安装在料仓或传送带末端位置。

② 将光纤导线连接至光栅上。

③ 将工件放在传送带起始端或中间位置，传感器指示灯亮。

（4）单向节流阀的调试　单向节流阀用于控制双作用气缸的气体流量。在相反方向上，气体通过单向阀流动。

1）准备条件如下：

① 连接气缸。

② 打开气源。

2）执行步骤如下：

① 将单向节流阀完全拧紧，然后松开 1 圈。

② 起动系统。

③ 慢慢打开单向节流阀，直至达到所需的活塞杆的速度。

二、供料单元 I/O 地址的校验

在充分认识了供料单元功能和硬件结构后，使用手控盒确认本单元的输入设备和输出设备的 I/O 地址，并观察 C 接口 LED 状态，校验地址是否一致。确认每个传感器的检测功能和电磁换向阀与执行元件的对应关系。

效果测评

本课题的检查评价主要包括传感器、电磁换向阀、传送带和安全操作。课题评价表见表 2-2。

表 2-2　供料单元硬件结构认识课题评价表

评价项目	地址确认及操作考核	配分	扣分	得分
传感器	料仓传感器地址	10 分		
	传送带起始端传感器地址	10 分		
	传送带阻隔器处传感器地址	10 分		
	传送带末端传感器地址	10 分		

（续）

评价项目	地址确认及操作考核	配分	扣分	得分
电磁换向阀	推料气缸地址	10分		
传送带	直流电动机正转地址	10分		
	直流电动机反转地址	10分		
	阻隔器地址	10分		
安全操作	手控盒安装（不得将24V直流电源正、负极接反）	5分		
	手控盒连接（不得带电操作）	5分		
	气源操作（不得带气操作）	5分		
	电源操作（不得带电操作）	5分		
合计		100分		

课题2 供料单元气动控制系统

教学目标

■ 知识目标

（1）认识气动控制回路中各元件的符号及其功能。

（2）掌握供料单元的气动控制回路的工作原理。

（3）了解气动控制回路安装技术规范。

■ 能力目标

（1）能够识读并绘制供料单元的气动控制回路图。

（2）能够熟练安装供料单元的气动控制回路。

■ 素质目标

（1）培养学生分析、解决生产实际问题的能力，提高学生的职业技能和专业素养。

（2）培养学生规范操作、团结协作意识。

（3）培养学生自主学习、适应岗位能力。

教学内容

根据气动控制回路图样，在考虑经济性、安全性的情况下，制定安装与调试计划，选择合适的工具和仪器，团队合作进行供料单元气动控制回路安装与调试。根据任务要求，首先确定工作组织方式，划分工作阶段，分配工作任务，讨论安装流程与工作计划，填写工作计划表和材料工具清单。安装调试气动控制回路工艺流程如图 2-24 所示。

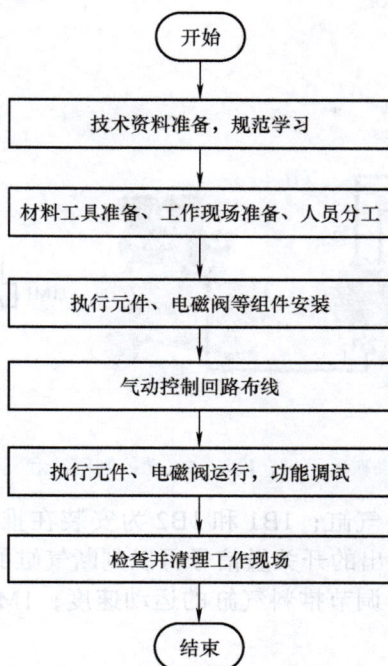

图 2-24 安装调试气动控制回路工艺流程

相关知识

一、气动控制回路工作原理分析

供料单元中料仓模块的推料气缸的执行是由气动控制系统实现的，该执行机构的控制逻辑功能是由 PLC 实现的。料仓模块的气动结构组成如图 2-25 所示。

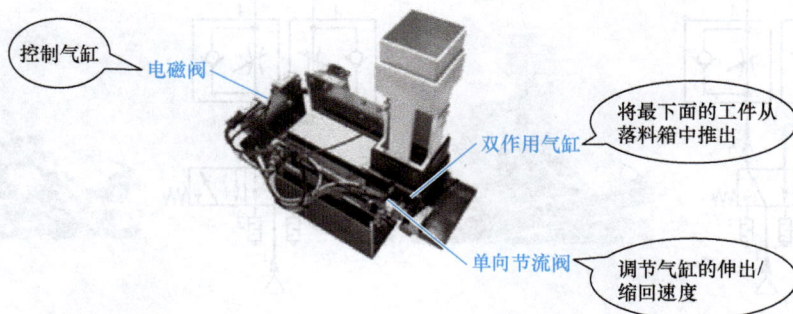

图 2-25 料仓模块的气动结构组成

供料单元料仓模块的气动控制回路和气动原理图如图 2-26 所示。

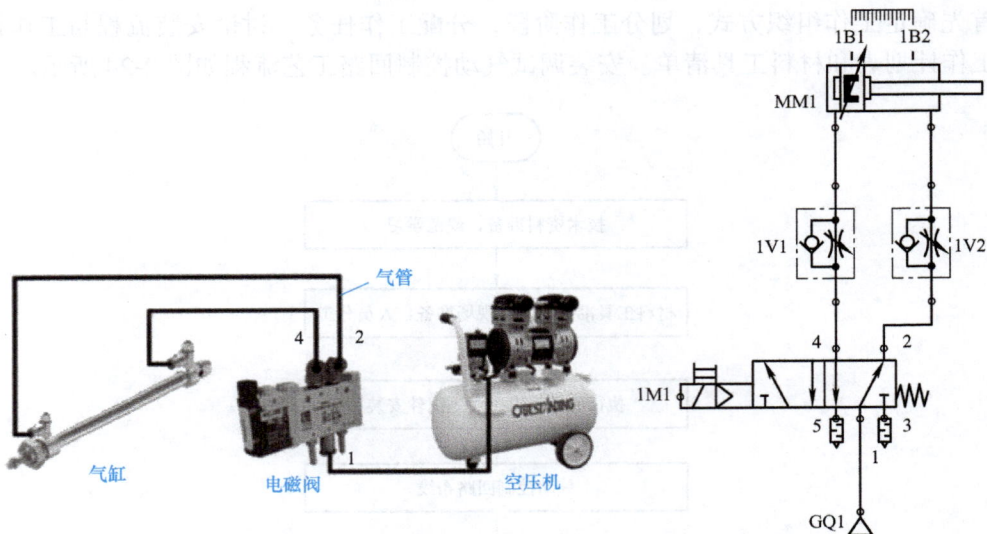

图 2-26 供料单元料仓模块的气动控制回路和气动原理图

图 2-26 中，MM1 为推料气缸；1B1 和 1B2 为安装在推料气缸的两个极限工作位置的磁感应接近开关，用它们发出的开关量信号可以判断气缸的两个极限工作位置；1V1 和 1V2 为单向可调节流阀，用于调节推料气缸的运动速度；1M1 为控制推料气缸的电磁阀；GQ1 为气源。

二、气动控制系统工作过程分析

当二位五通电磁换向阀 1M1 线圈不通电时，2 口进气，经单向阀 1V2、气缸、节流阀 1V1，从 4 口排气，气缸缩回到极限位置 1B1 处；当 1M1 线圈通电时，二位五通换向阀 4 口进气，经单向阀 1V1、气缸、节流阀 1V2，从 2 口排气，双作用气缸伸出到极限位置 1B2 处。供料单元推料气缸默认状态时和动作时如图 2-27 所示。

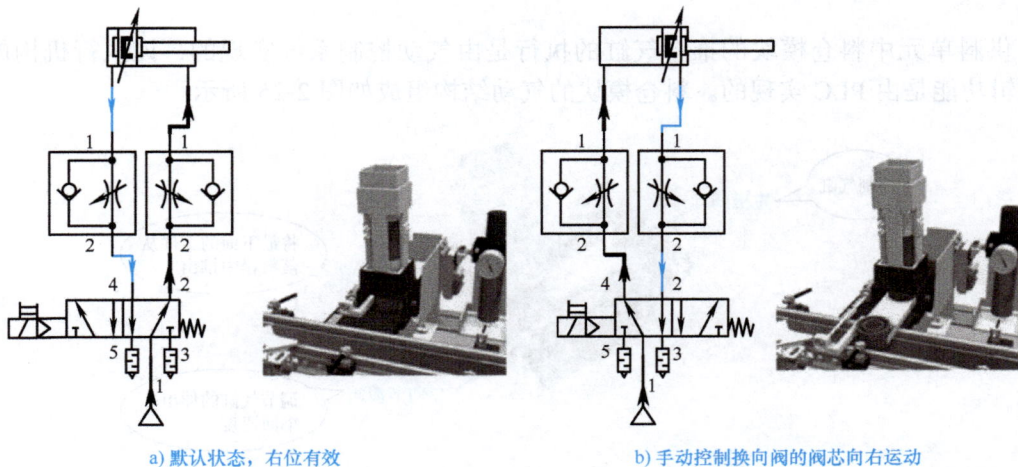

a) 默认状态，右位有效   b) 手动控制换向阀的阀芯向右运动

图 2-27 供料单元推料气缸的动作原理

技能训练

一、安装调试前准备

在安装调试前，应准备好安装调试所需的工具、材料和设备，并做好工作现场和技术资料的准备工作。分析气动回路，明确连接关系。

1）工具：尖嘴钳、水口钳、一字螺钉旋具、十字螺钉旋具、切管刀。

2）材料：4mm、6mm 气管，尼龙扎带、线卡、带帽垫螺栓若干。

3）设备：供料单元完整设备。

4）技术资料：气动图样；工作计划表、材料工具清单。

二、安装工艺要求

工具使用方法正确，不损坏工具及元件。供料单元的气动安装调试技术规范见表 2-3。

表 2-3 供料单元的气动安装调试技术规范

序号	评价标准	正确安装图示	错误安装图示
1	电缆和气管分开绑扎		
2	绑扎带切割不能留余太长，必须小于 1mm		
3	两个绑扎带之间的距离不超过 40mm		

（续）

序号	评价标准	正确安装图示	错误安装图示
4	只能用电缆固定座来固定电缆、电线、光纤、气管。电缆和气管应被紧固到电缆固定座上。扎带应穿过固定座的两端。对于单根电线，允许只穿过固定座一侧	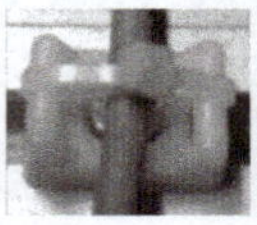  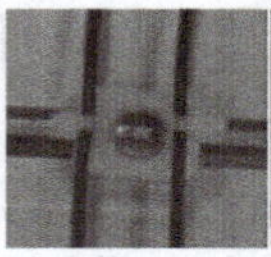 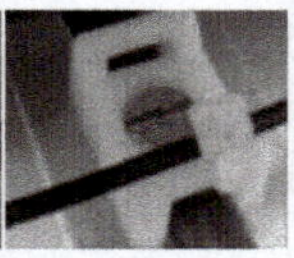	 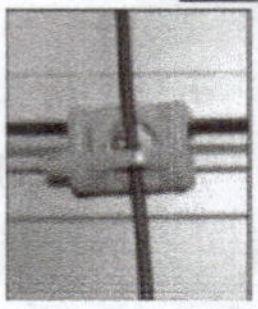 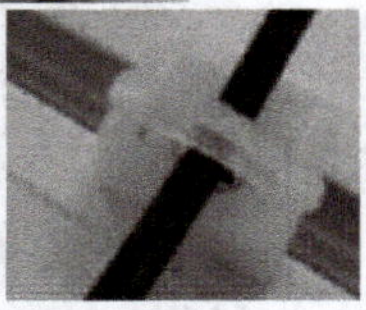
5	不能让气管弯折或过紧的扎带等阻碍气流		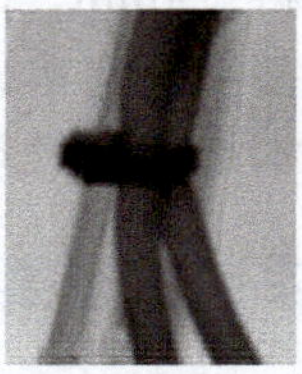
6	气动接头到第一根扎带的距离为（60±5）mm，不能阻碍气流	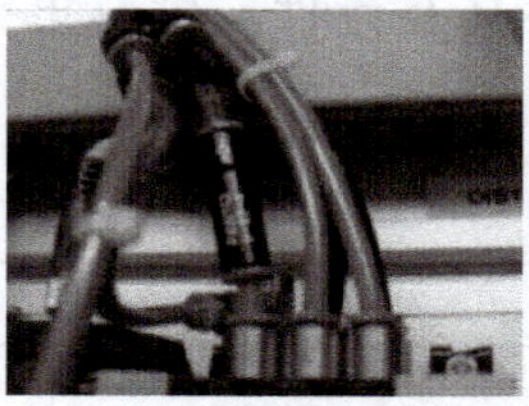	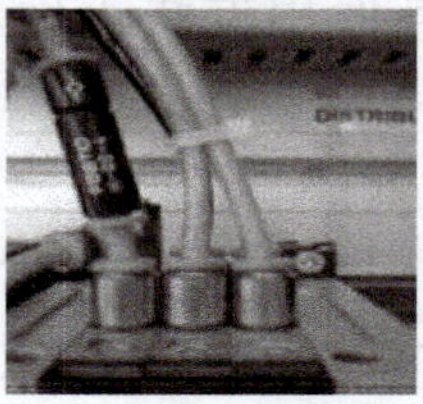
7	两个线夹之间的距离不超过120mm		
8	气管、水管的连接处必须无泄漏		
9	所有的执行元件和工件运动时保证无碰撞	调试时，硬件无碰撞	评估时，在电缆、执行元件或工件之间有碰撞
10	在系统上没有工具		
11	在系统上没有配线和管状材料		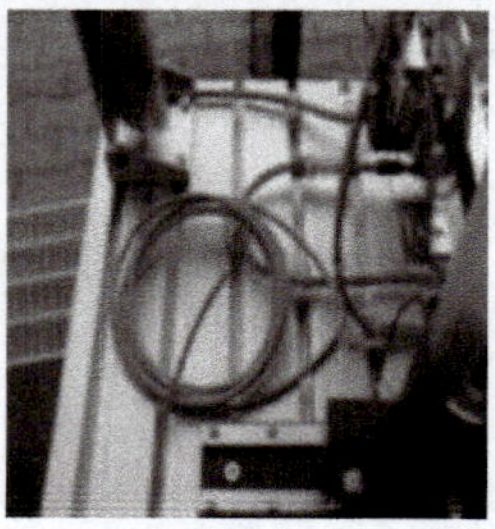

（续）

序号	评价标准	正确安装图示	错误安装图示
12	没有部件或模块打碎、损坏或丢失（包括电缆、配线等）		

三、安装调试安全要求

1）不要超过最大允许压力 800kPa。

2）将所有元件连接完并检查无误后再打开气源。

3）不要在有压力的情况下拆卸连接。

4）拔气管时，双手操作，一手的拇指和食指按下快插口蓝色封圈，另一手拔气管。

5）打开气泵时要特别小心，气缸活塞杆可能会在接通气源的瞬间伸出或缩回。

四、安装步骤

根据任务解析流程图确定安装步骤如下：

1）逐个连接气动元件，保证执行元件的初始态符合要求。

2）根据技术规范要求调整固定管线。

3）使用手控盒测试气路的正确性。

注意：

1）气路连接要完全按照供料单元气路图进行。

2）气路连接时，气管一定要在快速接头中插紧，不能有漏气现象。

3）气路中的气缸节流阀调整要适当，以活塞杆进出迅速、无冲击、无卡滞现象为宜，以不推倒工件为准。若气缸动作相反，则将气缸两端进气管位置颠倒即可。

4）气路气管在连接时，应该按序排布，均匀美观，不能出现交叉、打折、顺序凌乱。

5）所有外露气管必须用黑色尼龙扎带进行绑扎，松紧程度以不使气管变形为宜，外形美观。

6）电磁阀组与气体汇流板的连接必须在橡胶密封垫上固定，要求密封良好，无泄漏。

效果测评

本课题的检查评价主要包括安全操作、绘图设计、气路安装和气路调试等，见表 2-4。

表 2-4　课题评价表

专项考核			配分	扣分	得分
安全操作	违反安全操作要求	220V、24V 电源混淆 带电操作 带气操作 严重违反安全规程	0 分	100 分	
	安全与环保意识	24V 直流电源正、负极接反	10 分		
		操作中掉工具、掉线、掉气管	10 分		
绘图设计	能正确绘制供料单元的气动回路图		10 分		
气路安装	安装气路	推料气缸气路	20 分		
	检测无误后，规范布线。要求气管捆扎整齐，电缆走线槽	气路规范	10 分		
气路调试	执行元件初始态	执行元件初始态正确	10 分		
	执行元件动作	执行元件动作正确	10 分		
故障排除	如果有故障，能够及时排除故障		10 分		
职业素养与安全意识	现场操作安全保护符合安全操作规程；工具摆放、包装物品、导线线头等的处理符合职业岗位的要求；团队有分工有合作，配合紧密；遵守实训纪律，爱惜设备和器材，保持工位的整洁		10 分		
合计			100 分		

课题 3　供料单元电气控制系统

教学目标

知识目标

（1）熟悉供料单元 Mini I/O 端子、C 接口的引脚定义和接线方法。

（2）识读供料单元传送带模块电气控制图，并能够绘制电路图。

（3）识读供料单元料仓模块电气控制图，并能够绘制电路图。

（4）了解电气安装工艺规范和相应的国家标准。

能力目标

（1）能够熟练安装传送带模块电气控制回路。

（2）能够熟练安装料仓模块电气控制回路。

（3）能够使用手控盒手动控制设备动作，校验电气回路的连接情况。

素质目标

（1）培养学生分析、解决生产实际问题的能力，提高学生的职业技能和专业素养。
（2）培养学生规范操作、团结协作的意识。
（3）培养学生自主学习、适应岗位的能力。

教学内容

根据供料单元电气回路图样，在考虑经济性、安全性的情况下，制定安装调试计划，选择合适的工具和仪器，团队合作进行供料单元电气回路安装与调试。根据任务要求，先确定工作组织方式，划分工作阶段，分配工作任务，讨论安装流程和工作计划，填写工作计划表和材料工具清单。安装调试供料单元电气回路工艺流程如图 2-28 所示。

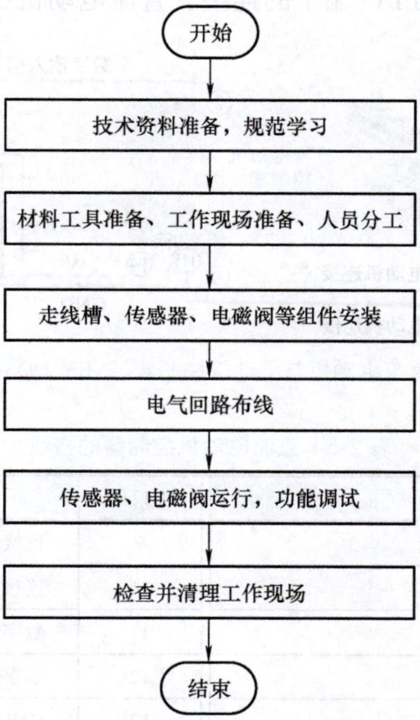

图 2-28　安装调试供料单元电气回路工艺流程图

相关知识

一、PLC 与工作站的连接

PLC 通过 C 接口、Mini I/O 端子与工作站的传感器、电磁换向阀相连，如图 2-29 所示。

图 2-29　MPS 工作站电路连接

1. 直流电动机及其控制器的电气连接

传送带模块上的直流电动机是通过直流电动机控制器来控制的，图 2-30 所示为直流电动机与电动机控制器、Mini I/O 端子的连接。直流电动机控制器的接线见表 2-5。

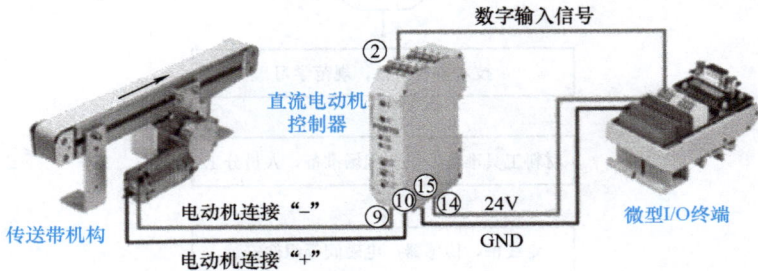

图 2-30　直流电动机与电动机控制器、Mini I/O 端子的连接

表 2-5　直流电动机控制器的接线

端口号	说明	端口号	说明
1	数字输入，逆时针旋转	9	连接电动机负极
2	数字输入，顺时针旋转	10	连接电动机正极
3	外部电位计接地	11	数字输入，"启用逆时针旋转 / 确认"
4	数字输入，"低速模式"	12	数字输入，"启用顺时针旋转 / 确认"
5	数字输入，"准备就绪"	13	GND（接地）
6	0 ~ 12V 模拟信号输入	14	24V 直流输入
7	辅助电压输出，10V/ 约 50mA	15	GND（接地）
8	辅助电压输出，24V，最大 0.5A	16	24V 直流输出

2. 传送带模块与 Mini I/O 端子接线图分析

从图 2-31 中可以看出，在供料单元中，传送带模块的信号接入 Mini I/O 端子 G1，再经由 G1XG1–X1 电缆连接 C 接口 C1XG1 的 X1 端口，再接入 PLC。料仓模块的信号接入 Mini I/O 端子 C2，再经由 C2XG1–X1 电缆连接 C 接口 C1XG1 的 X2 端口，再接入 PLC。

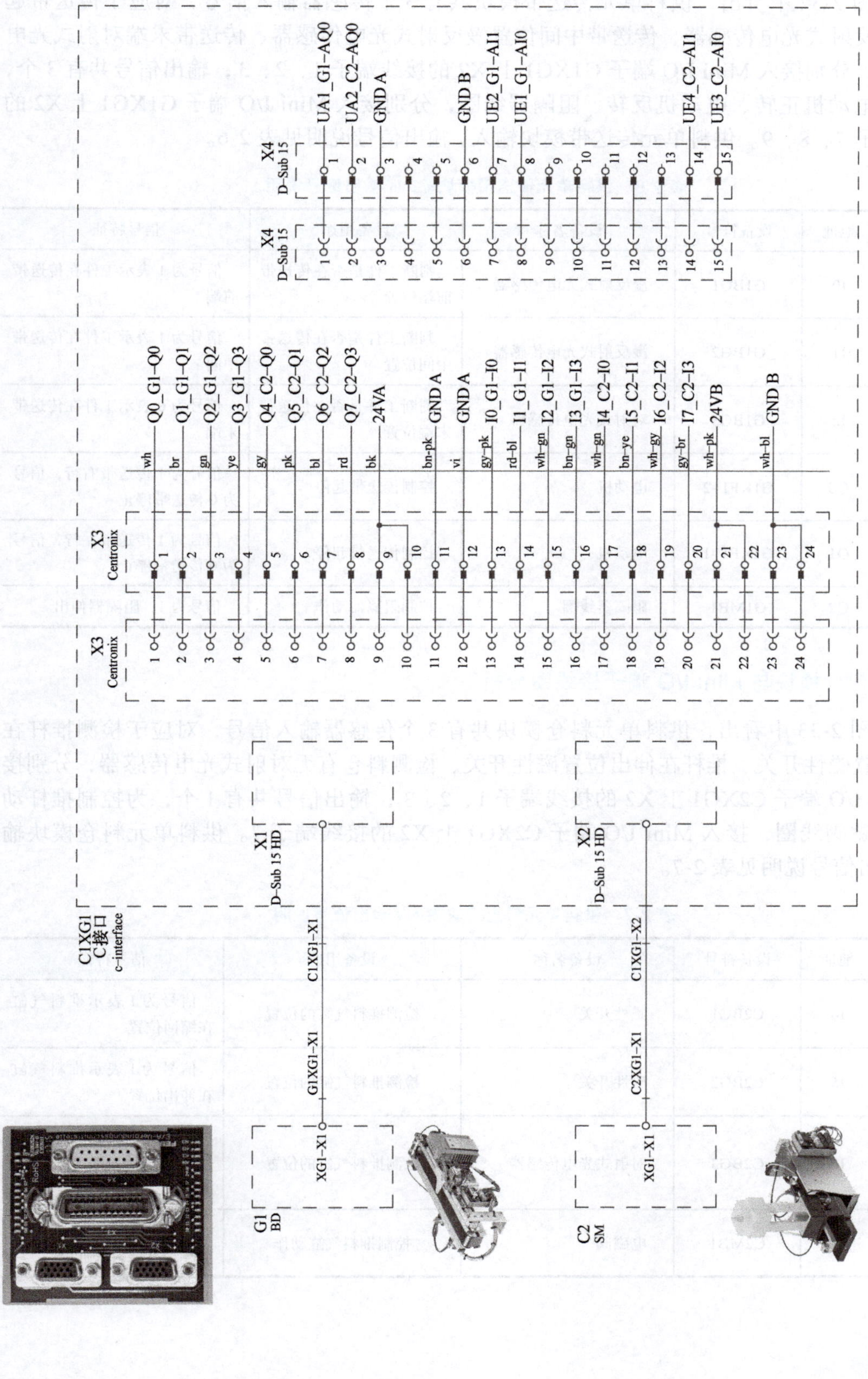

图 2-31　供料单元各模块连接图

从图 2-32 中看出，供料单元传送带模块共有 3 个传感器输入信号，对应于传送带起始端漫反射式光电传感器、传送带中间位置漫反射式光电传感器、传送带末端对射式光电传感器，分别接入 Mini I/O 端子 G1XG1 上 X2 的接线端子 1、2、3；输出信号共有 3 个，对应于电动机正转、电动机反转、阻隔器线圈，分别接入 Mini I/O 端子 G1XG1 上 X2 的接线端子 7、8、9。供料单元传送带模块输入/输出信号说明见表 2-6。

表 2-6　供料单元传送带模块输入/输出信号说明

序号	地址	设备符号	设备名称	设备用途	信号特征
1	I0	G1BG1	漫反射式光电传感器	判断工件是否在传送带前端位置	信号为 1 表示工件在传送带前端
2	I1	G1BG2	漫反射式光电传感器	判断工件是否在传送带中间位置	信号为 1 表示工件在传送带中间
3	I2	G1BG3	对射式光电传感器	判断工件是否在传送带末端位置	信号为 0 表示工件在传送带末端
4	Q0	G1KF1-2	电动机	控制传送带起停	信号为 1 传送带右行，信号为 0 传送带停止
5	Q1	G1KF1-1	电动机	控制传送带起停	信号为 1 传送带左行，信号为 0 传送带停止
6	Q2	G1MB1	阻隔器线圈	控制阻隔器动作	信号为 1，阻隔器伸出

3. 料仓模块与 Mini I/O 端子接线图分析

从图 2-33 中看出，供料单元料仓模块共有 3 个传感器输入信号，对应于检测推杆在缩回位置磁性开关、推杆在伸出位置磁性开关、检测料仓有无对射式光电传感器，分别接入 Mini I/O 端子 C2XG1 上 X2 的接线端子 1、2、3；输出信号共有 1 个，为控制推杆动作的电磁阀线圈，接入 Mini I/O 端子 C2XG1 上 X2 的接线端子 7。供料单元料仓模块输入/输出信号说明见表 2-7。

表 2-7　供料单元料仓模块输入/输出信号说明

序号	地址	设备符号	设备名称	设备用途	信号特征
1	I4	C2BG1	磁性开关	检测推料气缸的位置	信号为 1 表示推料气缸在缩回位置
2	I5	C2BG2	磁性开关	检测推料气缸的位置	信号为 1 表示推料气缸在伸出位置
3	I6	C2BG3	对射式光电传感器	检测推料气缸的位置	信号为 1 表示料仓无工件，信号为 0 表示料仓有工件
4	Q4	C2MB1	电磁阀	控制推料气缸动作	信号为 1 推料气缸伸出，信号为 0 推料气缸缩回

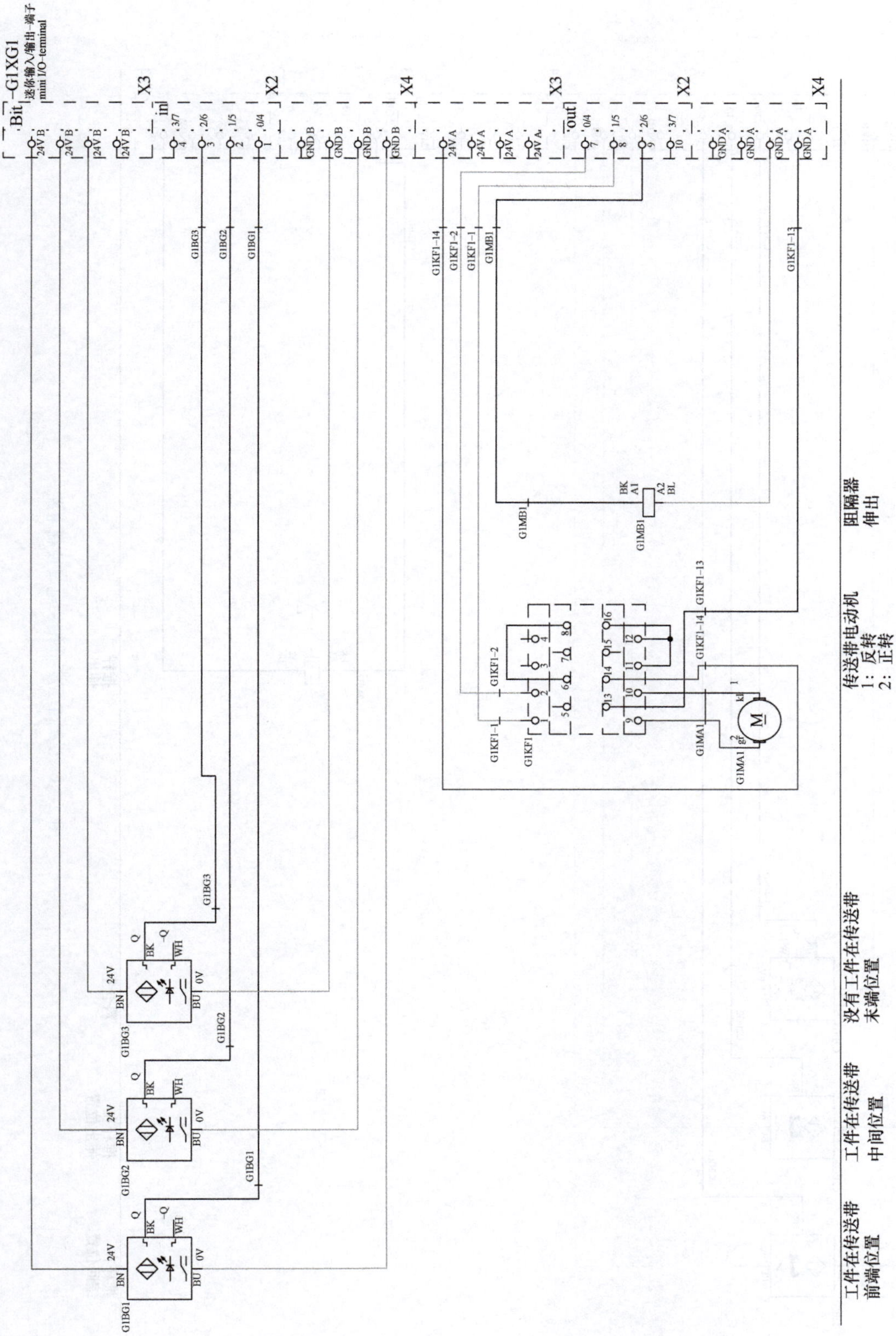

图 2-32　供料单元传送带模块电气控制电路

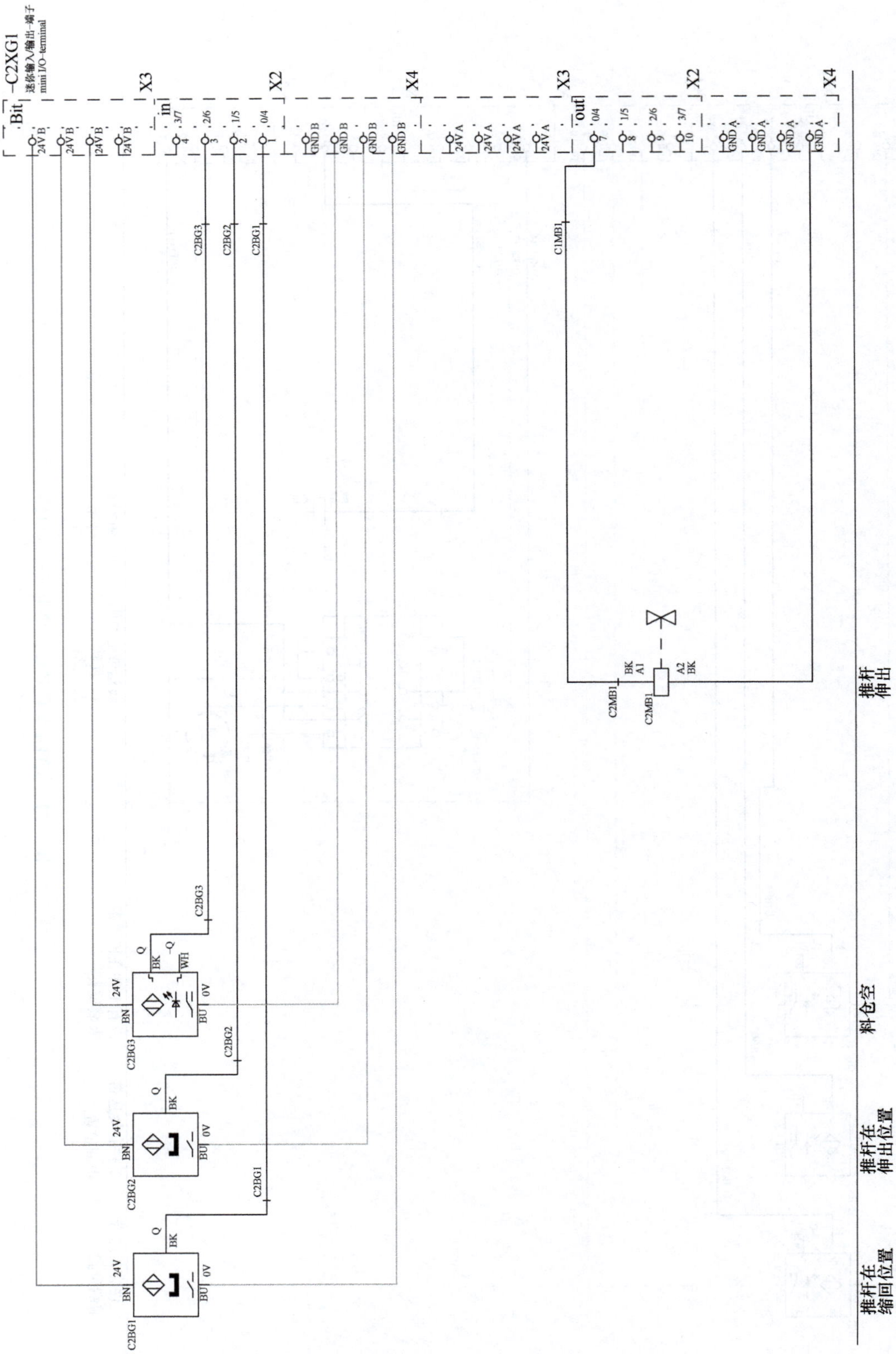

图 2-33 供料单元料仓模块电气控制电路

二、PLC 与控制面板的电气接线图分析

控制面板上有 4 个输入、4 个输出，由 XMG2 电缆一端连接控制面板，另一端连接 PLC，将控制面板的按钮信号送入 PLC，同时将 PLC 的输出信号送到控制面板。供料单元控制面板设备输入 / 输出信号见表 2-8。

表 2-8　供料单元控制面板设备输入 / 输出信号

序号	地址	设备符号	设备名称	设备用途	信号特征
输入信号					
1	I1.0	START	按钮	起动设备	信号为 1 表示按钮被按下
2	I1.1	STOP	按钮	停止设备	信号为 1 表示按钮未被按下
3	I1.2	AUTO/MAN	按钮	自动 / 手动转换	信号为 1 表示为手动模式（横位）；信号为 0 表示为自动模式（竖位）
4	I1.3	RESET	按钮	复位设备	信号为 1 表示按钮被按下
输出信号					
5	Q1.0	Start lamp	指示灯	起动指示灯	信号为 1 灯亮，信号为 0 灯灭
6	Q1.1	Reset lamp	指示灯	复位指示灯	信号为 1 灯亮，信号为 0 灯灭
7	Q1.2	Q1	指示灯	自定义	自定义
8	Q1.3	Q2	指示灯	自定义	自定义

三、系统电气连接

1. PLC 与工作平台和控制面板的电气连接

PLC 与工作平台和控制面板的电气连接如图 2-29 所示。

2. PLC 与电源和 PC 的电气连接

PLC 与电源连接：采用 4mm 的安全插头插入 DC 24V 独立电源箱的插座中。

PLC 与 PC 连接：通过 MPI 编程电缆连接 PLC 的 COM1 口和 PC 串口；或通过 PROFIBUS-DP 总线连接 PLC 的 COM2 口和 PC 的 5611 通信卡接口。

技能训练

一、安装调试前准备

在安装调试前，应准备好安装调试所需的工具、材料和设备，并做好工作现场和技术资料的准备工作。分析电气回路，明确连接关系。

1）工具：尖嘴钳、水口钳、剥线钳、一字螺钉旋具、十字螺钉旋具、万用表。

2）材料：导线 BV-0.75、BV-1.5、BVR 多股铜芯线若干，尼龙扎带、线卡、带帽垫螺栓若干。

3）设备：供料单元完整设备。

4）技术资料：电气图样和气动图样；工作计划表、材料工具清单。

二、安装工艺要求

工具使用方法正确，不损坏工具及元件。在进行布线时，需遵循下列工艺要求。

1）手工布线时，应符合平直、整齐、紧贴敷设面、走线合理及连接点不得松动、便于检修等要求。

2）走线通道应尽可能少，同一通道中的沉底导线，按不同模块进行分类集中，单层平行密排或成束，应紧贴敷设面。

3）导线长度应尽可能短，可水平架空跨越，如两个电器元件线圈之间、主触头之间的连线等，在留有一定余量的情况下可不紧贴敷设面。

4）同一平面的导线应高低一致或前后一致，不能交叉。

5）布线应横平竖直，变换走向应垂直 90°。

6）上、下触头若不在同一垂直线下，不应采用斜线连接。

7）导线与接线端子或接线桩连接时，应不压绝缘层、不反圈，露金属不大于 1mm，同一电器元件、同一回路的不同连接点的导线间距离应保持一致。

8）一个电器元件接线端子上的连接导线不得超过两根，每节接线端子板上的连接导线一般只允许连接一根。

9）布线时，严禁损伤线芯和导线绝缘。

10）导线横截面积不同时，应将横截面积大的导线放在下层，横截面积小的导线放在上层。

11）多根导线布线时，应做到整体在同一水平面或同一垂直面上。

12）对于复杂线路，必须在导线两端套上与原理图中编号一致的编码套管，以便检查核对接线的正确性及进行故障查找等。

13）在有条件的情况下，导线应采用颜色标志，即保护接地导线（PE）必须采用黄绿双色；动力电路的中性线（N）和中间线（M）必须是浅蓝色；交流或直流动力电路采用黑色；交流控制电路采用红色；直流控制电路采用蓝色；用作控制电路联锁的导线，如果是与外边控制电路相连接，而且当电源开关断开仍带电时，应采用橘黄色或黄色；与保护导线连接的电路采用白色。

14）供料单元的电气安装调试技术规范见表 2-9。

三、安装调试安全要求

1）只有关闭电源后，才可以拆除电气连接线。

2）允许的最大电压为 DC 24V。

表 2-9　供料单元的电气安装调试技术规范

序号	评价标准	正确安装图示	错误安装图示
1	电线金属材料不外露	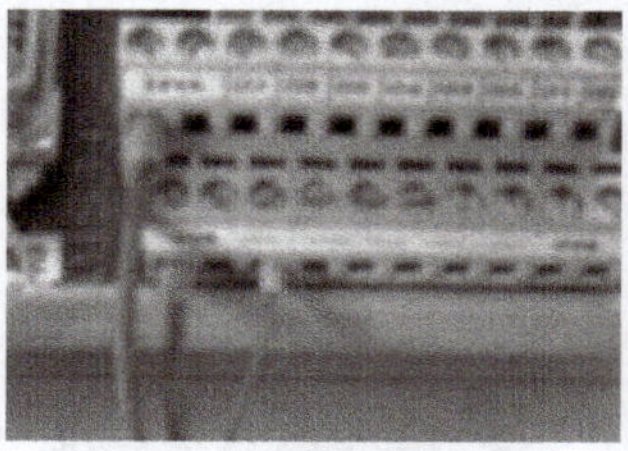	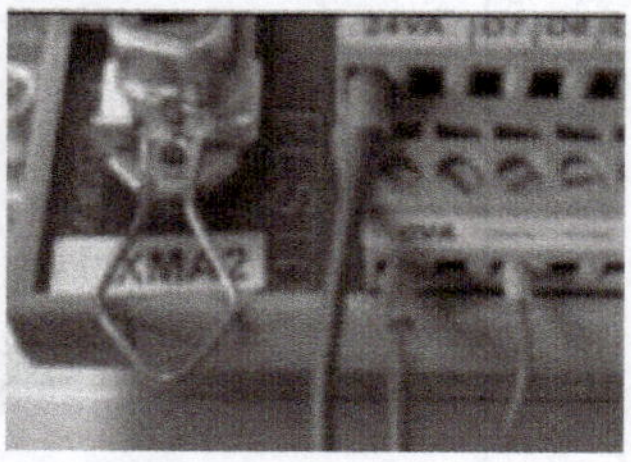
2	冷压端子金属部分不外露	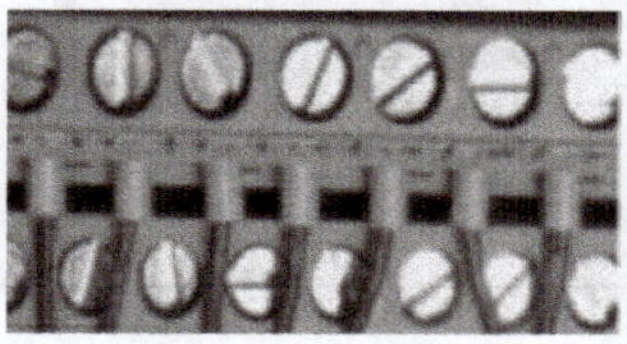	
3	电线连接时必须用冷压端子，并且是合适的冷压端子		
4	所有信号接头必须固定好		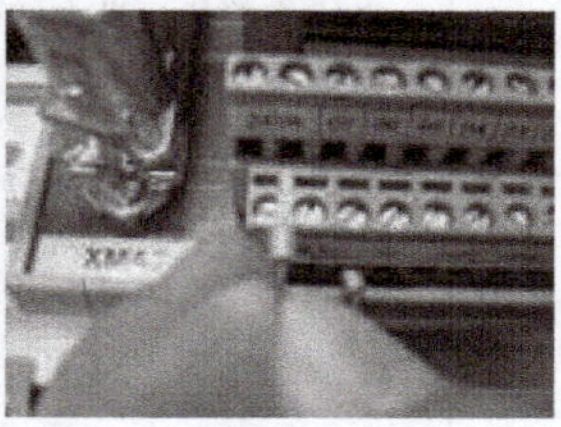
5	电缆在走线槽里最少保留10cm，如果只有一根短接线，在同一个走线槽里可不要求	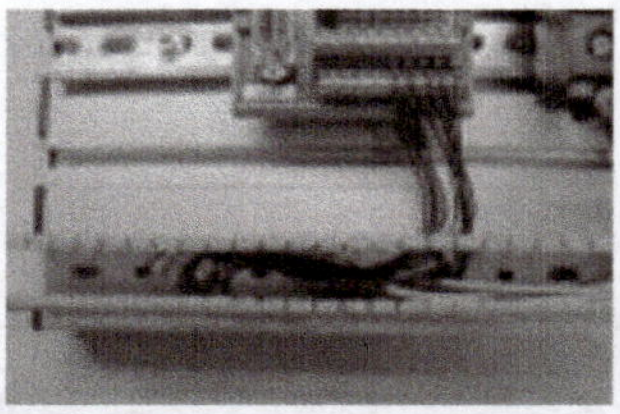 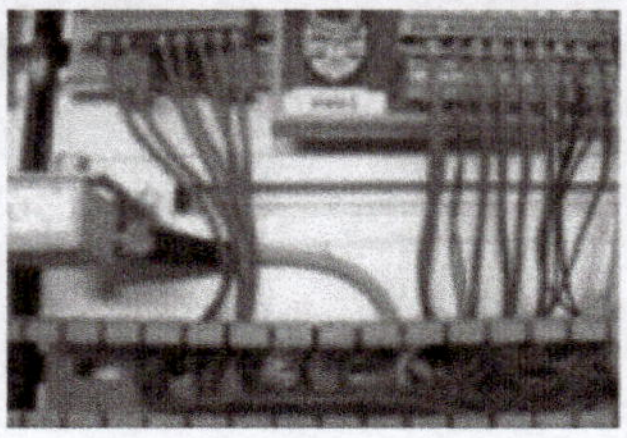	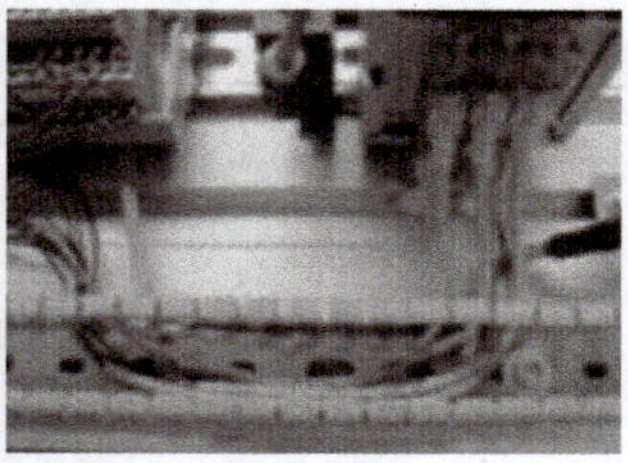

（续）

序号	评价标准	正确安装图示	错误安装图示
6	电缆绝缘部分应在走线槽里	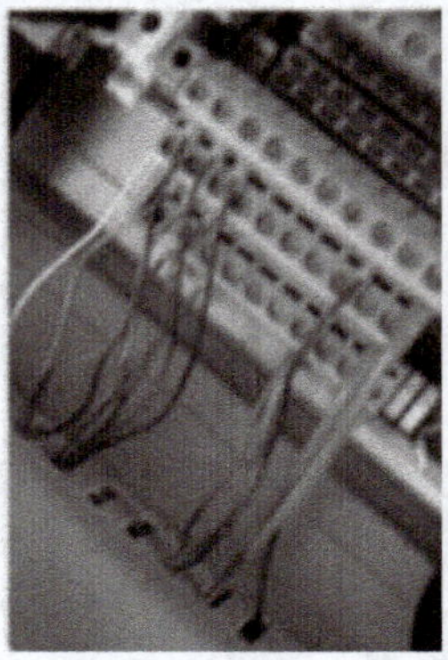	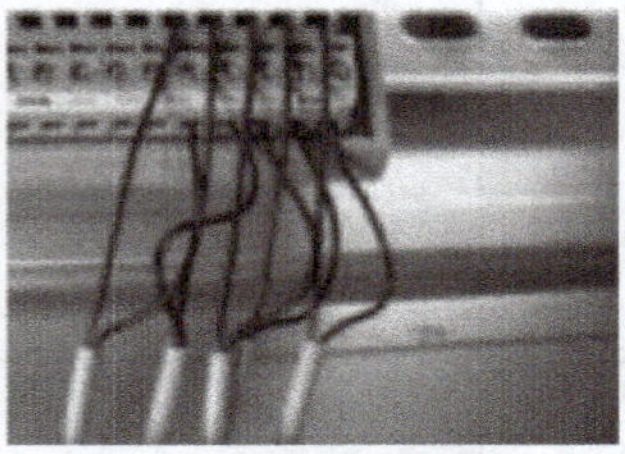 绝缘没有完全剥离
7	走线槽盖住，没有翘起和未完全盖住现象		  
8	没有多余的走线孔		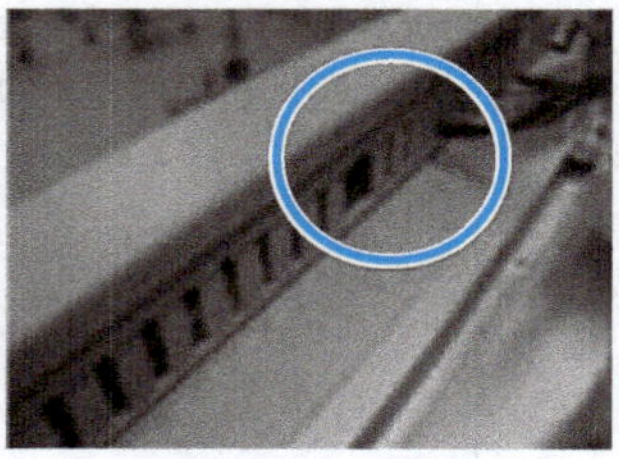

（续）

序号	评价标准	正确安装图示	错误安装图示
9	不要损伤电线绝缘部分	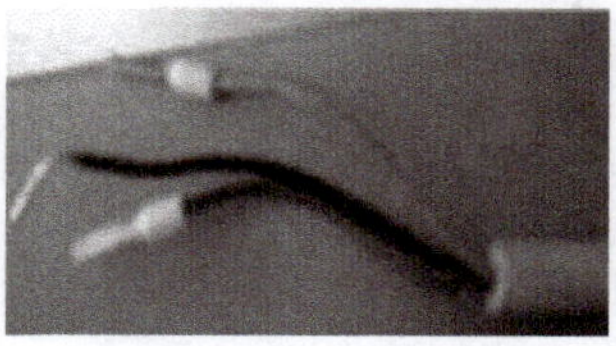	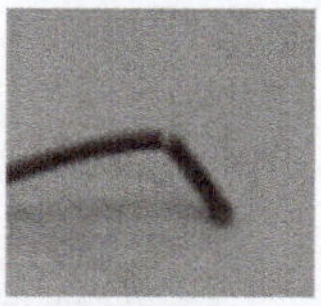 
10	电缆切割，没有电缆露在走线槽外		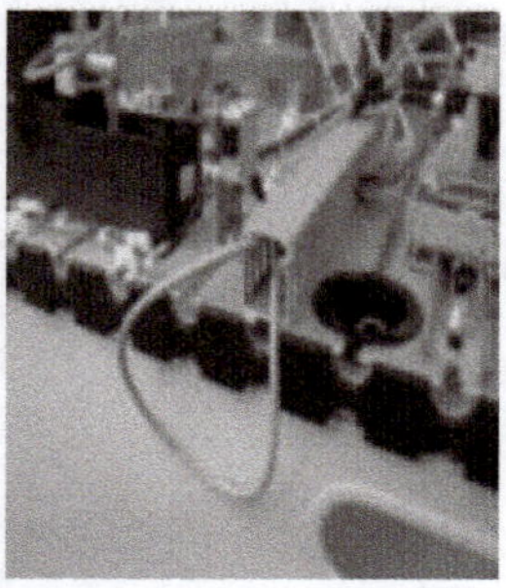
11	不允许单根导线穿过导轨或锋利的边角。没有使用两个线夹子		
12	单根电线直接进入走线槽且不交叉		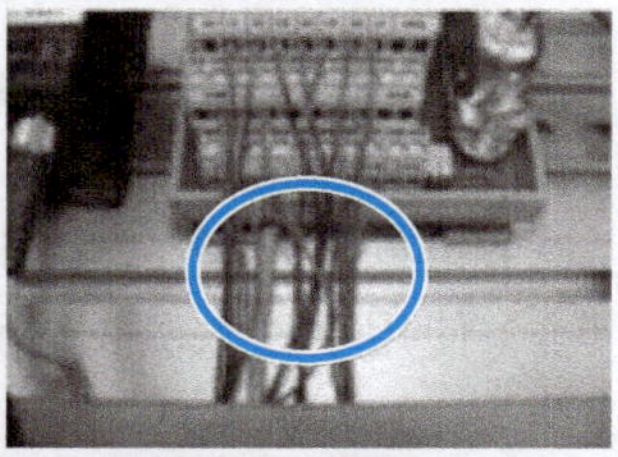 

（续）

序号	评价标准	正确安装图示	错误安装图示
13	不要剪短无用的电线并将其固定在电缆上	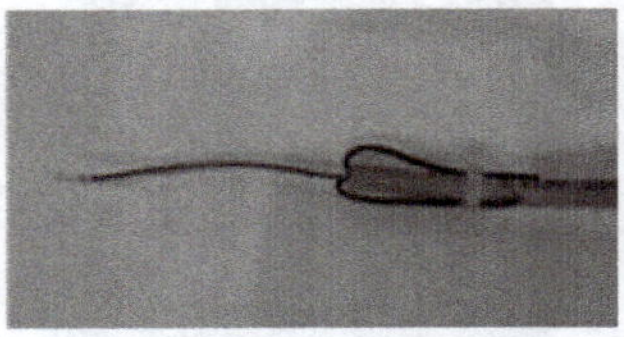	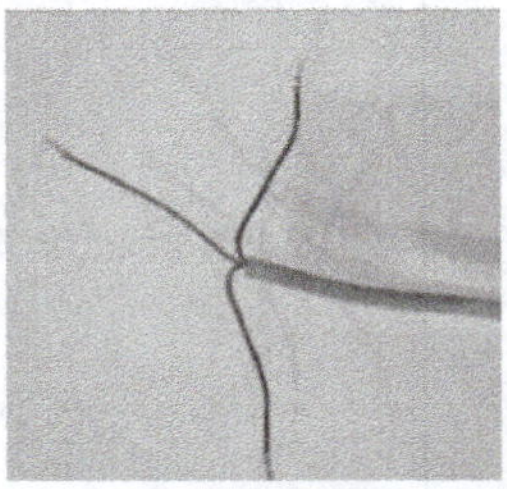 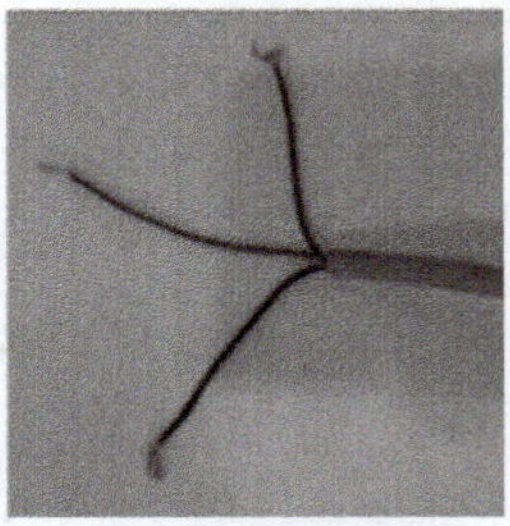 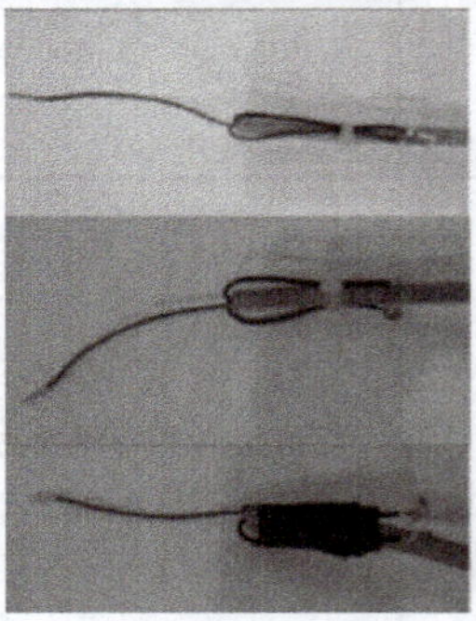

四、安装步骤

根据任务工艺流程图确定安装步骤。

1）连接传感器、电磁阀等的电气回路。

2）根据技术规范要求调整电气布线。

3）使用手控盒测试电路正确性。

效果测评

本课题的检查评价主要包括安全操作、电路安装和电路调试，见表2-10。用手控盒验证供料单元的I/O接线评价表见表2-11。

表 2-10 供料单元电路安装与调试课题评价表

专项考核			配分	扣分	得分
安全操作	违反安全操作要求	220V、24V 电源混淆 带电操作 带气操作 严重违反安全规程	0 分	100 分	
	安全与环保意识	24V 直流电源正、负极接反	10 分		
		操作中掉工具、掉线、掉气管	10 分		
电路安装	连接电气回路	电磁阀、线圈	20 分		
		传感器	20 分		
	系统接线	PLC 与工作平台连接	5 分		
		PLC 与控制面板连接	5 分		
		PLC 与电源连接	5 分		
		PLC 与 PC 连接	5 分		
电路调试	通电通气检测、调试执行元件和传感器位置；检查电气接线	传感器位置正确、接线正确	16 分		
	检测无误后，规范布线。电线走线槽	电线整齐	4 分		
合计			100 分		

表 2-11 用手控盒验证供料单元的 I/O 接线评价表

描述	得分	最高分
用手控盒验证供料单元的 I/O 接线		

准备：手控盒连接到 I/O 接线端子，打开电源、气源

输入信号			
供料单元输入信号	信号为 1		
工件在传送带前端	DI0		1 分
工件在传送带中间	DI1		1 分
工件在传送带末端	DI2		1 分
未使用	DI3		1 分
气缸在缩回位置	DI4		1 分

（续）

描述		得分	最高分
输入信号			
气缸在伸出位置	DI5		1 分
料仓中有工件	DI6		1 分
未使用	DI7		1 分
输出信号			
供料单元输出信号	信号为 1		
传送带向前运行	DO0		1 分
传送带向后运行	DO1		1 分
阻隔器动作	DO2		1 分
未使用	DO3		1 分
推料气缸伸出	DO4		1 分
未使用	DO5		1 分
未使用	DO6		1 分
未使用	DO7		1 分
总分			16 分

课题4 供料单元的 PLC 控制及编程

教学目标

知识目标

（1）能够细化供料单元的控制要求。
（2）掌握程序流程图的绘制方法并正确分配供料单元的 I/O 地址。
（3）掌握 Portal 软件常用的编程指令和顺序程序设计方法。
（4）掌握 PLC 程序下载和上传方法。

能力目标

（1）能够根据供料单元控制要求制定控制方案，绘制程序流程图。
（2）能够将程序流程图转化为 PLC 控制程序。
（3）能够正确下载控制程序，并能调试供料单元硬件功能。
（4）能够制定程序设计的工作计划和检查表。

素质目标

（1）培养学生分析、解决生产实际问题的能力，提高学生的职业技能和专业素养。
（2）培养学生规范操作、团结协作意识。
（3）培养学生自主学习、适应岗位能力。

教学内容

在熟悉供料单元气路和电路基础上，根据控制任务要求制定程序编写计划，编写程序流程图；在考虑安全、效率、工作可靠性的基础上，选择合适的编程语言，在 Portal 软件上进行供料单元 PLC 控制程序的编制；下载到 CIROS 仿真软件中进行调试，并对编制的程序进行综合评价。

相关知识

一、编程训练及控制要求

编程训练及控制要求见表 2-12。

表 2-12　编程训练及控制要求

训练内容及要求	说明
训练 1：开始按钮控制开始指示灯	
按下开始按钮 S1，开始指示灯 H1 亮，按下停止按钮 S2，H1 灭，如此循环 按下开始按钮 S1，开始指示灯 H1 亮，松开 S1，H1 仍亮；再按下 S1，H1 灭，松开 S1，H1 仍灭，如此循环	Graph 语言
训练 2：开始按钮控制推料气缸	
按下开始按钮 S1，推料气缸伸出；再按一下 S1，推料气缸缩回，如此循环 按下开始按钮 S1，推料气缸伸出；推料气缸伸出后碰到磁感应开关 C2BG2，2s 后，推料气缸缩回，如此循环 按下开始按钮 S1，程序检测料仓中是否有工件，有工件，推料气缸伸出，推出工件，碰到磁感应开关 C2BG2 后，延时 5s 推料气缸缩回 无工件，报错灯 Q1 亮，返回	延时指令用法 分支程序结构
训练 3：停止按钮控制传送带	
按下停止按钮 S2，传送带向右运行；再按下停止按钮 S2，传送带停止，如此循环 按下停止按钮 S2，传送带向右运行；如果传送带末端传感器 G1BG3 检测到工件，延时 2s 后，传送带停，如此循环	利用常闭触点与常开触点起动的区别
训练 4：供料单元复位、停止功能	
设备加电，复位灯亮，供料单元执行元件停在任意位置；按下复位按钮，供料单元复位，复位完成，复位灯灭，开始灯亮；按下开始按钮 S1，Q1 指示灯以 1Hz 频率闪烁；按下停止按钮，设备回到初始状态 初始位置：推料气缸缩回，阻隔器缩回，传送带停止	循环时钟脉冲的使用、MOVE 指令用法

二、供料单元完整工作过程控制要求

供料单元完整工作过程控制要求见表 2-13。

表 2-13　供料单元完整工作过程控制要求

供料单元工作过程描述	说明
准备：接通气路，将所有气缸通气；接通电路，PLC 加电；准备一定数量工件，设定系统压力为 500kPa，料仓空	
1）如果工作站不在初始位置，位置随机，复位灯亮。PLC 加电后按下 Reset 键，工作站复位，复位灯灭，开始灯亮	设备回到初始位置
2）料仓中放入多个工件，按下 Start 键，开始灯灭	
3）推料气缸伸出	
4）推料气缸伸出位置的磁性开关检测到 1s 后，推料气缸缩回	
5）传送带中间位置传感器检测到工件 1s 后，传送带带动工件向右运行	
6）传送带末端传感器检测到工件 2s 后，传送带停止运行	
7）自动循环至第 3）步	不需要任何按钮
8）如果料仓中没有工件，Q1 指示灯亮，所有工作流程继续进行，直到传送带将工件送至末端停止工作。等待手动放置工件后，Q1 指示灯灭，继续循环第 3）步	
9）任意时刻按下面板上的 STOP 按钮，所有执行元件立即停止运行。Q1 指示灯以 1Hz 频率闪烁，继续执行第 1）步	

技能训练

1. 明确程序编写流程

完成控制程序的编写，首先要明确程序编写流程。图 2-34 详细列出了程序编写流程，后面的编程训练要求按照此流程图顺序完成。

2. 编制 PLC 控制程序流程图

以供料单元完整工作过程为例编写 PLC 控制程序流程图，图 2-35 为供料单元 PLC 自动控制程序流程图。

3. 供料单元 I/O 地址分配

供料单元 I/O 地址分配见表 2-14。

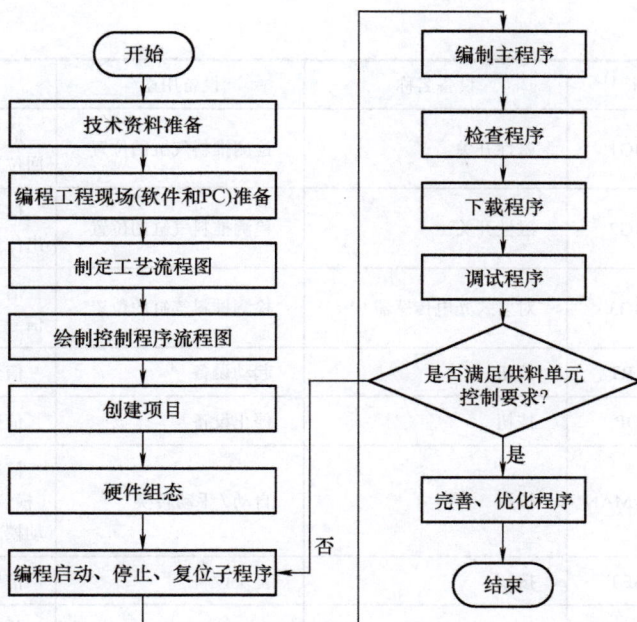

图 2-34　程序编写流程图

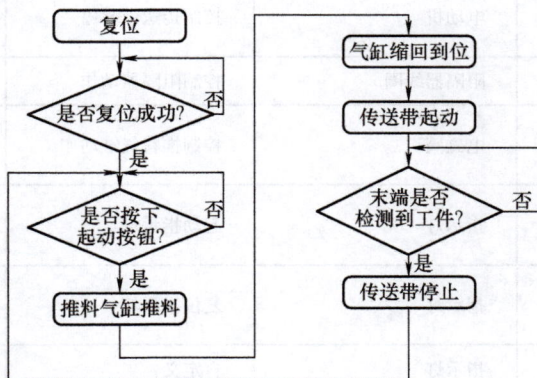

图 2-35　供料单元 PLC 自动控制程序流程图

表 2-14　供料单元 I/O 地址分配

序号	地址	设备符号	设备名称	设备用途	信号特征
1	I0.0	G1BG1	漫反射式光电传感器	判断工件是否在传送带前端位置	信号为 1 表示工件在传送带前端
2	I0.1	G1BG2	漫反射式光电传感器	判断工件是否在传送带中间位置	信号为 1 表示工件在传送带中间
3	I0.2	G1BG3	对射式光电传感器	判断工件是否在传送带末端位置	信号为 0 表示工件在传送带末端

（续）

序号	地址	设备符号	设备名称	设备用途	信号特征
4	I0.4	C2BG1	磁性开关	检测推料气缸的位置	信号为1表示推料气缸在缩回位置
5	I0.5	C2BG2	磁性开关	检测推料气缸的位置	信号为1表示推料气缸在伸出位置
6	I0.6	C2BG3	对射式光电传感器	检测推料气缸的位置	信号为1表示料仓无工件，信号为0表示料仓有工件
7	I1.0	START	按钮	起动设备	信号为1表示按钮被按下
8	I1.1	STOP	按钮	停止设备	信号为1表示按钮未被按下
9	I1.2	AUTO/MAN	按钮	自动/手动转换	信号为1，表示为手动模式（横位）；信号为0，表示为自动模式（竖位）
10	I1.3	RESET	按钮	复位设备	信号为1表示按钮被按下
11	Q0.0	G1KF1–2	电动机	控制传送带起停	信号为1传送带右行，信号为0传送带停止
12	Q0.1	G1KF1–1	电动机	控制传送带起停	信号为1传送带左行，信号为0传送带停止
13	Q0.2	G1MB1	阻隔器线圈	控制阻隔器动作	信号为1，阻隔器伸出
14	Q0.4	C2MB1	电磁阀	控制推料气缸动作	信号为1推料气缸伸出，信号为0缩回
15	Q1.0	Start lamp	指示灯	起动指示灯	信号为1灯亮，信号为0灯灭
16	Q1.1	Reset lamp	指示灯	复位指示灯	信号为1灯亮，信号为0灯灭
17	Q1.2	Q1	指示灯	自定义	自定义
18	Q1.3	Q2	指示灯	自定义	自定义

4. 把流程图转换成程序

供料单元自动运行控制部分顺序控制流程图程序如图 2-36 所示。

5. 仿真调试

编写好供料单元程序后，打开 PLCSIM Advance 仿真软件，单击"Start Virtual S7-1500 PLC"，输入虚拟 1500 PLC 名称后，单击"Start"后即可启动虚拟 PLC，如图 2-37 所示。

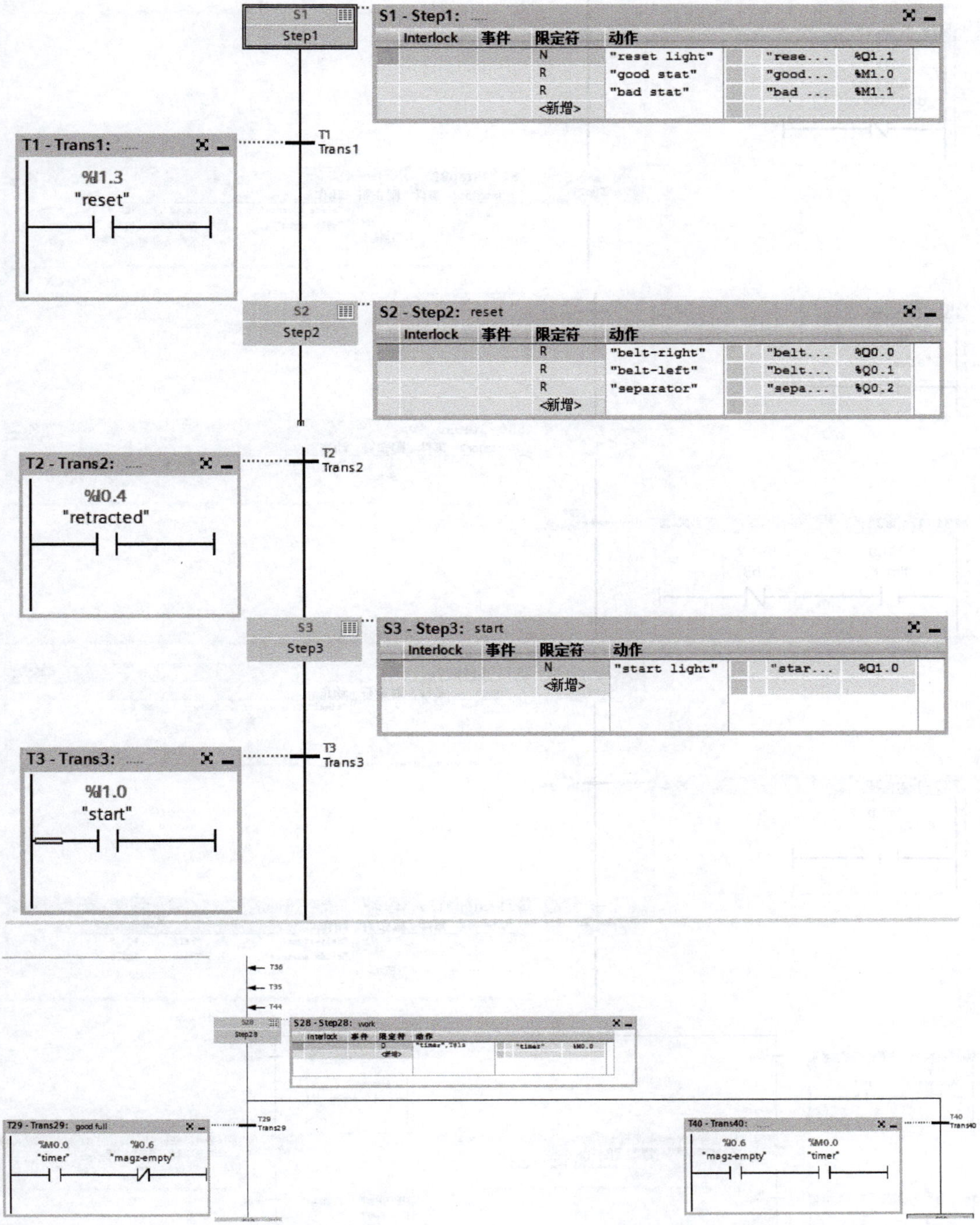

图 2-36　供料单元自动运行控制部分顺序控制流程图程序

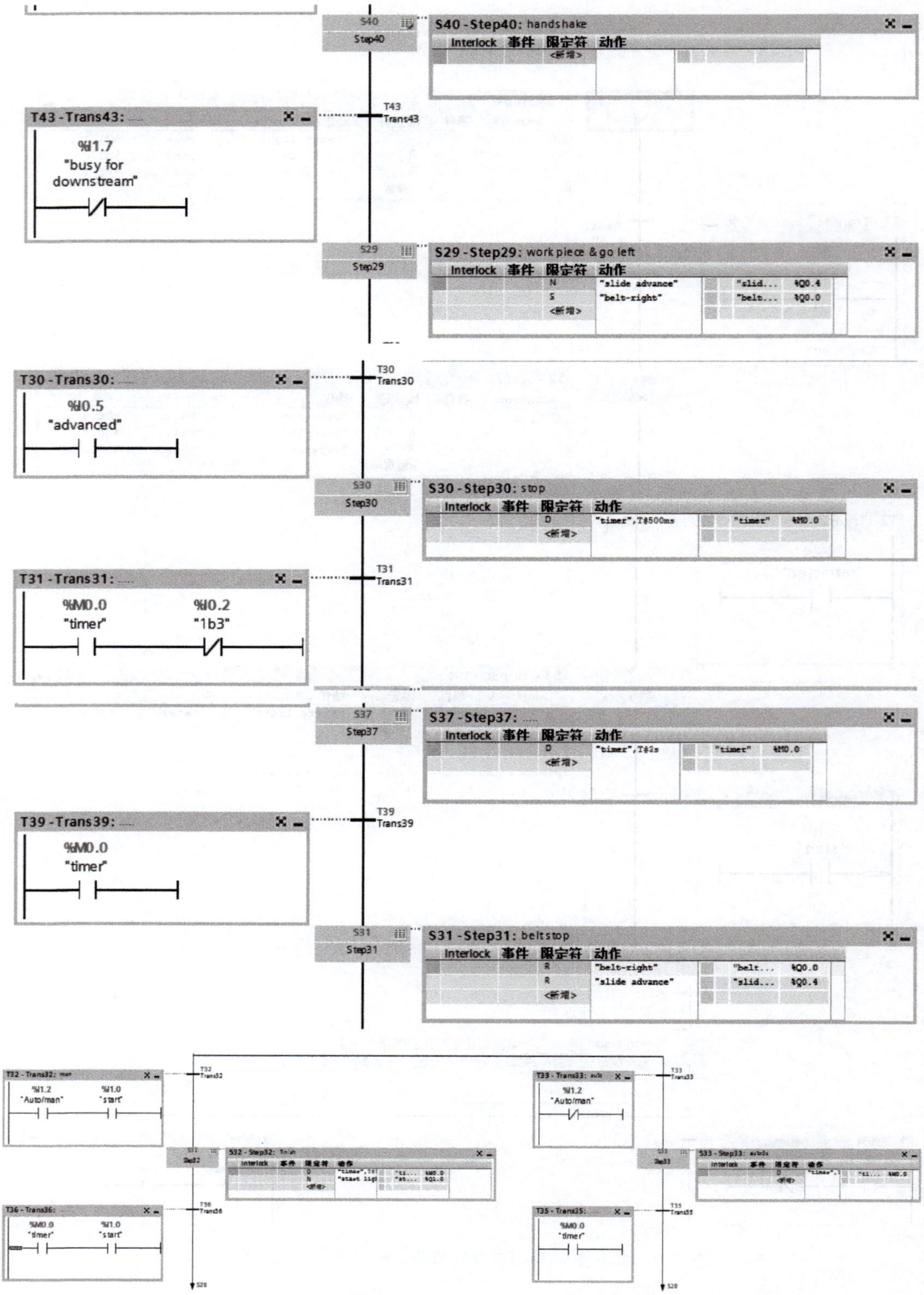

S40 - Step40: handshake			
Interlock	事件	限定符	动作
			<新增>

S29 - Step29: work piece & go left					
Interlock	事件	限定符	动作		
		N	"slide advance"	"slid...	%Q0.4
		S	"belt-right"	"belt...	%Q0.0
		<新增>			

S30 - Step30: stop					
Interlock	事件	限定符	动作		
		D	"timer",T#500ms	"timer"	%M0.0
		<新增>			

S37 - Step37:					
Interlock	事件	限定符	动作		
		D	"timer",T#3s	"timer"	%M0.0
		<新增>			

S31 - Step31: belt stop					
Interlock	事件	限定符	动作		
		R	"belt-right"	"belt...	%Q0.0
		R	"slide advance"	"slid...	%Q0.4
		<新增>			

图 2-36　供料单元自动运行控制部分顺序控制流程图程序（续——T29 条件后程序）

50

图 2-36　供料单元自动运行控制部分顺序控制流程图程序（续——T40 条件后程序）

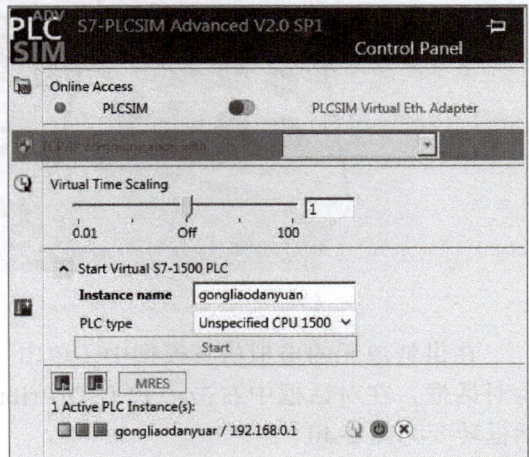

图 2-37　PLCSIM Advance 打开虚拟 PLC

在编程软件中对程序进行编译 🖳 后，单击 ⬇ 下载 PLC 程序至虚拟 PLC 中。

打开 CIROS 仿真软件，单击目录"CIROS Education—PLC Programming—Controlling modules & stations—MPS Stations—Distributing/conveyor station"打开供料单元虚拟仿真模型，如图 2-38 所示。

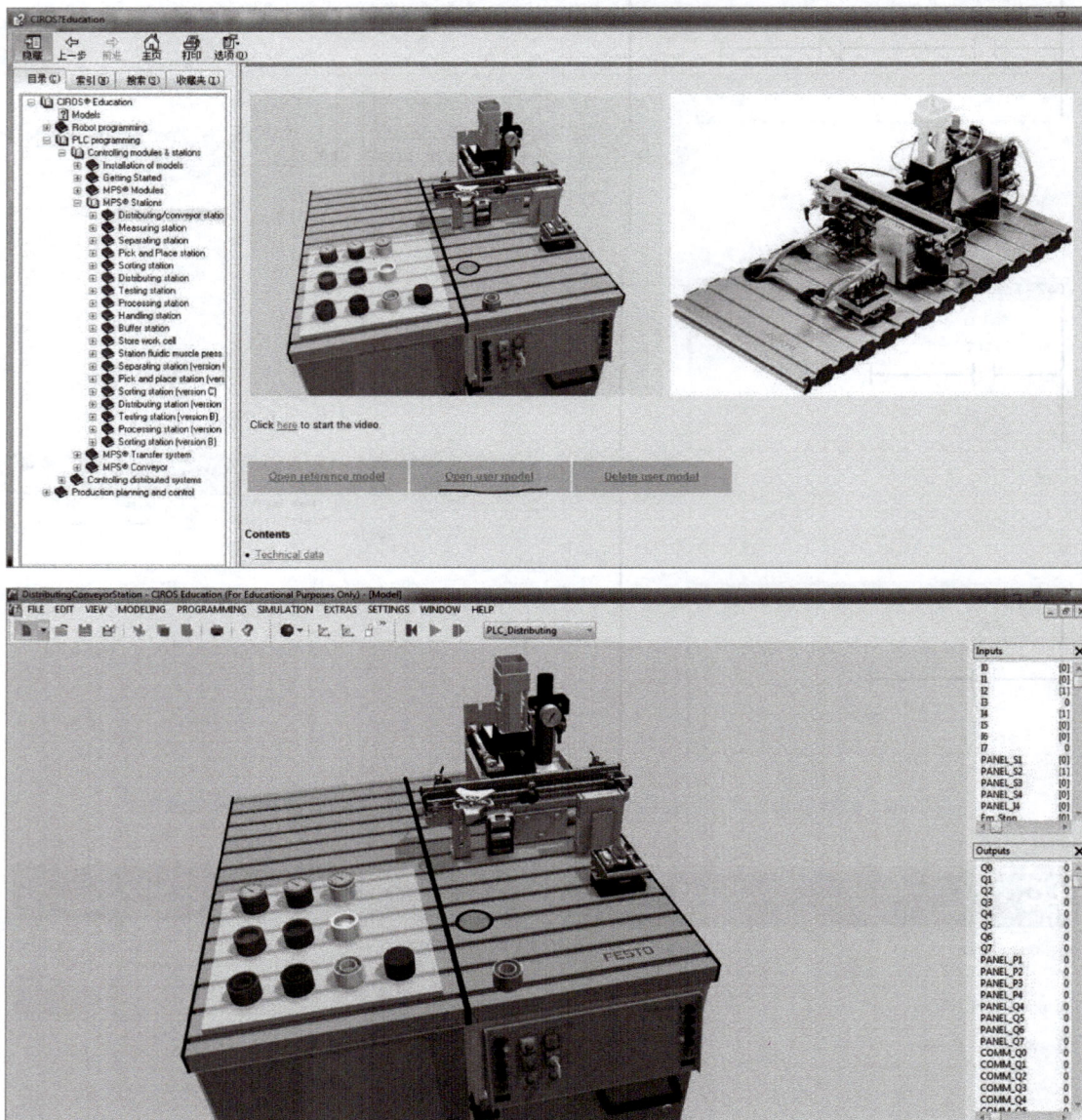

图 2-38　打开供料单元虚拟仿真模型

在供料单元的虚拟仿真模型中，单击"MODELING—PLC Switch"，弹出图 2-39 所示对话框，在对话框中右击"PLC Distributing"，选择"Switch Directly to—OPC"，对话框转变为图 2-40。

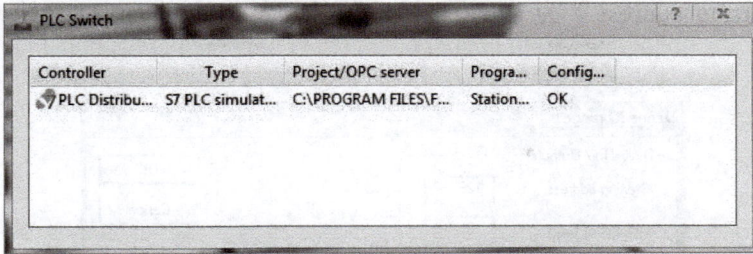

图 2-39　PLC Switch 转换之前

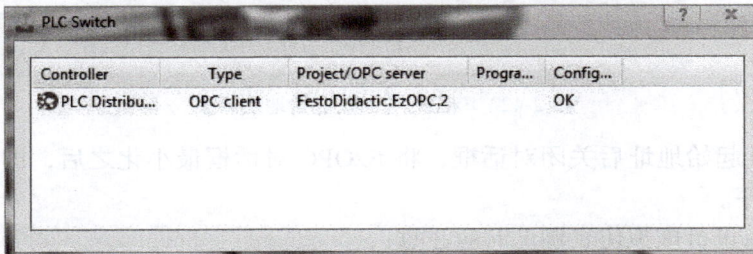

图 2-40　PLC Switch 转换之后

关闭对话框后，单击 ▶ 弹出 EzOPC 对话框，如图 2-41 所示。

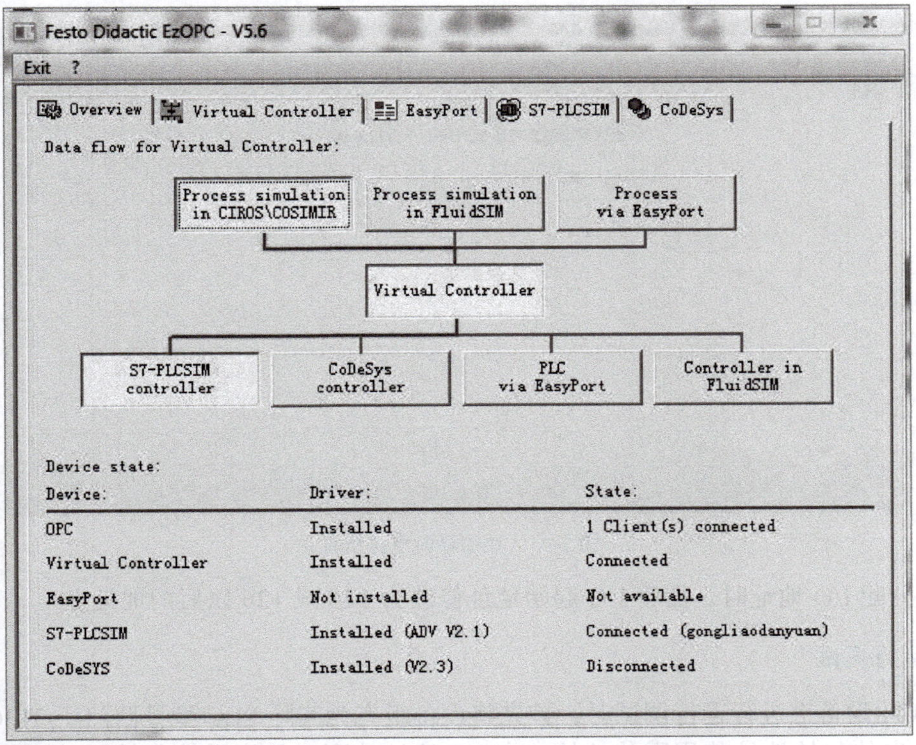

图 2-41　EzOPC 对话框

单击 "S7-PLCSIM"，勾选 "PLCSIM Advanced"，单击 "Define IO range"，修改

对话框中"Starting address"为126（与博途软件硬件组态时的I/O起始地址一致），如图2-42所示。

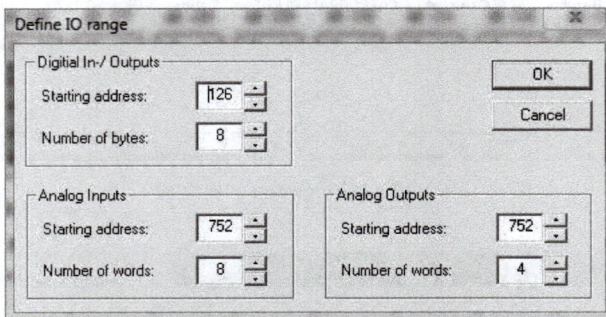

图2-42　EzOPC中I/O起始地址修改

修改完I/O起始地址后关闭对话框，将EzOPC对话框最小化之后，即可在仿真模型中调试PLC程序。

供料单元在进行虚拟仿真调试时应注意：

1）博途软件中在硬件组态时，PLC设备应选择1500系列PLC。

2）硬件组态后，需在项目树上右击项目名称，选择属性后，单击"保护"，勾选"块编译时支持仿真"，如图2-43所示。

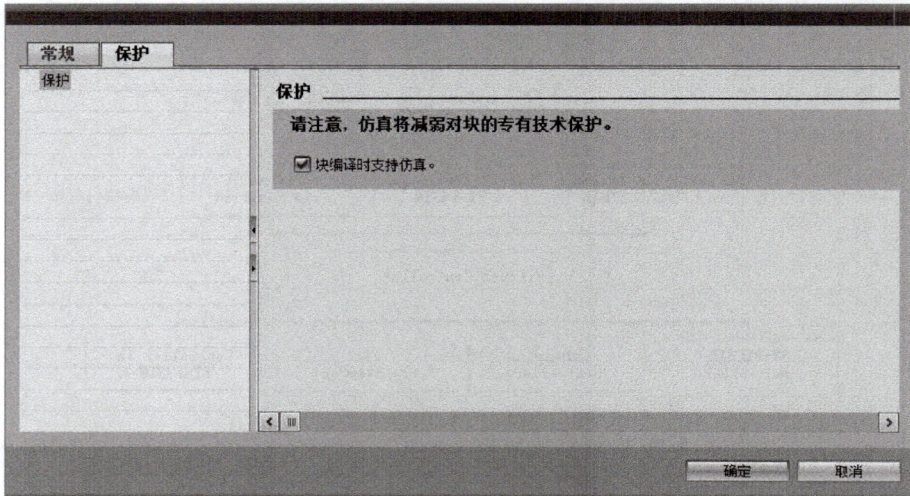

图2-43　块编译时支持仿真

3）分配I/O地址时，需将I/O起始地址修改为126或126以后的地址。

6. 运行调试

在实际设备上进行运行调试时，首先将设备组态为实际PLC型号西门子313C-2DP，输入/输出的起始地址使用默认地址，在I/O地址分配时使用默认起始地址按照表2-14进行分配地址。按照图2-36编制完整程序后，在编程软件中对程序进行编译 后，单击下载程序至 PLC 中。启动 CPU，将 CPU 切换至 RUN 模式。按照控制功能要求，观察供料单元能否按照表 2-15 控制要求进行动作，在监视状态下，观察各输入信号是否按照控制要求进行显示、各个输出的动作状态是否按照控制要求按步按序完成，否则检查电路接线或修改程序，直至各输入 / 输出均能按控制要求进行显示及动作。

效果测评

供料单元 PLC 编程课题评价表见表 2-15。

表 2-15　供料单元 PLC 编程课题评价表

控制流程描述	得分	最高分
用 PLC 检查控制流程		
准备：断开 PLC 与编程设备的连接，清除工作单元上的所有工件，生产线控制面板钥匙处于自动位置（垂直状态），打开气源，打开 PLC 电源		
复位灯亮		5分
按一下复位按钮		
生产线回到初始位置		5分
复位灯灭		5分
钥匙打到自动位置，生产线进入自动运行		
开始灯亮		5分
料仓模块料桶内手动放入工件		
按一下开始按钮		
开始灯灭		5分
推料气缸推出工件		5分
推料气缸伸出到位后		
推料气缸缩回到位		5分
传送带中间传感器检测到工件		
传送带右行		5分
传送带末端传感器检测到工件		
延时 3s		5分
传送带电动机停		5分

（续）

控制流程描述	得分	最高分
供料单元回到"推料气缸推出工件"步		5分
自动运行期间，任意时刻按一下停止按钮		
供料单元执行完当前步动作后自动停止		5分
开始灯闪烁1Hz		5分
钥匙打到手动再打到自动位置		
开始灯亮		5分
按一下开始按钮		
开始灯灭		5分
生产线从停止点继续向下执行		5分
一个循环完成后，自动检测料仓有无，若料仓中无工件		
供料单元自动停止在该步		5分
功能灯1闪烁		5分
直至料仓中有工件后		
功能灯1灭		5分
供料单元继续从"推料气缸推出工件"开始循环运行		5分
总分		100分

思考与练习

一、填空题

1. 气动技术是_____的简称，是以_____为动力源，驱动气动执行元件完成一定运动规律的应用技术。电气气动控制系统主要是控制_____，其特点是响应快、动作准确，在气动自动化应用中相当广泛。电气气动控制系统控制回路包括_____回路和_____回路两部分。

2. 在气缸缸筒一端开有气口的气缸为_____气缸，在气缸缸筒两端开有两个气口的气缸为_____气缸。气缸的结构主要包括_____、_____、_____、_____和_____等部件。

3. 将气源的压力降低并稳定到一个定值的阀是_____。二联件又称_____、_____组件，通过改变阀的通流面积来调节压缩空气流量的阀是_____。

4. 二联件允许压力表压力范围为0～800kPa。其作用是除去压缩空气中所含的_____和_____，调节并保持恒定的_____。

5. MPS工作站中的二联件由_____、_____、_____、快插接口和快速连接件组成。

6.在安装调试工作站气动回路时，将所有元件连接完并检查无误后再打开＿＿＿＿＿＿＿，不要在有压力的情况下＿＿＿＿＿＿＿和连接。

二、选择题

1.供料单元中用于检测料仓内有无工件的是（　　　　）。

A.镜反射式光电传感器　　　　　　B.漫反射式光电传感器

C.电容式传感器　　　　　　　　　D.对射式光电传感器

2.可以用于检测气缸位置的传感器是（　　　　）。

A.漫反射式光电传感器　　　　　　B.磁性开关

C.电容式传感器　　　　　　　　　D.电感式传感器

3.传送带模块是由电动机驱动的，该电动机是（　　　　）。

A.直流齿轮电动机　　　　　　　　B.交流电动机

C.步进电动机　　　　　　　　　　D.伺服电动机

4.供料单元的组成模块有（　　　　）。

A.料仓模块　　　B.传送带模块　　　C.提升模块　　　D.检测模块

5.若传送带末端的对射式光电传感器信号为 1 表示（　　　　）。

A.传送带有工件　　B.传送带无工件　　C.不确定

6.若传感器是 PNP 型，则有信号时，输出（　　　　）。

A.高电平　　　　　B.低电平　　　　C.不确定

三、判断题

1.在安装调试工作站时，只有关闭电源后，才可以拆除电气连接线。　　（　　　）

2.漫反射式光电传感器的光发射器和光接收器集于一体，只有当被测物经过时，传感器才可能输出信号。　　（　　　）

3.在 MPS 中，PLC 与工作平台主要是通过 Syslink 接线端子进行连接的，该端口有 24 针，8 输入 8 输出。　　（　　　）

四、简答题

1.简述二位五通带手控开关的单电磁换向阀的工作原理。

2.6S 的含义是什么？

3.供料单元安装前需要做哪些准备工作？

4.磁感应接近开关的安装调试方法是什么？

5.单向节流阀流量的调整方法是什么？

6.绘制供料单元电磁阀得电时的气动控制回路图。

7.供料单元中的 PLC 一共需要有多少个输入点？多少个输出点？分别是什么信号？

8.绘制供料单元完整工作过程的程序流程图。

模块 3

检测单元的安装与调试

　　在自动化生产线中常需对上一单元提供的物料工件进行检测，诸如对工件的质量、位置、标签等进行检验。本模块围绕"检测单元的安装与调试"这条主线，通过第 1 个课题"认识检测单元的功能与结构组成"，使学习者明确检测单元的整体结构和功能认知，并且进一步掌握该单元中使用的检测传感器以及气动元件的结构、原理和选用，在此基础上通过第 2 个和第 3 个课题深入研究检测单元的气动回路和电气回路的安装与连接，最后通过第 4 个课题"检测单元的 PLC 控制及编程"，培养学习者根据控制要求进行设备编程调试的能力。

课题 1　认识检测单元功能与结构组成

教学目标

知识目标

（1）了解检测单元的功能及工作过程。
（2）了解检测单元的机械结构组成。
（3）认识检测单元机械元件及其功能。
（4）掌握距离传感器的工作原理及调试方法。
（5）掌握检测单元中各种传感器及旋转气缸等气动元件的结构、特点及工作原理。

能力目标

（1）能够对检测单元机械本体进行安装调试。
（2）掌握旋转气缸上磁性开关、生产单元上光电式传感器以及距离传感器的安装与调试方法。
（3）用手控盒手动控制检测单元动作，校验输入地址和输出地址。

素质目标

（1）培养学生分析、解决生产实际问题的能力，提高学生的职业技能和专业素养。

（2）培养学生规范操作、团结协作意识。

（3）培养学生自主学习、适应岗位能力。

教学内容

通过本课题学习，了解检测单元工作过程，认识检测单元硬件结构及功能，为后面的学习奠定基础。检测单元的结构图如图 3-1 所示。

相关知识

一、检测单元的功能

图 3-1　检测单元的结构图

检测单元可以测量系统中工件的高度。

将工件放置在传送带上，传送带将工件传输到阻隔器的位置，提升旋转模块将工件夹起放在测量平台上。距离传感器测量工件的高度。测量完毕，将工件放回传送带上。根据测量结果决定工件被分拣臂分拣到滑槽还是传送到传送带末端。

二、检测单元的结构组成

检测单元由两大模块组成，分别是提升旋转模块和传送带模块，另有一些辅助元件，如图 3-2 所示。

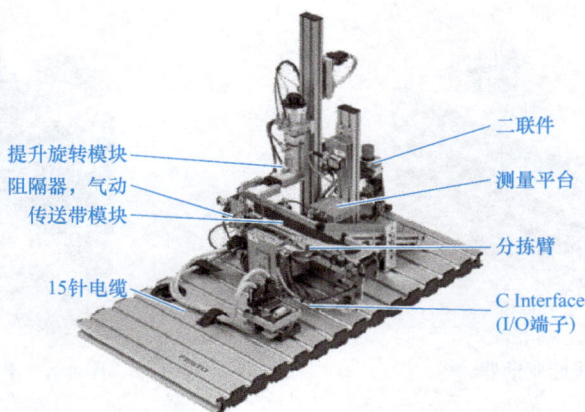

图 3-2　检测单元结构组成

1. 提升旋转模块

提升旋转模块是一个两轴操作单元，它借助一个平行气爪可完成一些小型的提升和旋转任务。该模块可以搬运直径小于 40mm 的工件。气爪的抓取位置和旋转角度可调。本模块由一个旋转驱动器、一个线性驱动器、一个平行气爪、一些独立的阀和电气接口构成，如图 3-3 所示。

（1）旋转驱动器　旋转驱动器又称摆动气缸，如图 3-4 所示，由叶片轴、转子、定子、摆动气缸的缸体和前后端盖等部分组成，定子和缸体固定在一起，叶片和转子连在一起。在定子上有两条气路，当左路进气时，右路排气，压缩空气推动叶片带动转子顺时针摆动。反之，摆动气缸做逆时针摆动。

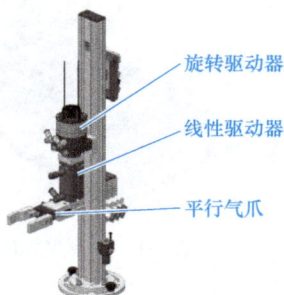

图 3-3　提升旋转模块结构组成

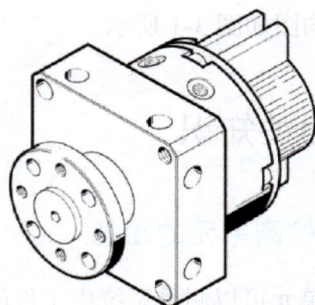

图 3-4　旋转驱动器

（2）线性驱动器　旋转提升模块上的线性驱动器为一紧凑型气缸，带固定或自动可调节缓冲，带有普通轴承导向，活塞杆通过导向杆和连接板防止扭转，活塞杆的直径为 12mm，两端有柔性缓冲环、垫板，如图 3-5 所示。

（3）平行气爪　平行气爪用于抓取工件，由双作用活塞驱动，位于中心驱动轴的同心轴上，两个活塞，一个向下运动，另一个必向上运动。有不同的夹紧方式（向外夹紧、向内夹紧），可以以多种方式和其他驱动器进行结合。采用霍尔传感器或接近式传感器进行位置感应。如采用外部夹头，易于实现多样性。平行气爪如图 3-6 所示。

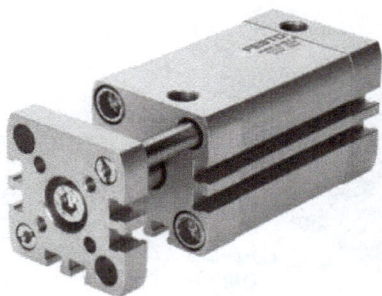

图 3-5　线性驱动器

图 3-6　平行气爪

2. 传送带模块

传送带模块是用来传输和暂存工件的。光电传感器用来检测阻隔器上游和传送带末端的工件。传送带由一个直流电动机驱动。图 3-7 所示为传送带机构的结构组成。

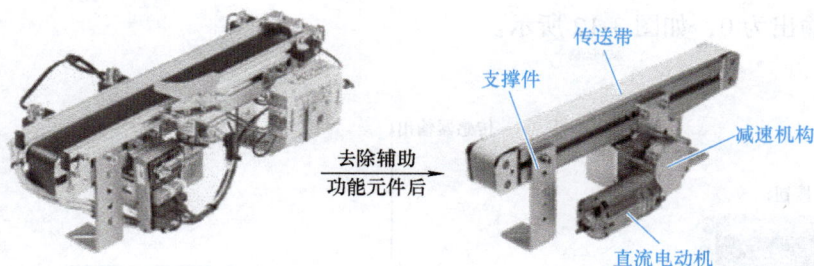

图 3-7　传送带机构的结构组成

（1）阻隔器　如图 3-8 所示，检测单元传送带模块上的阻隔器为气动控制，由消声器、电磁阀及单作用气缸所组成。

（2）消声器　如图 3-9 所示，消声器的作用是排除压缩空气高速通过气动元件排到大气时产生的刺耳噪声污染。

3. 距离传感器

距离传感器位于检测单元检测平台上方，用于检测工件的正反。用距离传感器区分正反面的工件，首先调整图 3-10 所示的传感器模块，使正反面工件的电压值呈现表 3-1 所示排列（只需保证所有反面的工件相邻，尽量使得反面最小值和正面最大值之间的差大点，例如：表 3-1 中，黑色反面 2.16 跟银色正面 0.97，这两个数值差距越大越好）。

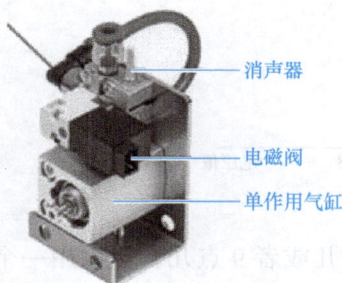

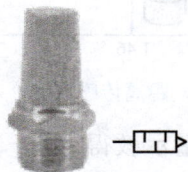

图 3-8　阻隔器　　　　图 3-9　消声器实物图及气动符号　　　　图 3-10　距离传感器

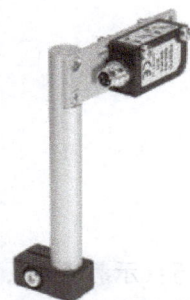

表 3-1　工件不同形态对应电压值

	银色反面	红色反面	黑色反面	银色正面	红色正面	黑色正面
工件形态						
电压值 /V	4.28	2.57	2.16	0.97	0.83	0.75

距离传感器需要示教两个电压值，示教时按压的按钮如图 3-11 所示，具体示教方法如下：

第一步：按住蓝色按钮 3s，直到黄色和绿色 LED 交替闪烁，示教第一个值 S_1 成功。

第二步：按住蓝色按钮 1s，示教第二个值 S_2 成功。

传感器检测到的真实值为 U，当 $S_2<U<S_1$ 时，传感器输出为 1；当 $U>S_1$，或者 $U<S_2$

时，传感器输出为 0，如图 3-12 所示。

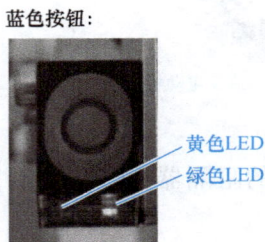

图 3-11   距离传感器示教按钮

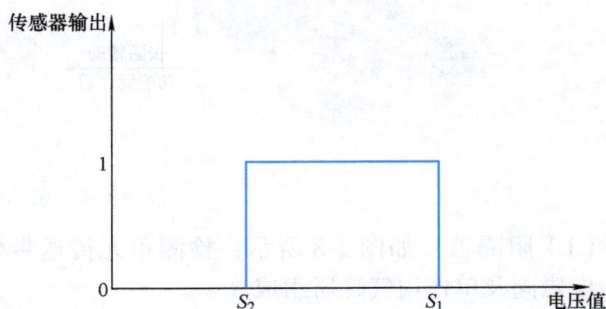

图 3-12   距离传感器指示值

所以，如果需要利用距离传感器把工件的正反面区分开来，则需要工件满足图 3-13 所示。

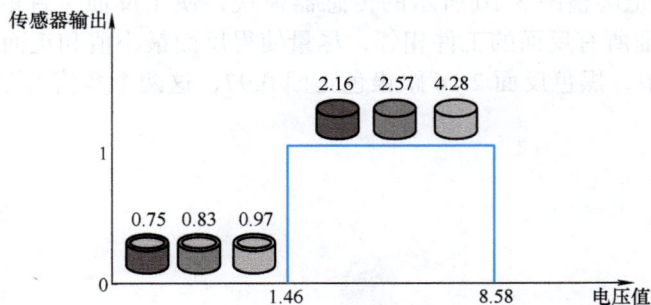

图 3-13   距离传感器区分工件正反

技巧：示教 S_1 时，可以将值尽量示教得大点，如 8 点几或者 9 点几，可以用一个银色工件或者红色工件贴近传感器获得。示教 S_2 时，尽量将值示教在黑色反面和银色正面中间值，不要太靠近任何一个值，因为每个值都可能会有比较大的波动，这个值可以用一个黑色工件靠近传感器获得。

注意：①距离传感器先示教 S_1，再示教 S_2，$S_1 > S_2$；②各工件电压的大小顺序不一定如图中所示，只要正面和反面的工件能区分开来即可。

技能训练

一、检测单元的机械安装与调试

在安装调试前，应准备好安装调试所需的工具、材料和设备，并做好工作现场和技术资料的准备工作。

1. 安装调试前准备

1）工具：尖嘴钳、水口钳、剥线钳、管子扳手、套筒扳手（9mm×10mm）、内六角扳手、一字螺钉旋具、十字螺钉旋具、万用表。

2）设备：检测单元完整设备。

3）技术资料：机械安装图、工作计划表、材料工具清单。

4）工作现场：现场工作空间充足，方便进行安装调试，工具、材料准备到位。

2. 安装工艺要求

1）工具使用方法正确，不损坏工具及元件。

2）按给定的标准图样选工具和元件。

3）在指定的位置安装工作平台元件和相应模块。

4）机械结构安装牢固，机械传动灵活，无松动或卡涩现象。

3. 安装调试安全要求

1）安装前应仔细阅读技术文件，尤其是安全规则。

2）安装元件时，应注意底板是否平整，若底板不平，元件下方应加垫片，以防止损坏元件。

3）操作时应注意工具的正确使用，不得损坏工具及元件。

4）试运行时不能用手触碰元件，发现异常或有异味应立即停止，进行检查。

4. 设备调试

按照控制要求对提升旋转模块和传送带模块进行调试。

（1）磁性开关的调试　参考供料单元。

（2）光电式传感器的调试　参考供料单元。

（3）单向节流阀的调试　参考供料单元。

（4）阀组的调试　手动调节用于检查阀和阀驱动组合单元的功能。

1）准备条件：

①打开气源。

②接通电源。

2）执行步骤：

①将气泵与二联件连接，在二联件上设定压力为 600kPa，打开气源。

②用专用工具（最大宽度为 2.5mm）按下手控开关。

③松开开关（开关为弹簧复位），阀回到初始位置。

④对各个阀注意进行手控调节。

（5）距离传感器的调试　手动调节示教用于检测工件的正反。

1）准备条件：

①安装距离传感器。

②连接传感器导线。

③打开电源。

2）执行步骤：

①用一个银色或红色工件靠近距离传感器，按住蓝色按钮3s，直到黄色和绿色LED交替闪烁，示教第一个值S_1成功。

②用一个黑色工件靠近传感器，按住蓝色按钮1s，示教第二个值S_2成功。

③将任一工件放在距离传感器下方测量平台上，检查是否能够检测出工件正反。

二、检测单元 I/O 地址的校验

在充分认识了检测单元功能和硬件结构后，使用手控盒确认本单元的输入设备和输出设备的 I/O 地址，并观察 C 接口 LED 状态，校验地址是否一致。确认每个传感器的检测功能和电磁换向阀与执行元件的对应关系。

效果测评

本课题的检查评价主要包括传感器、电磁换向阀、传送带和安全操作。课题评价表见表 3-2。

表 3-2   检测单元硬件结构认识课题评价表

评价项目	地址确认及操作考核	配分	扣分	得分
传感器	检测气爪打开传感器地址	5分		
	检测气爪在上位传感器地址	5分		
	检测摆动气缸在左侧（传送带位置）地址	5分		
	检测摆动气缸在右侧（检测平台位置）地址	5分		
	传送带起始端传感器地址	5分		
	传送带阻隔器处传感器地址	5分		
	传送带末端传感器地址	5分		
	距离传感器地址	5分		
	距离传感器示教	5分		
电磁换向阀	旋转驱动器地址	5分		
	线性驱动器	5分		
	平行气爪	5分		

（续）

评价项目	地址确认及操作考核	配分	扣分	得分
传送带	直流电动机正转地址	5分		
	直流电动机反转地址	5分		
	阻隔器地址	5分		
	分拣臂地址	5分		
安全操作	手控盒安装（不得将24V直流电源正、负极接反）	5分		
	手控盒连接（不得带电操作）	5分		
	气源操作（不得带气操作）	5分		
	电源操作（不得带电操作）	5分		
合计		100分		

课题 2　检测单元气动控制系统

教学目标

知识目标

（1）掌握检测单元气动控制系统的工作原理。

（2）掌握检测单元气动控制回路的组成。

（3）认识检测单元气动控制回路中各元件符号及其功能，并能够识图、绘图。

（4）掌握检测单元气动控制回路的安装方法。

能力目标

（1）能够正确安装电磁换向阀、旋转气缸和单向节流阀。

（2）能够正确连接检测单元的气动控制回路。

（3）能够使用手控盒手动控制设备动作，校验气路。

素质目标

（1）培养学生分析、解决生产实际问题的能力，提高学生的职业技能和专业素养。

（2）培养学生规范操作、团结协作意识。

（3）培养学生自主学习、适应岗位能力。

![教学内容]

根据气动控制回路图样，在考虑经济性、安全性的情况下，制定安装与调试计划，选择合适的工具和仪器，团队合作进行检测单元气动控制回路的安装与调试。根据任务要求，首先确定工作组织方式，划分工作阶段，分配工作任务，讨论安装流程与工作计划，填写工作计划表和材料工具清单。安装调试气动控制回路工艺流程参考供料单元。

![相关知识]

一、气动控制回路工作原理分析

气动控制系统是检测单元的执行机构，该执行机构的控制逻辑功能由 PLC 实现。

1）传送带模块阻隔器气动控制回路图如图 3-14 所示。

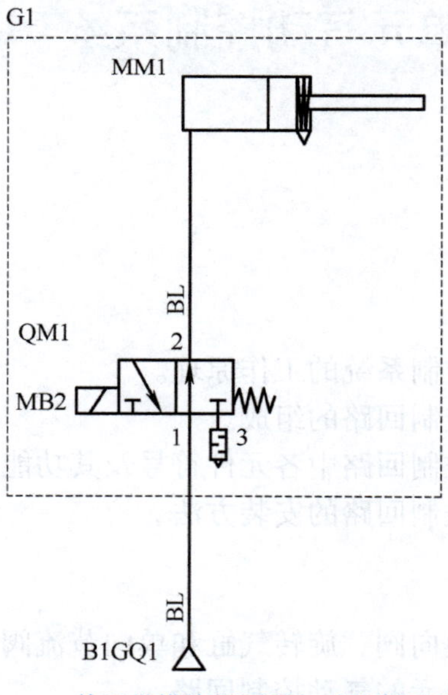

图 3-14　传送带模块阻隔器气动控制回路图

图 3-14 中，MM1 为阻隔器上单作用气缸；QM1 为控制单作用气缸的单电控二位三通电磁阀，MB2 为电磁阀线圈。B1GQ1 为气源。

2）检测单元旋转提升模块的气动控制回路如图 3-15 所示。

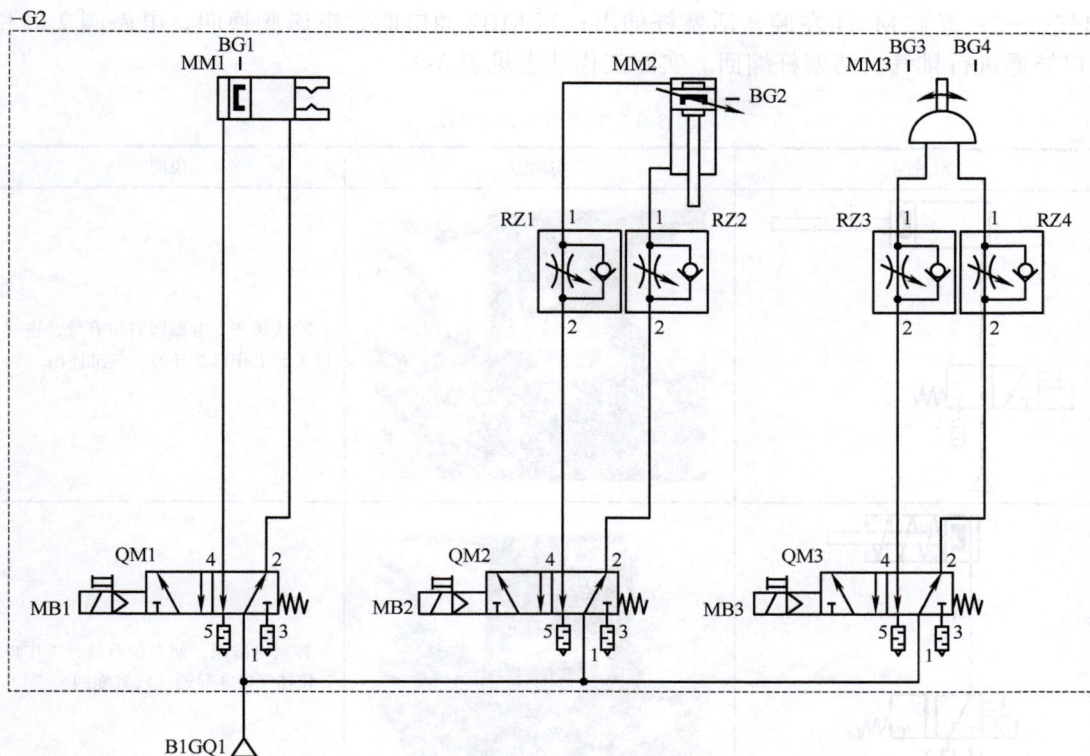

图 3-15　检测单元旋转提升模块的气动控制回路图

图 3-15 中，MM1 为平行气爪；BG1 为安装在平行气爪上检测气爪打开状态的磁感应接近开关，用它发出的开关量信号可以判断气爪是否打开。QM1 为控制平行气爪的单电控二位五通电磁阀，MB1 为电磁阀线圈。

MM2 为线性驱动器（垂直气缸），BG2 为安装在垂直气缸上的磁感应接近开关，用它发出的开关量信号可以检测出垂直气缸位于上方（气缸缩回）位置；RZ1 和 RZ2 为单向可调节流阀，用于调节垂直气缸的运动速度；QM2 为控制垂直气缸的单电控二位五通电磁阀，MB2 为电磁阀线圈。

MM3 为旋转驱动器（摆动气缸），BG3 和 BG4 分别为安装在摆动气缸上的磁感应接近开关，用它们发出的开关量信号可以检测摆动气缸位于左侧（传送带上方位置）还是右侧（检测平台上方位置）；RZ3 和 RZ4 为单向可调节流阀，用于调节摆动气缸的运动速度；QM3 为控制垂直气缸的单电控二位五通电磁阀，MB3 为电磁阀线圈。

B1GQ1 为气源。

二、气动控制系统工作过程分析

1. 阻隔器工作过程分析

阻隔器气缸的常态为活塞伸出状态。

如图 3-14 所示，阻隔器气缸为单作用气缸。当 MB2 断电时，电磁阀 1 口进气，2 口出气，进入气缸 MM1 左腔，活塞杆伸出；当 MB2 通电时，电磁阀换向，电磁阀 2 口和 3 口导通进行排气，活塞杆缩回。实际工作状态见表 3-3。

表 3-3　阻隔器工作状态分析

示意图	实物图	说明
		默认状态，电磁阀右位有效，进气口 1 与工作口 2 导通，气缸伸出
		控制电磁阀，使左位有效，工作口 2 和排气口 3 导通，气缸缩回

2. 摆动气缸工作过程分析

如图 3-15 所示，当 MB3 不通电时，气源气体从电磁阀 1 口进气，经 2 口、单向阀 RZ4、气缸、节流阀 RZ3，回到电磁阀 4 口，从 5 口排气，气缸摆动到左侧极限位置 BG3 处（即气缸位于传送带上方位置）；当 MB3 通电时，气源气体从二位五通换向阀 1 口进气，经 4 口、单向阀 RZ3、气缸、节流阀 RZ4，回到电磁阀 2 口，从 3 口排气，摆动气缸摆动至右侧极限位置 BG4 处（即气缸位于检测平台上方）。

3. 垂直气缸工作过程分析

如图 3-15 所示，当 MB2 不通电时，气源气体从电磁阀 1 口进气，经 2 口、单向阀 RZ2、气缸、节流阀 RZ1，回到电磁阀 4 口，从 5 口排气，气缸上升到上方极限位置 BG2 处（即气缸活塞杆缩回）；当 MB2 通电时，气源气体从二位五通换向阀气口 1 进气，经 4 口、单向阀 RZ1、气缸、节流阀 RZ2，回到电磁阀 2 口，从 3 口排气，垂直气缸下降（即气缸活塞杆伸出）。

4. 平行气爪工作过程分析

如图 3-15 所示，当 MB1 不通电时，2 口进气，进入平行气爪后，回到电磁阀 4 口，从 5 口排气，平行气爪松开；当 MB1 通电时，气源气体从二位五通换向阀 1 口进气，经

4 口进入平行气爪后，回到电磁阀 2 口，从 3 口排气，平行气爪夹紧。

技能训练

一、安装调试前准备

在安装调试前，应准备好安装调试所需的工具、材料和设备，并做好工作现场和技术资料的准备工作。分析气动回路，明确连接关系。

1）工具：尖嘴钳、水口钳、一字螺钉旋具、十字螺钉旋具、切管刀。
2）材料：4mm、6mm 气管，尼龙扎带、线卡、带帽垫螺栓若干。
3）设备：检测单元完整设备。
4）技术资料：气动图样、工作计划表、材料工具清单。

二、安装工艺要求

工具使用方法正确，不损坏工具及元件。检测单元的气动安装调试技术规范参见表 2-3。

三、安装调试安全要求

1）不要超过最大允许压力 800kPa。
2）将所有元件连接完并检查无误后再打开气源。
3）不要在有压力的情况下拆卸连接。
4）拔气管时，双手操作，一手的拇指和食指按下快插口蓝色封圈；另一手拔气管。
5）打开气泵时要特别小心，气缸可能会在接通气源的一瞬间伸出或缩回。

四、安装步骤

根据任务解析流程图，确定安装步骤：
1）逐个连接气动回路，保证执行元件的初始态符合要求。
2）根据技术规范要求调整固定管线。
3）使用手控盒测试气路的正确性。
注意：
1）气路连接要完全按照检测单元气路图进行连接。
2）气路连接时，气管一定要在快速接头中插紧，不能有漏气现象。
3）气路中的气缸节流阀调整要适当，以活塞进出迅速、无冲击、无卡滞现象为宜，以不推倒工件为准。如果气缸动作相反，将气缸两端进气管位置颠倒即可。
4）气路气管连接时，应该按序排布，均匀美观，不能交叉、打折、顺序凌乱。
5）所有外露气管必须用黑色尼龙扎带进行绑扎，松紧程度以不使气管变形为宜，外形美观。

6）电磁阀组与气体汇流板的连接必须压在橡胶密封垫上固定，要求密封良好，无泄漏。

效果测评

本课题的检查评价主要包括安全操作、绘图设计、气路安装和气路调试等，见表3-4。

表 3-4　气路安装调试评价表

专项考核			配分	扣分	得分
安全操作	违反以下安全操作要求	220V、24V 电源混淆 带电操作 带气操作 严重违反安全规程	0 分	100 分	
	安全与环保意识	24V 直流电源正、负极接反	5 分		
		操作中掉工具、掉线、掉气管	5 分		
绘图设计	能正确绘制检测单元的气动回路图		10 分		
气路安装	安装气路	阻隔器气路	10 分		
		摆动气缸气路	10 分		
		垂直气缸气路	10 分		
		平行气爪气路	10 分		
	检测无误后，规范布线。要求气管捆扎整齐，电缆走线槽	气路规范	10 分		
气路调试	执行元件初始态	执行元件初始态正确	10 分		
	执行元件动作	执行元件动作正确	10 分		
职业素养与安全意识	现场操作安全保护符合安全操作规程；工具摆放、包装物品、导线线头等的处理符合职业岗位的要求；团队有分工有合作，配合紧密；遵守实训纪律，爱惜设备和器材，保持工位的整洁		10 分		
合计			100 分		

课题 3 ◎ 检测单元电气控制系统

教学目标

■ 知识目标

（1）熟悉检测单元 Mini I/O 端子、C 接口的引脚定义和接线方法。

（2）识读检测单元传送带模块电气控制图，并能够绘制电路图。

（3）识读检测单元提升旋转模块电气控制图，并能够绘制电路图。

（4）了解电气安装工艺规范和相应的国家标准。

■ 能力目标

（1）能够熟练安装传送带模块电气控制回路。

（2）能够熟练安装提升旋转模块电气控制回路。

（3）能够使用手控盒手动控制设备动作，校验电气回路的连接情况。

■ 素质目标

（1）培养学生分析、解决生产实际问题的能力，提高学生的职业技能和专业素养。

（2）培养学生规范操作、团结协作意识。

（3）培养学生自主学习、适应岗位能力。

教学内容

根据检测单元电气回路图样，在考虑经济安全性的情况下，制定安装调试计划，选择合适的工具和仪器，团队合作进行检测单元电气回路安装与调试。根据技能训练中的要求，先确定工作组织方式，划分工作阶段，分配工作任务，讨论安装流程和工作计划，填写工作计划表和材料工具清单。安装调试检测单元电气回路工艺流程参考供料单元。

相关知识

一、PLC 与工作站的连接

PLC 通过 C 接口、Mini I/O 端子与工作台的传感器、电磁换向阀相连，下面分别说明其接线结构。

1. 传送带模块与 Mini I/O 端子接线图分析

从图 3-16 中看出，检测单元传送带模块共有 3 个传感器输入信号，对应于传送带起始端漫射式光电传感器、传送带中间位置漫射式光电传感器、传送带末端对射式光电传感器，分别接入 Mini I/O 端子 G1XG1 上 X2 的接线端子 1、2、3；输出信号共有 4 个，对应于电动机正转、电动机反转、分拣臂线圈、阻隔器电磁阀线圈，分别接入 Mini I/O 端子 G1XG1 上 X2 的接线端子 7、8、9、10。另外，检测单元的检测平台上方的距离传感器的数字量信号也接入了 Mini I/O 端子 G1XG1 上 X2 的接线端子 4。检测单元传送带模块输入 / 输出信号说明见表 3-5。

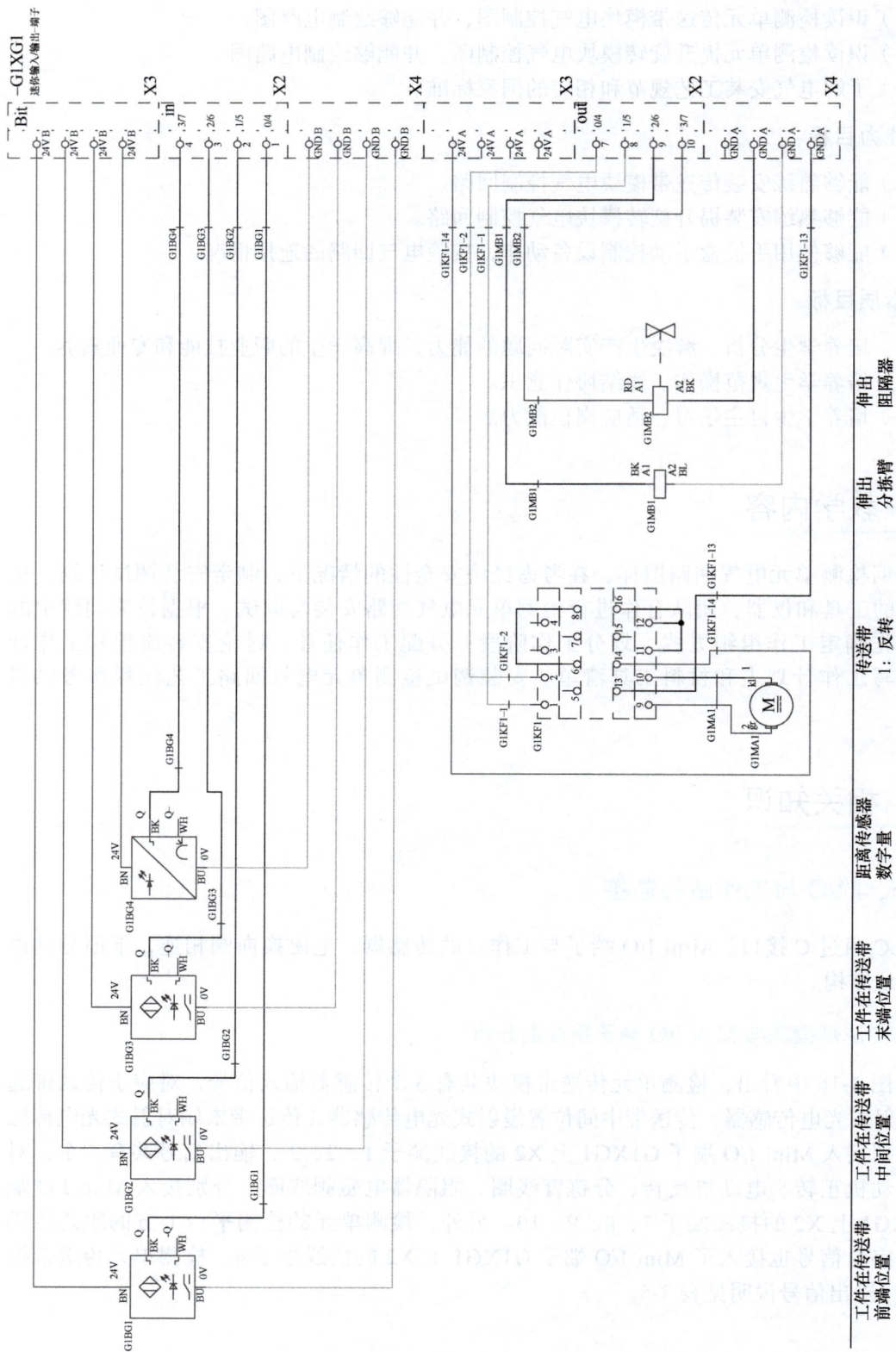

图 3-16 检测单元传送带模块电气控制电路

表 3-5 检测单元传送带模块输入/输出信号说明

序号	地址	设备符号	设备名称	设备用途	信号特征
1	I0.0	G1BG1	漫射式光电传感器	判断工件是否在传送带前端位置	信号为1表示工件在传送带前端
2	I0.1	G1BG2	漫射式光电传感器	判断工件是否在传送带中间位置	信号为1表示工件在传送带中间
3	I0.2	G1BG3	对射式光电传感器	判断工件是否在传送带末端位置	信号为0表示工件在传送带末端
4	I0.3	G1BG4	距离传感器	判断工件是否合格	信号为0，工件合格 信号为1，工件不合格
5	Q0.0	G1KF1-2	电动机	控制传送带起停	信号为1传送带右行，信号为0传送带停止
6	Q0.1	G1KF1-1	电动机	控制传送带起停	信号为1传送带左行，信号为0传送带停止
7	Q0.2	G1MB1	分拣臂线圈	控制分拣臂动作	信号为1，分拣臂伸出
8	Q0.3	G1MB2	阻隔器电磁阀线圈	控制阻隔器动作	信号为0，阻隔器伸出 信号为1，阻隔器缩回

2. 旋转提升模块与 Mini I/O 端子接线图分析

从图 3-17 中看出，检测单元旋转提升模块共有 4 个传感器输入信号，对应于检测气爪打开状态磁性开关、气爪在上位磁性开关、检测摆动气缸在左侧和右侧的磁性开关，分别接入 Mini I/O 端子 G2XG1 上 X2 的接线端子 1、2、3、4；输出信号共有 3 个，分别为控制平行气爪、垂直气缸、摆动气缸动作的电磁阀线圈，接入 Mini I/O 端子 G2XG1 上 X2 的接线端子 7、8、9、10。检测单元旋转提升模块输入/输出信号说明见表 3-6。

表 3-6 检测单元旋转提升模块输入/输出信号说明

序号	地址	设备符号	设备名称	设备用途	信号特征
1	I0.4	G2BG1	磁性开关	检测平行气爪状态	信号为1表示平行气爪打开状态
2	I0.5	G2BG2	磁性开关	检测垂直气缸的位置	信号为1表示垂直气缸在上方位置
3	I0.6	G2BG3-1	磁性开关	检测摆动气缸的位置	信号为1表示摆动气缸在左侧（传送带上方位置）
4	I0.7	G2BG3-2	磁性开关	检测摆动气缸的位置	信号为1表示摆动气缸在右侧（检测平台上方位置）
5	Q0.4	G2MB1	电磁阀线圈	控制平行气爪动作	信号为1气爪打开 信号为0气爪夹紧
6	Q0.5	G2MB2	电磁阀线圈	控制垂直气缸动作	信号为1垂直气缸下降，信号为0垂直气缸上升
7	Q0.6	G2MB3	电磁阀线圈	控制摆动气缸动作	信号为1摆动气缸顺时针旋转（摆动到检测平台上方） 信号为0摆动气缸逆时针旋转（摆动到传送带上方）

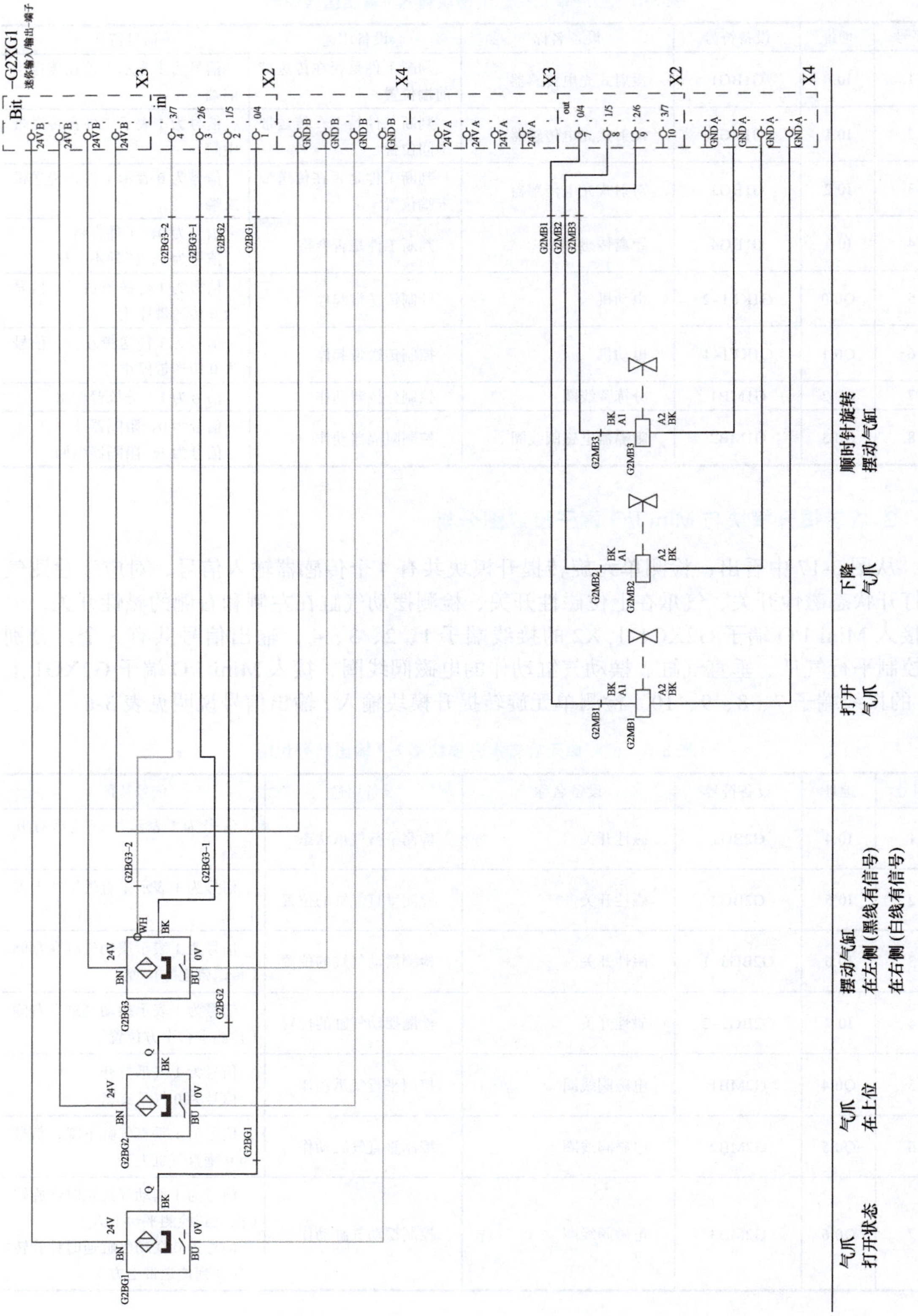

图 3-17 检测单元旋转提升模块电气控制电路

二、PLC 与控制面板的电气接线图分析

控制面板上有 4 个输入、4 个输出，由 XMG2 电缆一端连接控制面板，另一端连接 PLC，将控制面板的按钮信号送入 PLC，同时将 PLC 的输出信号送到控制面板。检测单元控制面板设备输入／输出信号见表 3-7。

表 3-7　检测单元控制面板设备输入／输出信号

序号	地址	设备符号	设备名称	设备用途	信号特征
输入信号					
1	I1.0	START	按钮	起动设备	信号为 1 表示按钮被按下
2	I1.1	STOP	按钮	停止设备	信号为 1 表示按钮未被按下
3	I1.2	AUTO/MAN	按钮	自动／手动转换	信号为 1，表示为手动模式（横位）；信号为 0，表示为自动模式（竖位）
4	I1.3	RESET	按钮	复位设备	信号为 1 表示按钮被按下
输出信号					
5	Q1.0	Start lamp	指示灯	起动指示灯	信号为 1 灯亮，信号为 0 灯灭
6	Q1.1	Reset lamp	指示灯	复位指示灯	信号为 1 灯亮，信号为 0 灯灭
7	Q1.2	Q1	指示灯	自定义	自定义
8	Q1.3	Q2	指示灯	自定义	自定义

技能训练

一、安装调试前准备

在安装调试前，应准备好安装调试所需的工具、材料和设备，并做好工作现场和技术资料的准备工作。分析电气回路，明确连接关系。

1）工具：尖嘴钳、水口钳、剥线钳、一字螺钉旋具、十字螺钉旋具、万用表。

2）材料：导线 BV-0.75、BV-1.5、BVR 多股铜芯线若干，尼龙扎带、线卡、带帽垫螺栓若干。

3）设备：检测单元完整设备。

4）技术资料：电气图样和气动图样；工作计划表、材料工具清单。

二、安装工艺要求

工具使用方法正确，不损坏工具及元件。在进行布线时，需遵循下列工艺要求：

1）手工布线时，应符合平直、整齐、紧贴敷设面、走线合理及连接点不得松动、便于检修等要求。

2）走线通道应尽可能少，同一通道中的沉底导线，按不同模块进行分类集中，单层平行密排或成束，应紧贴敷设面。

3）导线长度应尽可能短，可水平架空跨越，如两个电器元件线圈之间、主触头之间的连线等，在留有一定余量的情况下可不紧贴敷设面。

4）同一平面的导线应高低一致或前后一致，不能交叉。

5）布线应横平竖直，变换走向时应垂直90°。

6）上、下触头若不在同一垂直线下，不应采用斜线连接。

7）导线与接线端子或接线桩连接时，应不压绝缘层、不反圈及露金属不大于1mm，并做到同一电器元件、同一回路的不同连接点的导线间距离保持一致。

8）一个电器元件接线端子上的连接导线不得超过两根，每节接线端子板上的连接导线一般只允许连接一根。

9）布线时，严禁损伤线芯和导线绝缘。

10）导线横截面积不同时，应将横截面积大的导线放在下层，横截面积小的导线放在上层。

11）多根导线布线时，应做到整体在同一水平面或同一垂直面上。

12）对于复杂线路，必须在导线两端套上与原理图中编号一致的编码套管，以便检查核对接线的正确性及进行故障查找等。

13）在有条件的情况下，导线应采用颜色标志，即保护接地导线（PE）必须采用黄绿双色；动力电路的中性线（N）和中间线（M）必须是浅蓝色；交流或直流动力电路采用黑色；交流控制电路采用红色；直流控制电路采用蓝色；用作控制电路联锁的导线，如果是与外边控制电路相连接，而且当电源开关断开仍带电时，应采用橘黄色或黄色；与保护导线连接的电路采用白色。

14）检测单元的电气安装调试技术规范参考表2-9。

三、安装调试安全要求

1）只有关闭电源后，才可以拆除电气连接线。

2）允许的最大电压为DC 24V。

四、安装步骤

根据任务工艺流程图确定安装步骤：

1）连接传感器、电磁阀等的电气回路。

2）根据技术规范要求调整电气布线。

3）使用手控盒测试电路正确性。

效果测评

本课题的检查评价主要包括安全操作、电路安装和电路调试等，见表3-8。用手控盒验证检测单元的I/O接线评价表见表3-9。

表 3-8　检测单元电路安装与调试评价表

专项考核			配分	扣分	得分
安全操作	违反以下安全操作要求	220V、24V 电源混淆 带电操作 带气操作 严重违反安全规程	0 分	100 分	
	安全与环保意识	24V 直流电源正、负极接反	10 分		
		操作中掉工具、掉线、掉气管	10 分		
电路安装	连接电气回路	电磁阀、线圈	17 分		
		传感器	17 分		
	系统接线	PLC 与工作平台连接	5 分		
		PLC 与控制面板连接	5 分		
		PLC 与电源连接	5 分		
		PLC 与 PC 连接	5 分		
电路调试	通电通气检测、调试执行元件盒传感器位置；检查电气接线	传感器位置正确、接线正确	16 分		
	检测无误后，规范布线。电线走线槽	电线整齐	10 分		
合计			100 分		

表 3-9　用手控盒验证检测单元的 I/O 接线评价表

描述	得分	最高分
用手控盒验证检测单元的 I/O 接线		

准备：手控盒连接到 I/O 接线端子，打开电源、气源		
输入信号		
检测单元输入信号	信号为 1	
工件在传送带前端	DI0	1 分
工件在阻隔器位置	DI1	1 分
工件在传送带末端	DI2	1 分
距离传感器	DI3	1 分
气爪打开状态	DI4	1 分

（续）

描述		得分	最高分
输入信号			
气爪在上位	DI5		1分
摆动气缸在左侧（传送带上方）	DI6		1分
摆动气缸在右侧（检测平台上方）	DI7		1分
输出信号			
检测单元输出信号	信号为1		
传送带右行	DO0		1分
传送带左行	DO1		1分
伸出分拣臂	DO2		1分
伸出阻隔器	DO3		1分
打开气爪	DO4		1分
下降气爪	DO5		1分
顺时针旋转摆动气缸	DO6		1分
未分配	DO7		1分
总分			16分

课题 4 ◎ 检测单元的 PLC 控制及编程

教学目标

知识目标

（1）能够细化检测单元的控制要求。
（2）掌握程序流程图的绘制方法并正确分配检测单元的 I/O 地址。
（3）掌握 Portal 软件常用的编程指令和顺序程序设计方法。
（4）掌握 PLC 程序下载和上传方法。

能力目标

（1）能够根据检测单元控制要求制定控制方案，绘制程序流程图。
（2）能够将程序流程图转化为 PLC 控制程序。
（3）能够正确下载控制程序，并能调试检测单元硬件功能。
（4）能够制定程序设计的工作计划和检查表。

素质目标

（1）培养学生分析、解决生产实际问题的能力，提高学生的职业技能和专业素养。
（2）培养学生规范操作、团结协作意识。
（3）培养学生自主学习、适应岗位能力。

教学内容

在熟悉检测单元气路和电路基础上，根据控制任务的要求制定程序编写计划，编写程序流程图，在考虑安全、效率、工作可靠性的基础上，选择合适的编程语言，在 Portal 软件上进行检测单元 PLC 控制程序的编制，下载到 CIROS 仿真软件中进行调试，并对编制的程序进行综合评价。

相关知识

检测单元完整工作过程控制要求见表 3-10。

表 3-10　检测单元完整工作过程控制要求

检测单元工作过程描述	说明
按一下复位按钮，检测单元复位（回到初始位置）	旋转模块在传送带位置；气爪关闭；阻隔器伸出；分拣臂缩回；传送带电动机停止
复位成功后，开始灯亮，提示系统可以开始	
按一下开始按钮，如果传送带起点检测到工件，传送带起动，向右运行	
工件被传送到阻隔器位置时，漫射式光电传感器检测到工件，传送带停止	
提升旋转模块将工件夹起放到测量平台上	气爪打开、关闭需要一定延时
测量工件高度	调试程序时，需要给检测高度留出时间
提升旋转模块将工件放回传送带上	
工件高度合格，传送带将工件送至末端	
工件高度不合格，则由分拣臂送至滑槽内	
要求系统具备急停功能	

技能训练

1. 明确程序编写流程

完成控制程序的编写，首先要明确程序编写流程，检测单元的程序设计流程图参照供料单元。

2. 编制 PLC 控制程序流程图

以检测单元完整工作过程为例编写 PLC 控制程序流程图，图 3-18 为检测单元 PLC 自动控制程序流程图。

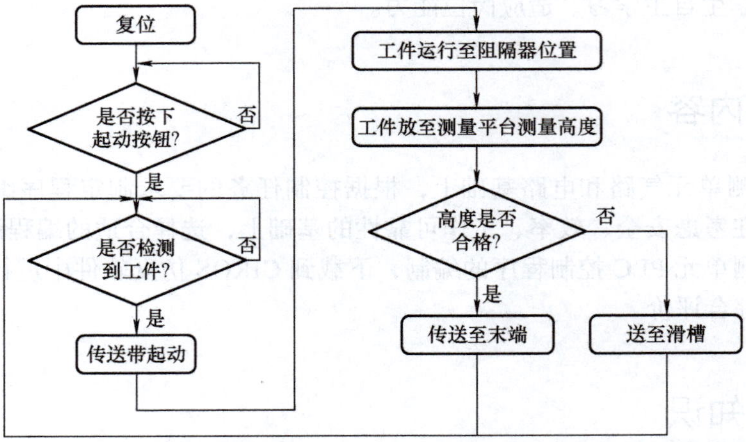

图 3-18　检测单元 PLC 自动控制程序流程图

3. 检测单元 I/O 地址分配

检测单元 I/O 地址分配见表 3-11。

表 3-11　检测单元 I/O 地址分配

序号	地址	设备符号	设备名称	设备用途	信号特征
1	I0.0	G1BG1	漫射式光电传感器	判断工件是否在传送带前端位置	信号为 1 表示工件在传送带前端
2	I0.1	G1BG2	漫射式光电传感器	判断工件是否在传送带中间位置	信号为 1 表示工件在传送带中间
3	I0.2	G1BG3	对射式光电传感器	判断工件是否在传送带末端位置	信号为 0 表示工件在传送带末端
4	I0.3	G1BG4	距离传感器	判断工件是否合格	信号为 0，工件合格信号为 1，工件不合格
5	I0.4	G2BG1	磁性开关	检测平行气爪状态	信号为 1 表示平行气爪打开状态
6	I0.5	G2BG2	磁性开关	检测垂直气缸的位置	信号为 1 表示垂直气缸在上方位置
7	I0.6	G2BG3-1	磁性开关	检测摆动气缸的位置	信号为 1 表示摆动气缸在左侧（传送带上方位置）
8	I0.7	G2BG3-2	磁性开关	检测摆动气缸的位置	信号为 1 表示摆动气缸在右侧（检测平台上方位置）
9	Q0.0	G1KF1-2	电动机	控制传送带起停	信号为 1 传送带右行，信号为 0 传送带停止
10	Q0.1	G1KF1-1	电动机	控制传送带起停	信号为 1 传送带左行，信号为 0 传送带停止
11	Q0.2	G1MB1	分拣臂线圈	控制分拣动作	信号为 1，分拣臂伸出

（续）

序号	地址	设备符号	设备名称	设备用途	信号特征
12	Q0.3	G1MB2	阻隔器电磁阀线圈	控制阻隔器动作	信号为 0，阻隔器伸出 信号为 1，阻隔器缩回
13	Q0.4	G2MB1	电磁阀线圈	控制平行气爪动作	信号为 1 气爪打开 信号为 0 气爪夹紧
14	Q0.5	G2MB2	电磁阀线圈	控制垂直气缸动作	信号为 1 垂直气缸下降，信号为 0 垂直气缸上升
15	Q0.6	G2MB3	电磁阀线圈	控制摆动气缸动作	信号为 1 摆动气缸顺时针旋转（摆动到检测平台上方） 信号为 0 摆动气缸逆时针旋转（摆动到传送带上方）
16	I1.0	START	按钮	起动设备	信号为 1 表示按钮被按下
17	I1.1	STOP	按钮	停止设备	信号为 1 表示按钮未被按下
18	I1.2	AUTO/MAN	按钮	自动 / 手动转换	信号为 1，表示为手动模式（横位）；信号为 0，表示为自动模式（竖位）
19	I1.3	RESET	按钮	复位设备	信号为 1 表示按钮被按下
20	Q1.0	Start lamp	指示灯	起动指示灯	信号为 1 灯亮，信号为 0 灯灭
21	Q1.1	Reset lamp	指示灯	复位指示灯	信号为 1 灯亮，信号为 0 灯灭
22	Q1.2	Q1	指示灯	自定义	自定义
23	Q1.3	Q2	指示灯	自定义	自定义

4. 把流程图转换成程序

检测单元自动运行控制部分顺序控制流程图程序如图 3-19 所示。

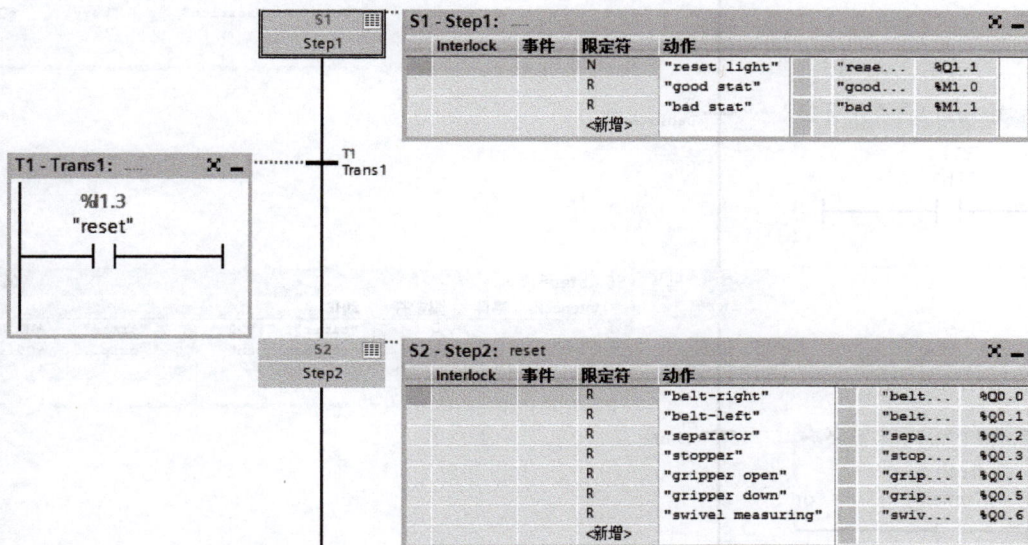

图 3-19　检测单元自动运行控制部分顺序控制流程图程序

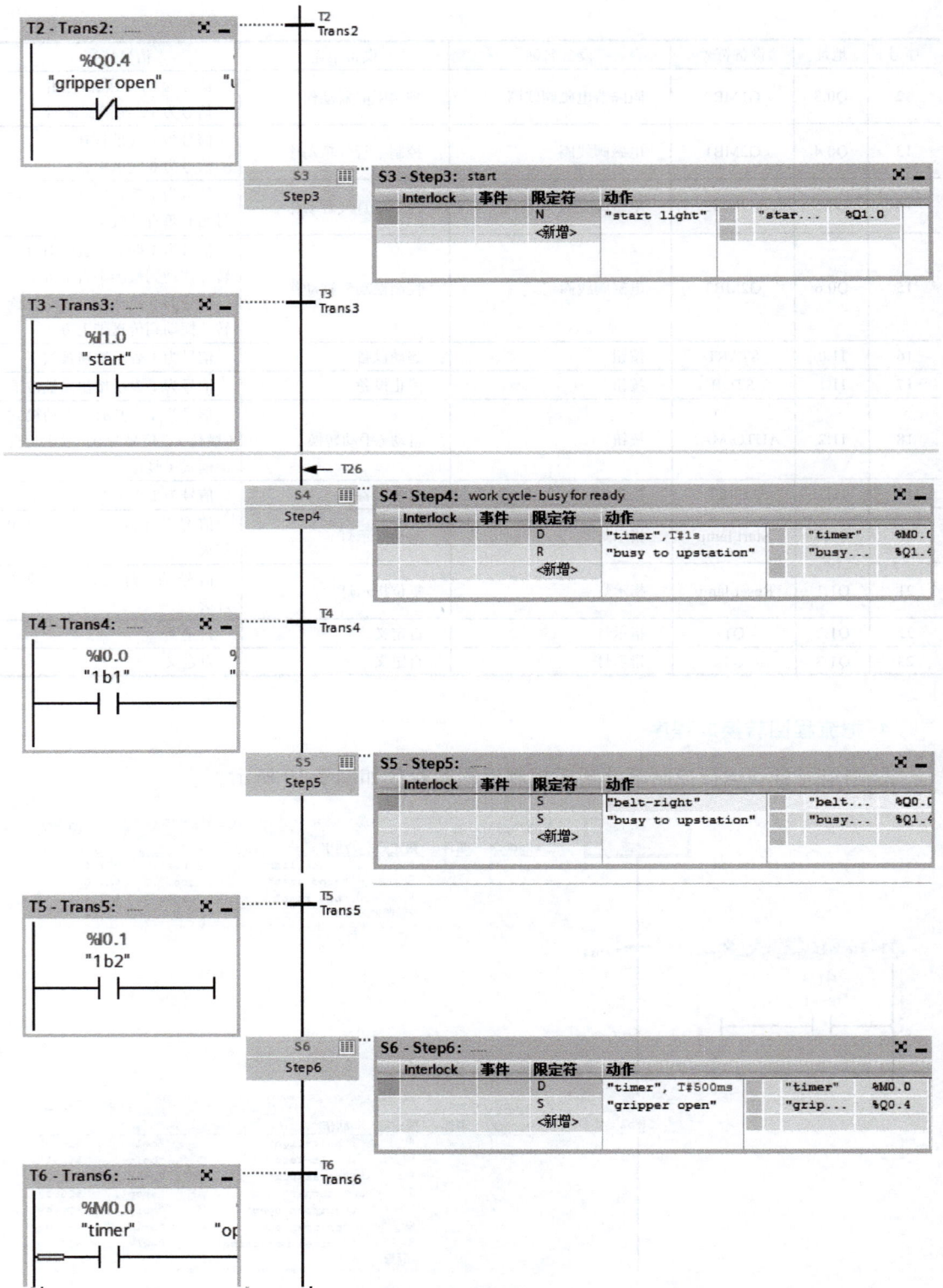

图 3-19　检测单元自动运行控制部分顺序控制流程图程序（续）

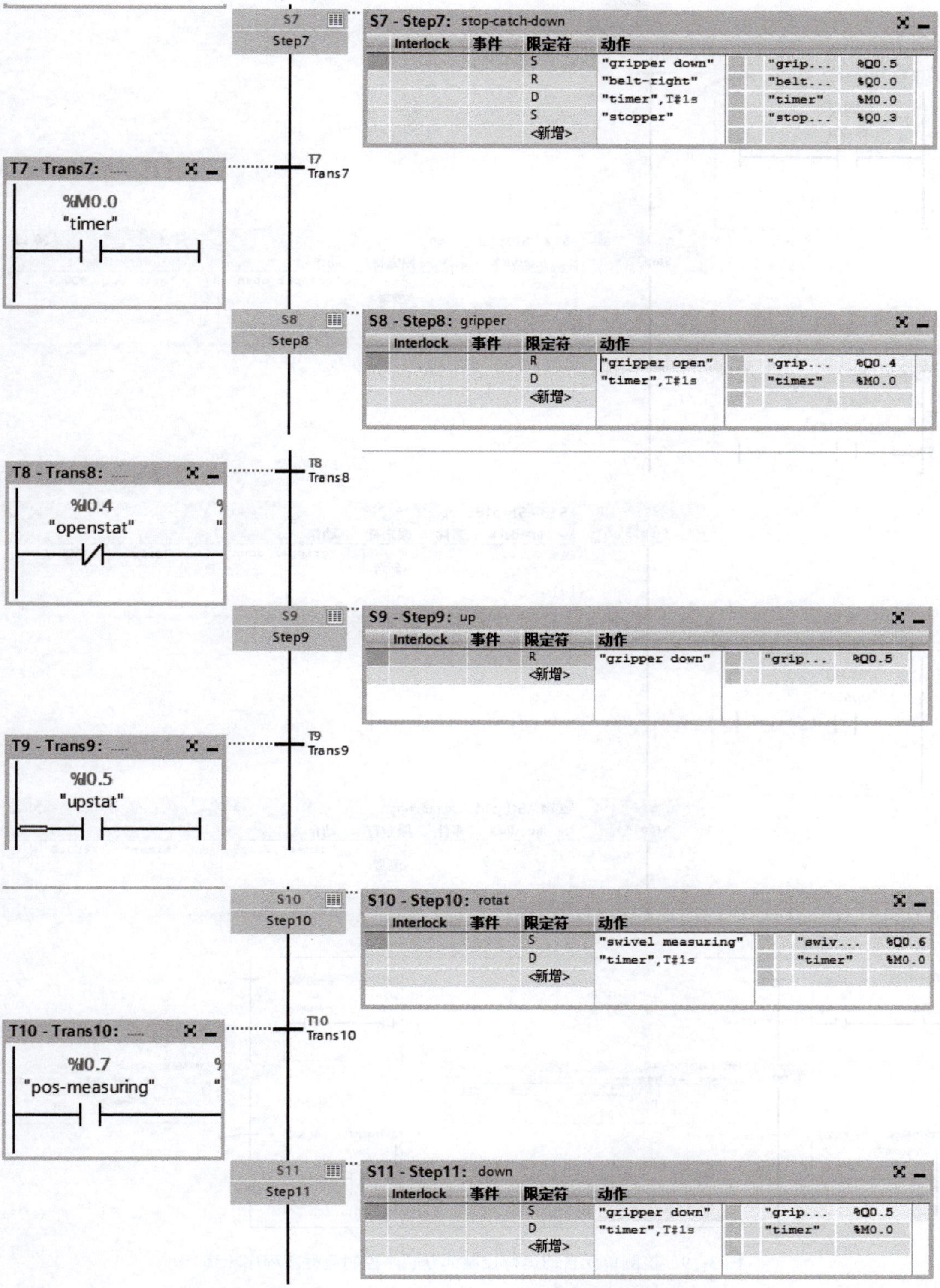

S7
Step7
S7 - Step7: stop-catch-down
Interlock 事件 限定符 动作
S "gripper down" "grip... %Q0.5
R "belt-right" "belt... %Q0.0
D "timer",T#1s "timer" %M0.0
S "stopper" "stop... %Q0.3
<新增>
T7 - Trans7:
%M0.0
"timer"
T7
Trans7
S8
Step8
S8 - Step8: gripper
Interlock 事件 限定符 动作
R "gripper open" "grip... %Q0.4
D "timer",T#1s "timer" %M0.0
<新增>
T8 - Trans8:
%I0.4
"openstat"
T8
Trans8
S9
Step9
S9 - Step9: up
Interlock 事件 限定符 动作
R "gripper down" "grip... %Q0.5
<新增>
T9 - Trans9:
%I0.5
"upstat"
T9
Trans9
S10
Step10
S10 - Step10: rotat
Interlock 事件 限定符 动作
S "swivel measuring" "swiv... %Q0.6
D "timer",T#1s "timer" %M0.0
<新增>
T10 - Trans10:
%I0.7
"pos-measuring"
T10
Trans10
S11
Step11
S11 - Step11: down
Interlock 事件 限定符 动作
S "gripper down" "grip... %Q0.5
D "timer",T#1s "timer" %M0.0
<新增>

图 3-19　检测单元自动运行控制部分顺序控制流程图程序（续）

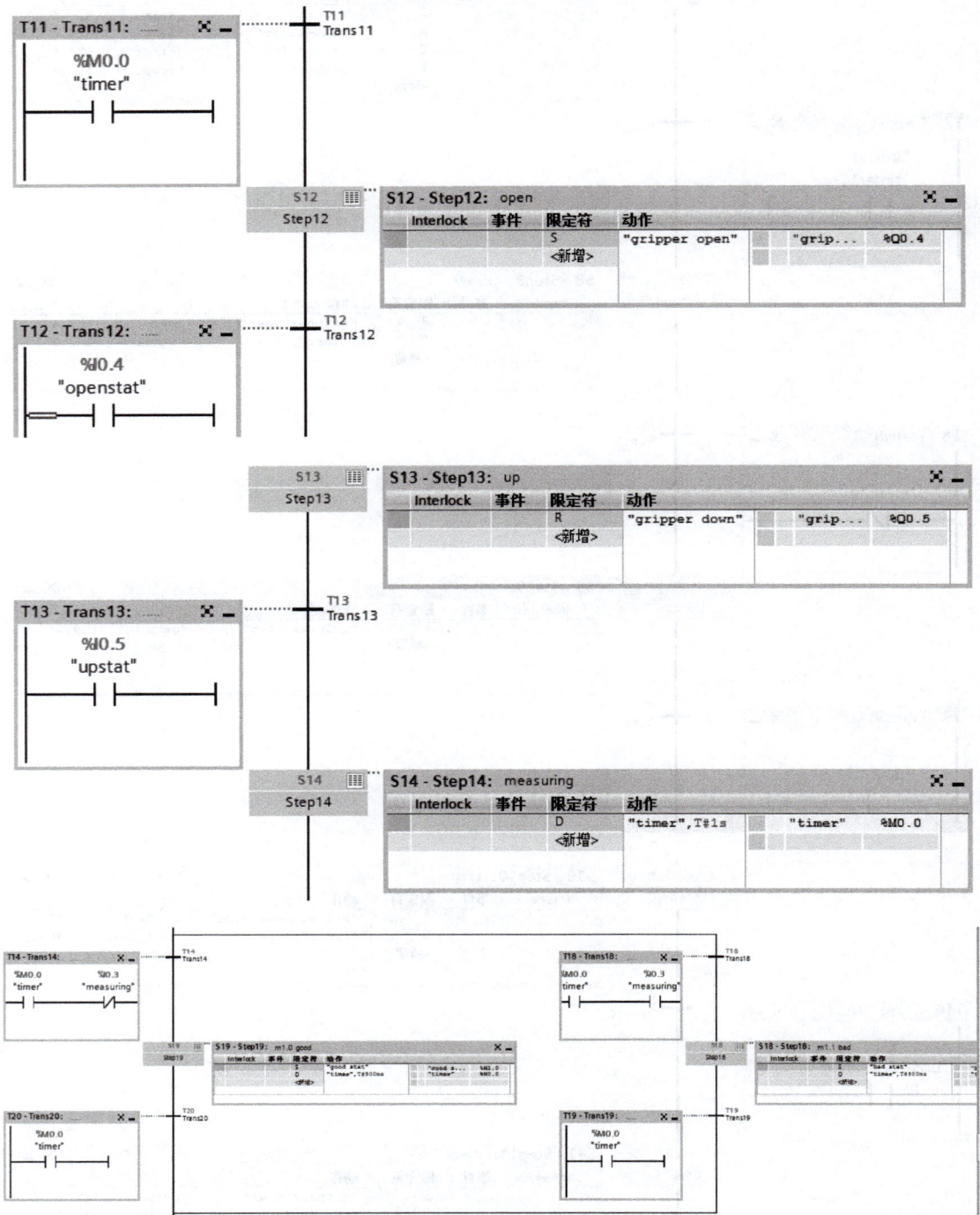

图 3-19　检测单元自动运行控制部分顺序控制流程图程序（续）

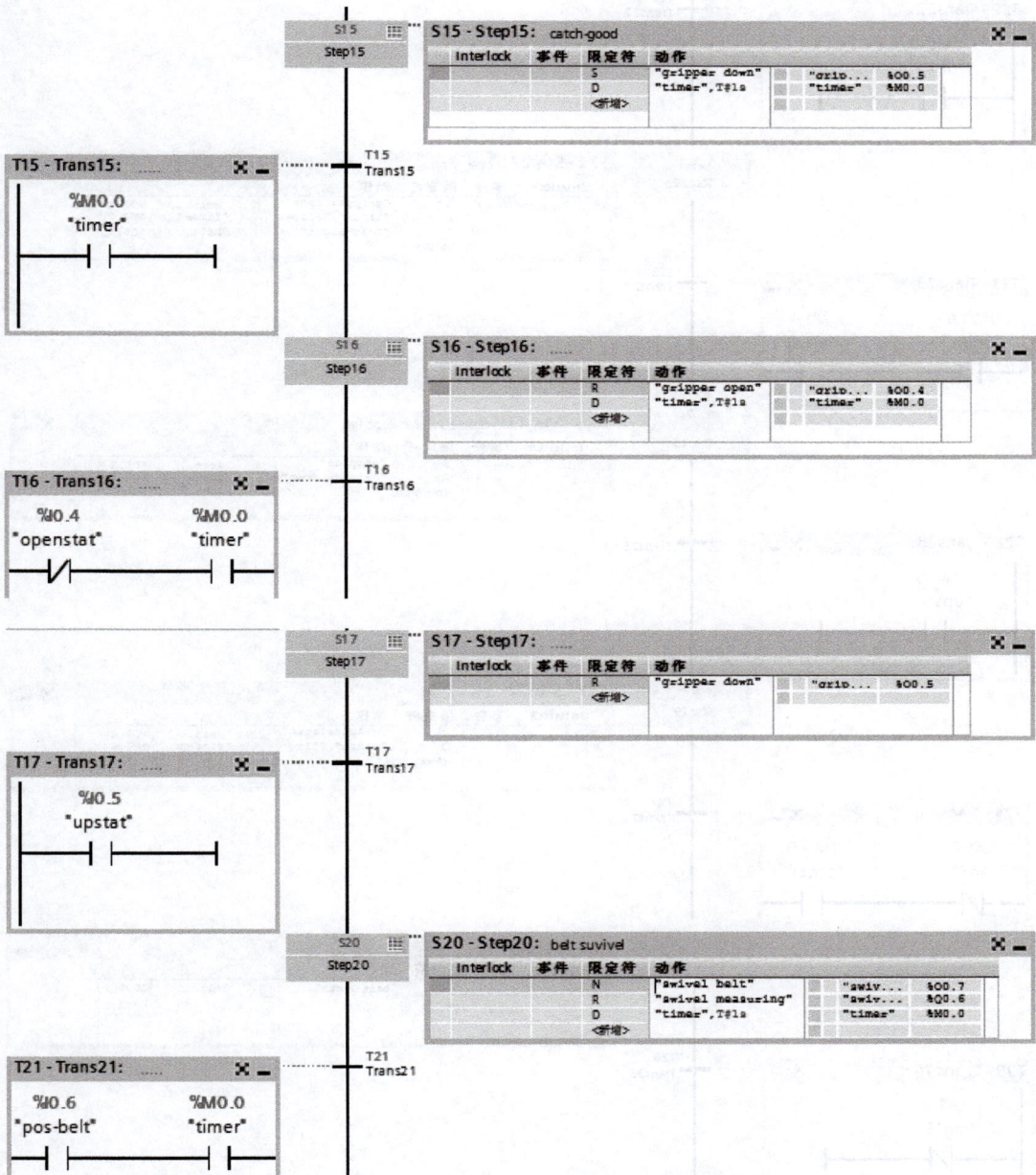

图 3-19 检测单元自动运行控制部分顺序控制流程图程序（续）

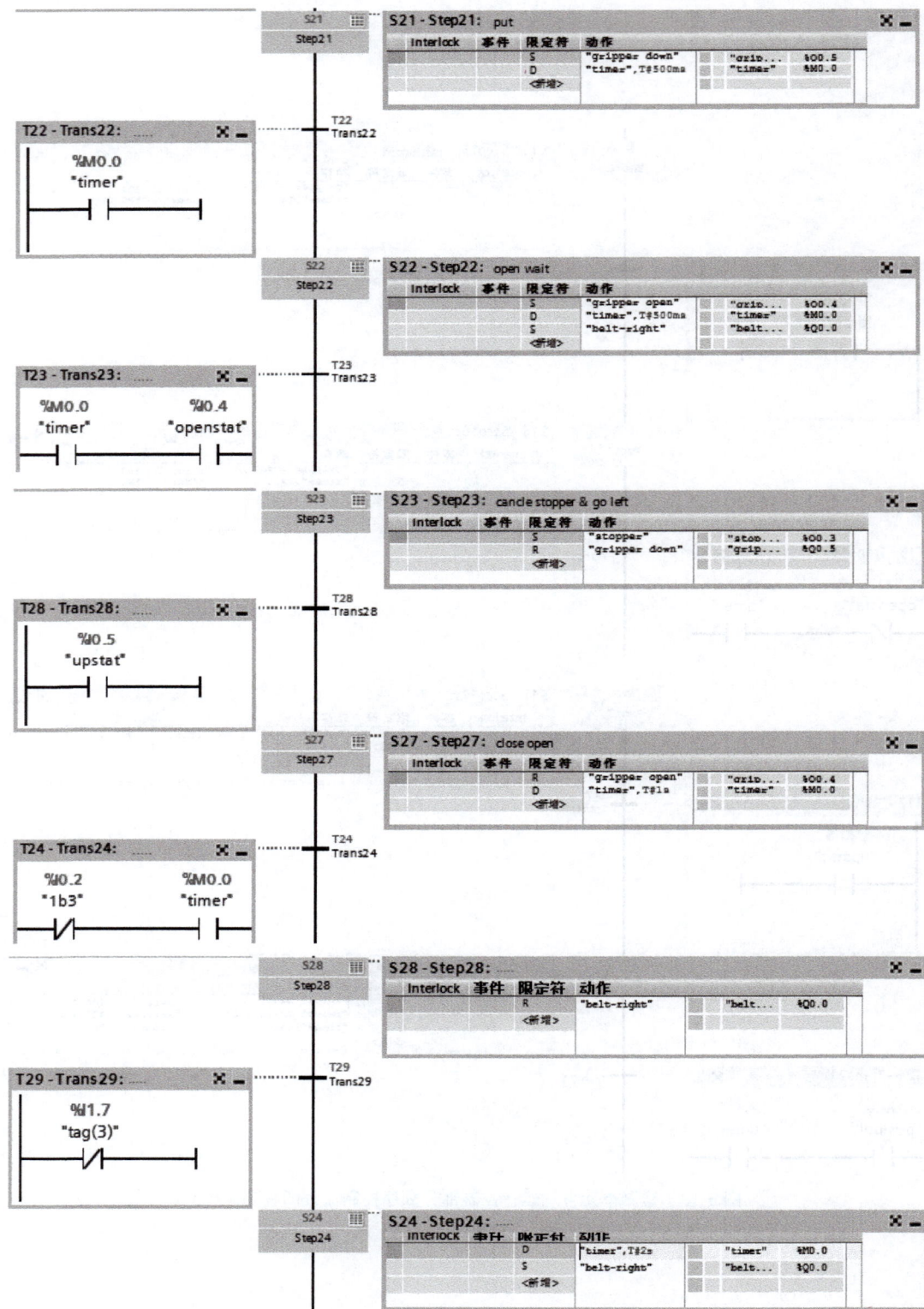

图 3-19　检测单元自动运行控制部分顺序控制流程图程序（续）

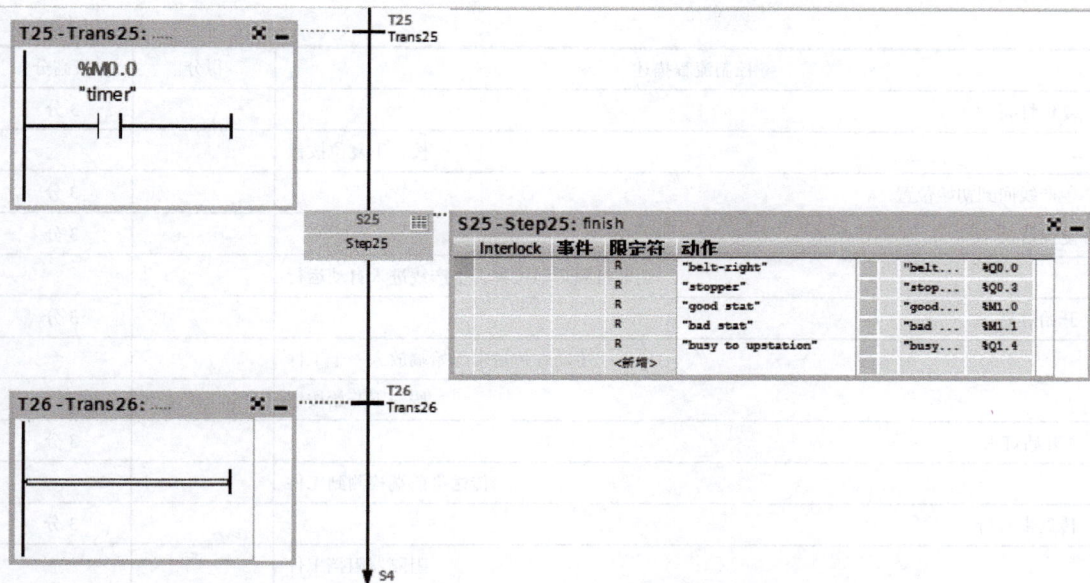

图 3-19　检测单元自动运行控制部分顺序控制流程图程序（续）

5. 仿真调试

参照供料单元。

6. 运行调试

参照供料单元。

效果测评

检测单元 PLC 编程任务评价表见表 3-12。

表 3-12　检测单元 PLC 编程任务评价表

控制流程描述	得分	最高分
用 PLC 检查控制流程		
准备：断开 PLC 与编程设备的连接，清除工作单元上的所有工件，生产线控制面板钥匙处于自动位置（垂直状态），打开气源，打开 PLC 电源		

（续）

控制流程描述				得分	最高分
复位灯亮					3分
			按一下复位按钮		
生产线回到初始位置					3分
复位灯灭					3分
			钥匙打到自动位置，生产线进入自动运行		
开始灯亮					3分
			手动在传送带起始端放入一个工件		
			按一下开始按钮		
* 开始灯灭					3分
			传送带前端检测到工件		
传送带右行					3分
			阻隔器阻挡工件		
			阻隔器位置传感器检测到工件		
传送带停止					3分
气爪下降					4分
气爪夹紧工件					4分
气爪上升					4分
气爪旋转到测量平台位置					4分
气爪下降					3分
			距离传感器检测工件		
气爪上升					3分
气爪旋转到传送带位置					3分
气爪下降					3分
气爪张开放下工件					3分
气爪上升					3分
阻隔器放行					3分
传送带右行					3分

工件合格	得分	最高分	工件不合格	得分	最高分
			阻隔器伸出		4分
工件被送至传送带末端		4分	工件被推至滑槽		4分
自动运行期间，任意时刻按一下停止按钮					
检测单元执行完当前步动作后自动停止					3分
开始灯闪烁1Hz					3分
			钥匙打到手动，再打到自动位置		

（续）

控制流程描述	得分	最高分
开始灯亮		3分
按一下开始按钮		
开始灯灭		3分
生产线从停止点继续向下执行		3分
一个循环完成后，自动检测传送带起始端有无工件，若无工件		
供料单元自动停止在该步		3分
功能灯1闪烁		3分
直至传送带起始端有工件后		
功能灯1灭		3分
检测单元继续从 * 传送带右行开始循环运行		3分
总分		100分

思考与练习

一、选择题

1. 在检测单元中，当断气、断电时，用于保持升降气缸内的气压，防止气缸突然下落的是（   ）。

A. 减压阀　　　　　B. 节流阀　　　　　C. 气控单向阀　　　D. 单向阀

2. 检测单元中，传送带模块上有气动阻隔器，它的初始状态是（   ）。

A. 伸出　　　　　B. 缩回　　　　　C. 不确定　　　　　D. 没有

二、简答题

1. 检测单元的初始条件是什么？

2. 单向节流阀如何调节气体流量从而控制元件的运行速度？

3. 检测单元的气动控制系统中，共有哪几个电磁阀？分别介绍其功能。

4. 画出工作情况下检测单元的气动控制回路图。

5. 在检测单元中，PLC一共需要有多少个输入点？多少个输出点？分别是什么信号？

模块 4

提取安装单元的安装与调试

在自动化生产线中常需对物料工件进行加工，例如对工件进行钻孔、加盖、拧盖等。本模块围绕"提取安装单元的安装与调试"这条主线，通过第 1 个课题"认识提取安装单元功能与结构组成"，使学习者明确提取安装单元的整体结构和功能，并且进一步掌握该单元中使用的真空发生器、压阻式传感器等元件的结构、原理和选用方法，在此基础上通过第 2 个和第 3 个课题深入研究提取安装单元的气动回路和电气回路的安装与连接，最后通过第 4 个课题"提取安装单元的 PLC 控制及编程"，培养学习者根据控制要求进行设备编程调试的能力。

课题 1　认识提取安装单元功能与结构组成

教学目标

知识目标

（1）了解提取安装单元的功能及工作过程。
（2）了解提取安装单元的机械结构组成。
（3）认识提取安装单元机械元件及其功能。
（4）掌握真空发生器、压阻式传感器和阀岛等的工作原理及使用方法。
（5）熟悉机械、电气安装工艺规范和相应的国家标准。

能力目标

（1）能够正确描述提取安装单元的工作流程。
（2）能够正确分析提取安装单元各个硬件的功能。
（3）能够对阀岛、真空发生器、压阻式传感器和反射式光电传感器等进行安装调试。
（4）能够对提取安装单元机械本体进行安装调试。

素质目标

（1）培养学生分析、解决生产实际问题的能力，提高学生的职业技能和专业素养。

（2）培养学生规范操作、团结协作意识。

（3）培养学生自主学习、适应岗位能力。

教学内容

通过本课题学习，了解提取安装单元工作过程，认识提取安装单元硬件结构及功能，为后面的学习奠定基础。提取安装单元结构图如图 4-1 所示。

相关知识

一、提取安装单元的功能

提取安装单元由 2 自由度的提取与安装模块以及传送带模块组成。

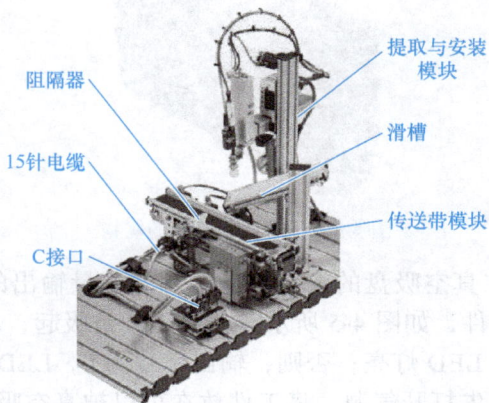

图 4-1   提取安装单元结构图

壳体工件放置在传送带上，当漫反射式光电传感器检测到工件时，将工件传输到阻隔器的位置。当第二个漫反射式光电传感器检测到工件时，提取与安装模块从滑槽中吸取一个盖子并装配在工件上。

加完盖子后，阻隔器放行，传送带将工件传输到传送带末端，对射式光电传感器检测到工件，传送带停止。

二、提取安装单元的结构组成

提取安装单元按照功能分由两大模块组成，分别是提取与安装模块和传送带模块，以及一些辅助元件，如图 4-2 所示。

阻隔器

15针电缆

C接口

提取与安装模块

滑槽

传送带模块

图 4-2   提取安装单元的结构组成

1. 提取与安装模块

提取与安装模块是一个两轴操作设备，由两个高精度气缸组成。在缸体的两端装有接近开关，接近开关的高度和位置可调。

工件被真空吸盘吸起。真空吸盘后直接装有真空过滤器，以防止碎屑进入真空发生器。压阻式传感器用来识别工件是否已被抓牢。竖直方向上（Z 轴）的气缸力度可以通过减压阀来调节。

整个提取与安装模块包括双作用气缸、真空发生器、真空过滤器、真空吸盘、压阻式传感器、阀岛、减压阀和电气接口等组成，如图 4-3 所示。

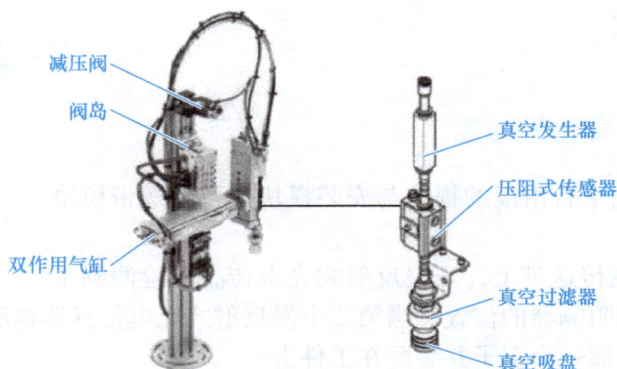

图 4-3　提取与安装模块结构组成

（1）压阻式传感器（压力开关）　压阻式传感器是指利用硅的压阻效应和集成电路技术制成的，用于压力测量的传感器，图 4-4 为压阻式传感器的实物。

图 4-4　压阻式传感器的实物

压阻式传感器安装在真空吸盘的上方，是具有开关量输出的真空压力检测装置，用于检测吸盘上是否吸起工件，如图 4-5 所示。如果工件被吸起，真空压力检测开关就会输出一个为 1 的信号，同时 LED 灯亮；否则，输出信号为 0，LED 灯灭。真空度阈值可调。在调试压阻式传感器时，先打开气源，将工件放在可以被真空吸盘吸起的位置，按图 4-6 中的蓝色 EDIT 键，直到压阻式传感器的 LED 灯亮。松开按钮，此时的实际压力作为转换压力被保存。再次起动系统，检查工件是否可以被吸起。

图 4-5　压阻式传感器在提取与安装模块上的应用　　　　图 4-6　压阻式传感器的调试

（2）真空发生器　真空发生器是利用正压气源产生负压的一种真空发生装置，如图 4-7 所示。

（3）真空过滤器　真空过滤器将从大气过滤的污染物（主要是尘埃）收集起来，防止系统污染，如图 4-8 所示。

a）实物图　　　　　b）图形符号

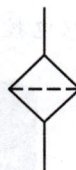

a）实物图　　　　b）图形符号

图 4-7　真空发生器　　　　　　　　　　　　　　图 4-8　真空过滤器

（4）真空吸盘　真空吸盘用于抓取工件，由喇叭口式的橡胶吸头和金属固定管组成。喇叭口式的橡胶吸头确保抓取过程中的气密性，金属固定管则保证吸头和上方真空过滤器连接的可靠性，如图 4-9 所示。

（5）减压阀　减压阀是一种压力控制元件，用来控制气动系统中压缩空气的压力，以满足各种压力需求或用于节能，如图 4-10 所示。在提取与安装模块中安装的是一个带压力表的减压阀。

图 4-9　真空吸盘

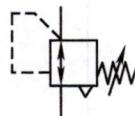

a）实物图　　　　　b）图形符号

图 4-10　减压阀

（6）阀岛 阀岛是将多个阀集中在一起构成的组阀，CPV阀岛为气控先导式，有公共进气端和排气端，进气口可设在左端板或右端板，每个阀片的功能是彼此独立的。提取与安装模块上阀岛由4片阀片组成，如图4-11所示。

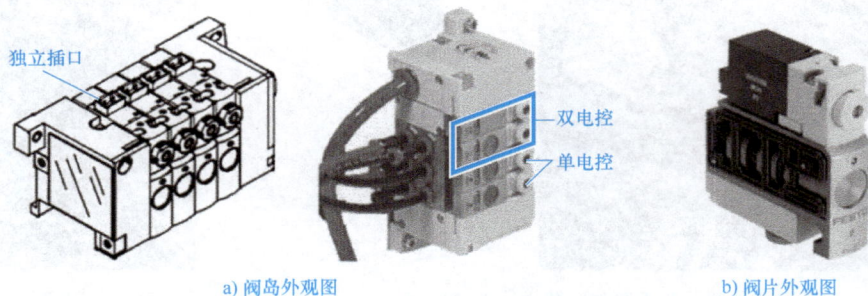

独立插口
双电控
单电控

a) 阀岛外观图　　　　　　　　b) 阀片外观图

图4-11　阀岛

注意：

1）当阀的电磁控制信号为1时，不要进行手控操作，以免造成故障或设备损坏。手控装置是向下凹进去的，需使用专用工具才可以进行操作，如图4-12所示，常态时信号为0，按下时信号为1，等同于相应的电控信号为1。

2）双电控电磁换向阀线圈不能同时通电。

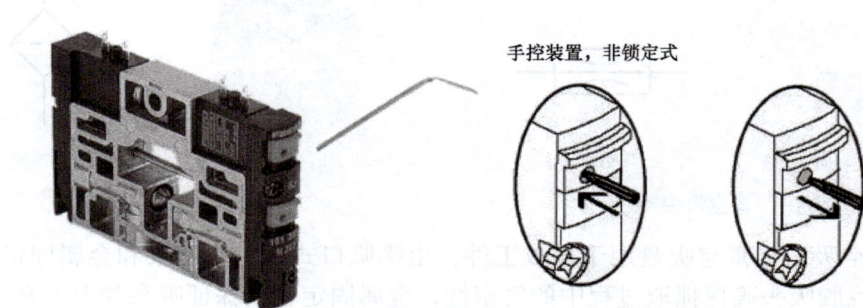

手控装置，非锁定式

图4-12　手控操作

提取与安装模块的动作过程见表4-1。

表4-1　提取与安装模块的动作过程

序号	动作	说明
1		待装配物料到达位置

（续）

序号	动作	说明
2		提取与安装模块水平伸出
3		提取与安装模块垂直下降
4		真空吸盘吸取盖子工件
5		提取与安装模块垂直上升

（续）

序号	动作	说明
6	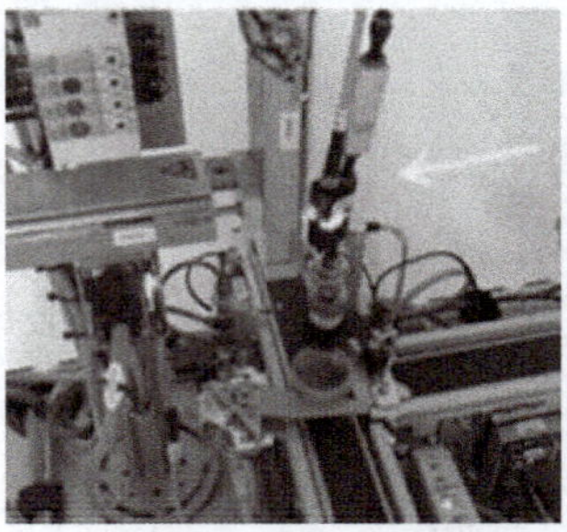	提取与安装模块水平缩回
7	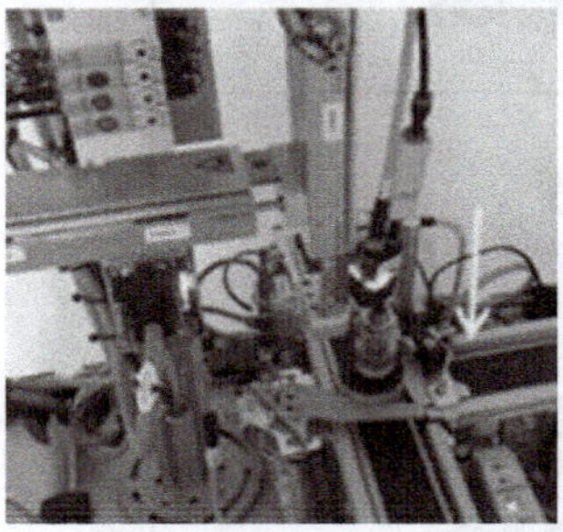	提取与安装模块垂直下降装配
8	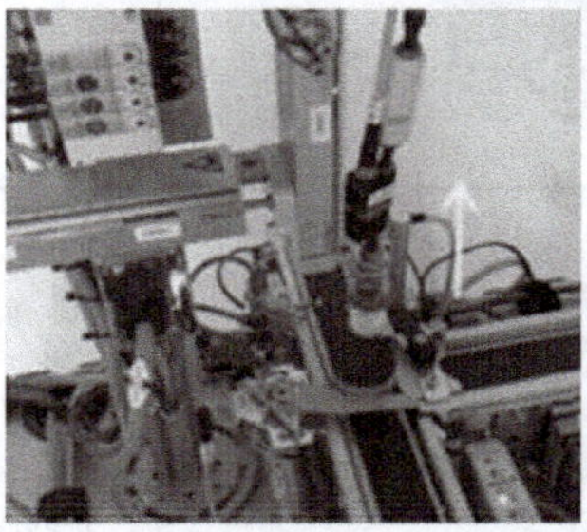	装配完成后提取与安装模块垂直上升
9	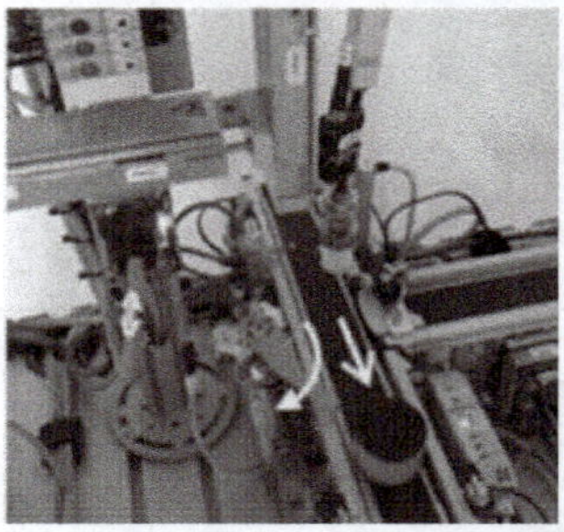	阻隔器对物料放行

2. 传送带模块

传送带模块用于传送和存储工件。工件处于传送带的起始端，在阻隔器前和传送带末端通过带有光纤导线的光电式传感器进行检测。传送带通过电动机驱动。传送带上的工件可以通过阻隔器进行分离。传送带模块的结构组成如图 4-13 所示。传送带模块具体结构元件参考供料单元。

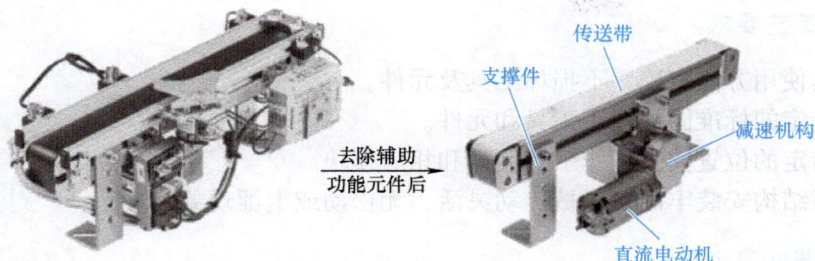

图 4-13　传送带模块的结构组成

3. 滑槽机构

滑槽机构通过可调节支架安装在铝合金底板上，用于存放盖子工件，如图 4-14 所示。

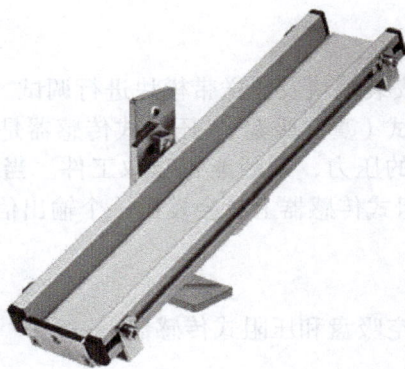

图 4-14　滑槽机构

技能训练

一、提取安装单元的机械安装与调试

在安装调试前，应准备好安装调试所需的工具、材料和设备，并做好工作现场和技术资料的准备工作。

1. 安装调试前准备

1）工具：尖嘴钳、水口钳、剥线钳、管子扳手、套筒扳手（9mm×10mm）、内六角扳手、一字螺钉旋具、十字螺钉旋具、万用表。

2）设备：提取安装单元完整设备。

3）技术资料：机械安装图、工作计划表及材料工具清单。

4）工作现场：现场工作空间充足，方便进行安装调试，工具、材料准备到位。

2. 安装工艺要求

1）工具使用方法正确，不损坏工具及元件。

2）按给定的标准图样选用工具和元件。

3）在指定的位置安装工作平台元件和相应模块。

4）机械结构安装牢固，机械传动灵活，无松动或卡涩现象。

3. 安装调试安全要求

1）安装前应仔细阅读技术文件，尤其是安全规则。

2）安装元件时，应注意底板是否平整，若底板不平，元件下方应加垫片，防止损坏元件。

3）操作时应注意工具的正确使用，不得损坏工具及元件。

4）试运行时不能用手触碰元件，发现异常或异味应立即停止，进行检查。

4. 设备调试

按照控制要求对提取和安装模块及传送带模块进行调试。

（1）压阻式传感器的调试（真空吸盘） 压阻式传感器是一种真空压力检测装置，用于检测真空吸盘上吸取工件的压力，判断能否吸取工件。当真空吸盘上压力达到预设值时，表示能够吸起工件，压阻式传感器上就会发出一个输出信号。

1）准备条件如下：

① 安装压阻式传感器。

② 连接真空发生器、真空吸盘和压阻式传感器。

③ 打开气源。

④ 连接压阻式传感器的电气部分。

2）执行步骤如下：

① 打开气源。

② 将工件放在可以被真空吸盘吸起的位置。

③ 按下压阻式传感器上的蓝色 EDIT 键，直到压阻式传感器的 LED 灯亮。松开按钮，此时的实际压力作为转换压力被保存。

④ 起动系统，检查工件是否可以被吸起。

（2）漫反射式光电传感器（传送带上工件位置）、磁性开关（气缸和气爪的状态）、单向节流阀的调试 详细内容参见供料单元。

（3）阀岛的调试 详细内容参见检测单元。

二、提取安装单元 I/O 地址的校验

在充分认识了提取安装单元功能和硬件结构后，使用手控盒确认本单元的输入设备和输出设备的 I/O 地址，并观察 C 接口 LED 状态，校验地址是否一致。确认每个传感器的检测功能和电磁换向阀与执行元件的对应关系。

效果测评

本课题的检查评价主要包括传感器、电磁换向阀、传送带和安全操作，见表 4-2。

表 4-2　认知提取安装单元功能与结构组成课题评价表

评价项目	地址确认及操作考核	配分	扣分	得分
传感器	传送带起始端传感器地址	5分		
	传送带中间位置传感器地址	5分		
	传送带末端传感器地址	5分		
	吸盘在水平缩回位置磁性开关地址	5分		
	吸盘在水平伸出位置磁性开关地址	5分		
	吸盘在上位传感器地址	5分		
	压阻式传感器调试	10分		
	工件被吸牢传感器地址	5分		
电磁换向阀	吸盘水平伸出电磁阀线圈地址	5分		
	吸盘水平缩回电磁阀线圈地址	5分		
	吸盘下降电磁阀线圈地址	5分		
	产生真空电磁阀线圈地址	5分		
传送带	直流电动机正转地址	5分		
	直流电动机反转地址	5分		
	阻隔器地址	5分		
安全操作	手控盒安装（不得将 24V 直流电源正、负接反）	5分		
	手控盒连接（不得带电操作）	5分		
	气源操作（不得带气操作）	5分		
	电源操作（不得带电操作）	5分		
合计		100分		

课题 2　提取安装单元气动控制系统

教学目标

知识目标

（1）掌握提取安装单元气动控制系统的工作原理。

（2）掌握提取安装单元气动控制回路的组成。

（3）认识提取安装单元气动控制回路中各元件的符号及其功能，并能够识图、绘图。

（4）掌握提取安装单元气动控制回路的安装方法。

■ 能力目标

（1）能够正确安装电磁换向阀、气爪、压阻式传感器、真空发生器、真空吸盘、水平气缸和垂直气缸。

（2）能够正确连接提取安装单元的气动控制回路。

（3）能够使用手控盒手动控制设备动作，校验气路。

■ 素质目标

（1）培养学生分析、解决生产实际问题的能力，提高学生的职业技能和专业素养。

（2）培养学生规范操作、团结协作意识。

（3）培养学生自主学习、适应岗位能力。

教学内容

根据气动控制回路图，在考虑经济性、安全性的情况下，制定安装与调试计划，选择合适的工具和仪器，团队合作进行提取安装单元气动控制回路的安装与调试。根据任务要求，确定工作组织方式，划分工作阶段，分配工作任务，讨论安装流程与工作计划，填写工作计划表和材料工具清单。安装调试气动控制回路工艺流程参考供料单元。

相关知识

一、气动控制系统工作原理分析

气动控制系统是提取安装单元的执行机构，该执行机构的控制逻辑功能是由 PLC 实现的。

提取安装单元的气动控制回路图如图 4-15 所示。

G2MM1 为提取和安装模块的水平气缸；G2BG1 和 G2BG2 为安装在水平气缸的两个极限工作位置的磁性开关，通过它们发出的开关量信号可以判断水平气缸的两个极限工作位置。

G2MM2 为提取和安装模块的垂直气缸；G2BG3 为安装垂直气缸的缩回极限位置的磁性开关，通过它发出的开关量信号可以判断垂直气缸是否缩回到位。

G2UQ1 为真空吸盘，用于吸住工件。G2BP1 为压阻式传感器，用于检测吸盘是否吸起工件。

G2KH1 为真空发生器，产生负压，使真空吸盘能够吸取工件。

G2RZ1、G2RZ2、G2RZ3、G2RZ4 为单向节流阀，用于调节活塞运动速度。

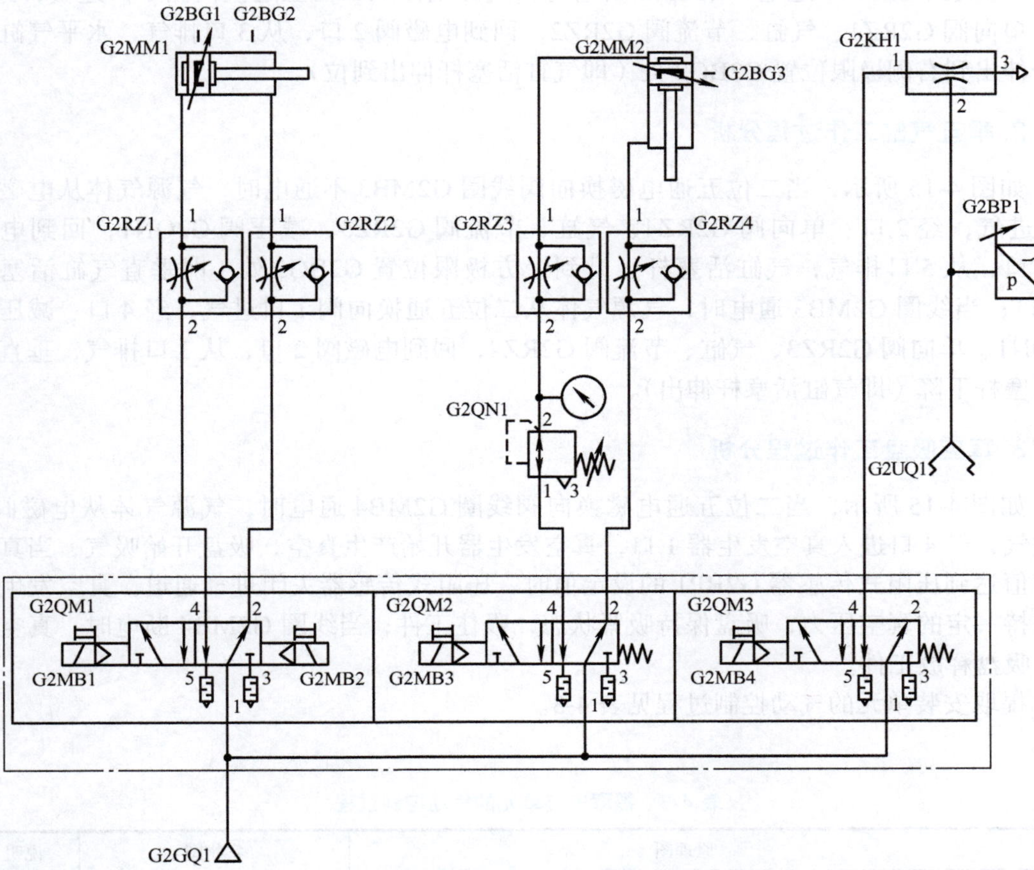

图 4-15　提取安装单元气动控制回路图

G2QN1 为带压力表的减压阀，用来控制气动系统中压缩空气的压力。

G2QM1 为二位五通双电控电磁换向阀，用于控制水平气缸活塞杆的伸出和缩回；G2QM2 为二位五通单电控电磁换向阀，用于控制垂直气缸活塞杆的上升和下降；G2QM3 为二位五通单电控电磁换向阀，用于控制吸盘的吸起和放下。3 个电磁换向阀是集成在一个 CPV 阀岛上的。G2MB1、G2MB2、G2MB3、G2MB4 分别是电磁换向阀的线圈。

G2GQ1 为气源。

二、气动控制系统工作过程分析

1. 水平气缸工作过程分析

如图 4-15 所示，当二位五通电磁换向阀线圈 G2MB2 通电、G2MB1 断电时，气源

气体从电磁阀 1 口进气，经 2 口、单向阀 G2RZ2、气缸、节流阀 G2RZ1，回到电磁阀 4
口，从 5 口排气，气缸活塞杆缩回到左侧极限位置 G2BG1 处（即水平气缸活塞杆缩回到
位）；当线圈 G2MB1 通电、G2BG2 断电时，气源气体从二位五通换向阀 1 口进气，经 4
口、单向阀 G2RZ1、气缸、节流阀 G2RZ2，回到电磁阀 2 口，从 3 口排气，水平气缸活
塞杆伸出到右侧极限位置 G2BG2 处（即气缸活塞杆伸出到位）。

2. 垂直气缸工作过程分析

如图 4-15 所示，当二位五通电磁换向阀线圈 G2MB3 不通电时，气源气体从电磁阀
1 口进气，经 2 口、单向阀 G2RZ4、气缸、节流阀 G2RZ3、减压阀 G2QN1，回到电磁
阀 4 口，从 5 口排气，气缸活塞杆上升到上方极限位置 G2BG3 处（即垂直气缸活塞杆
缩回）；当线圈 G2MB3 通电时，气源气体从二位五通换向阀 1 口进气，经 4 口、减压阀
G2QN1、单向阀 G2RZ3、气缸、节流阀 G2RZ4，回到电磁阀 2 口，从 3 口排气，垂直气
缸活塞杆下降（即气缸活塞杆伸出）。

3. 真空吸盘工作过程分析

如图 4-15 所示，当二位五通电磁换向阀线圈 G2MB4 通电时，气源气体从电磁阀 1
口进气，经 4 口进入真空发生器 1 口，真空发生器开始产生真空，吸盘开始吸气，当真空
压力值达到压阻式传感器 G2BP1 的设定值时，压阻式传感器关闭进气通道，真空发生器
内保持一定的真空压力，吸盘保持吸紧状态，吸住工件；当线圈 G2MB4 断电时，真空破
坏，吸盘释放工件。

提取安装单元的气动控制过程见表 4-3。

表 4-3　提取安装单元的气动控制过程

序号	原理图	实物图	说明
1			默认状态的位置，水平气缸在左限位，垂直气缸在上限位

（续）

序号	原理图		实物图	说明
2				水平气缸的电磁换向阀左位工作,1口与4口导通,水平气缸活塞杆伸出
3				垂直气缸的电磁换向阀左位工作,1口与4口导通,气缸活塞杆下降
4				吸盘的电磁换向阀左位工作,1口与4口导通,真空发生器产生负压,盖子被吸附

（续）

序号	原理图		实物图	说明
5	0.410MPa			垂直气缸的电磁换向阀弹簧复位，右位有效，进气口1和工作口2导通，气缸上升
6		0.410MPa		水平气缸的电磁换向阀右位工作，1口与2口导通，水平气缸活塞杆缩回
7	0.400MPa			垂直气缸的电磁换向阀左位工作，1口与4口导通，气缸活塞杆下降；吸盘的电磁换向阀右位工作，负压消失，盖子落下

（续）

序号	原理图	实物图	说明
8			垂直气缸的电磁换向阀弹簧复位，右位工作，1 口与 2 口导通，气缸活塞杆上升，恢复默认状态

技能训练

一、安装调试前准备

在安装调试前，应准备好安装调试所需的工具、材料和设备，并做好工作现场和技术资料的准备工作。分析气动回路，明确连接关系。

1）工具：尖嘴钳、水口钳、一字螺钉旋具、十字螺钉旋具、切管刀。

2）材料：4mm、6mm 气管，尼龙扎带、线卡、带帽垫螺栓若干。

3）设备：提取安装单元完整设备。

4）技术资料：气动回路图、工作计划表及材料工具清单。

二、安装工艺要求

工具使用方法正确，不损坏工具及元件。提取安装单元的气动安装调试技术规范参见表 2-3。

三、安装调试安全要求

1）不要超过最大允许压力 800kPa。

2）将所有元件连接完并检查无误后再打开气源。

3）不要在有压力的情况下拆卸连接。

4）拔气管时，双手操作，一手的拇指和食指按下快插口蓝色封圈，另一手拔气管。

5）打开气泵时要特别小心，气缸活塞杆可能会在接通气源的一瞬间伸出或缩回。

四、安装步骤

根据任务解析流程图确定安装步骤如下：

1）逐个连接气动元件，保证执行元件的初始态符合要求。

2）根据技术规范要求调整固定管线。

3）使用手控盒测试气路的正确性。

注意：

1）气路连接要完全按照提取安装单元气动回路图进行。

2）气路连接时，气管一定要在快速接头中插紧，不能有漏气现象。

3）气路中的气缸节流阀调整要适当，以活塞杆进出迅速、无冲击、无卡滞现象为宜，以不推倒工件为准。若气缸动作相反，则将气缸两端进气管位置颠倒即可。

4）气路气管在连接时，应该按序排布、均匀美观。不能出现交叉、打折、顺序凌乱。

5）所有外露气管必须用黑色尼龙扎带进行绑扎，松紧程度以不使气管变形为宜，外形美观。

6）电磁阀组与气体汇流板的连接必须在橡胶密封垫上固定，要求密封良好，无泄漏。

效果测评

本课题的检查评价主要包括安全操作、绘图设计、气路安装和气路调试等，见表4-4。

表 4-4　提取安装单元气动控制系统课题评价表

专项考核			配分	扣分	得分
安全操作	违反安全操作要求	220V、24V 电源混淆 带电操作 带气操作 严重违反安全规程	0分	100分	
	安全与环保意识	24V 直流电源正、负接反	10分		
		操作中掉工具、掉线、掉气管	10分		
绘图设计	能正确绘制提取安装单元的气动回路图		10分		
气路安装	安装气路	水平气缸气路	10分		
		垂直气缸气路	10分		
		吸盘气路	10分		

（续）

专项考核			配分	扣分	得分
气路安装	检测无误后，规范布线。要求气管捆扎整齐，电缆走线槽	气路规范	10分		
气路调试	执行元件初始态	执行元件初始态正确	10分		
	执行元件动作	执行元件动作正确	10分		
职业素养与安全意识	现场操作安全保护符合安全操作规程；工具摆放、包装物品、导线线头等的处理符合职业岗位的要求；团队有分工、有合作，配合紧密；遵守实训纪律，爱惜设备和器材，保持工位的整洁		10分		
合计			100分		

课题3 提取安装单元电气控制系统

教学目标

知识目标

（1）识读提取安装单元传送带模块电气控制图，并能够绘制电路图。
（2）识读提取安装单元提取与安装模块电气控制图，并能够绘制电路图。
（3）了解电气安装工艺规范和相应的国家标准。

能力目标

（1）能够熟练安装传送带模块电气控制回路。
（2）能够熟练安装提取与安装模块电气控制回路。
（3）能够使用手控盒手动控制设备动作，校验电气回路的连接情况。

素质目标

（1）培养学生分析、解决生产实际问题的能力，提高学生的职业技能和专业素养。
（2）培养学生规范操作、团结协作意识。
（3）培养学生自主学习、适应岗位能力。

教学内容

根据提取安装单元电气回路图，在考虑经济性、安全性的情况下，制定安装调试计划，选择合适的工具和仪器，团队合作进行提取安装单元电气回路的安装与调试。根据技能训练的要求，确定工作组织方式，划分工作阶段，分配工作任务，讨论安装流程和工作计划，填写工作计划表和材料工具清单。安装调试提取安装单元电气回路工艺流程参考供料单元。

相关知识

一、PLC 与工作站的连接

PLC 通过 C 接口、Mini I/O 端子与工作台的传感器、电磁换向阀相连。

1. 传送带模块与 Mini I/O 端子接线图分析

从图 4-16 中可以看出，提取安装单元传送带模块共有 3 个传感器输入信号，分别对应传送带起始端的漫反射式光电传感器、传送带中间位置的漫反射式光电传感器、传送带末端的对射式光电传感器，它们分别接入 Mini I/O 端子 G1XG1 上 X2 的接线端子 1、2、3；输出信号共有 3 个，对应于电动机正转、电动机反转、分拣臂线圈，分别接入 Mini I/O 端子 G1XG1 上 X2 的接线端子 7、8、9。提取安装单元传送带模块输入/输出信号说明见表 4-5。

表 4-5　提取安装单元传送带模块输入/输出信号说明

序号	地址	设备符号	设备名称	设备用途	信号特征
1	I0	G1BG1	漫反射式光电传感器	判断工件是否在传送带前端位置	信号为 1 表示工件在传送带前端
2	I1	G1BG2	漫反射式光电传感器	判断工件是否在传送带中间位置	信号为 1 表示工件在传送带中间
3	I2	G1BG3	对射式光电传感器	判断工件是否在传送带末端位置	信号为 0 表示工件在传送带末端
4	Q0	G1KF1-2	电动机	控制传送带起停	信号为 1 传送带右行，信号为 0 传送带停止
5	Q1	G1KF1-1	电动机	控制传送带起停	信号为 1 传送带左行，信号为 0 传送带停止
6	Q2	G1MB1	分拣臂线圈	控制分拣臂动作	信号为 1，分拣臂伸出

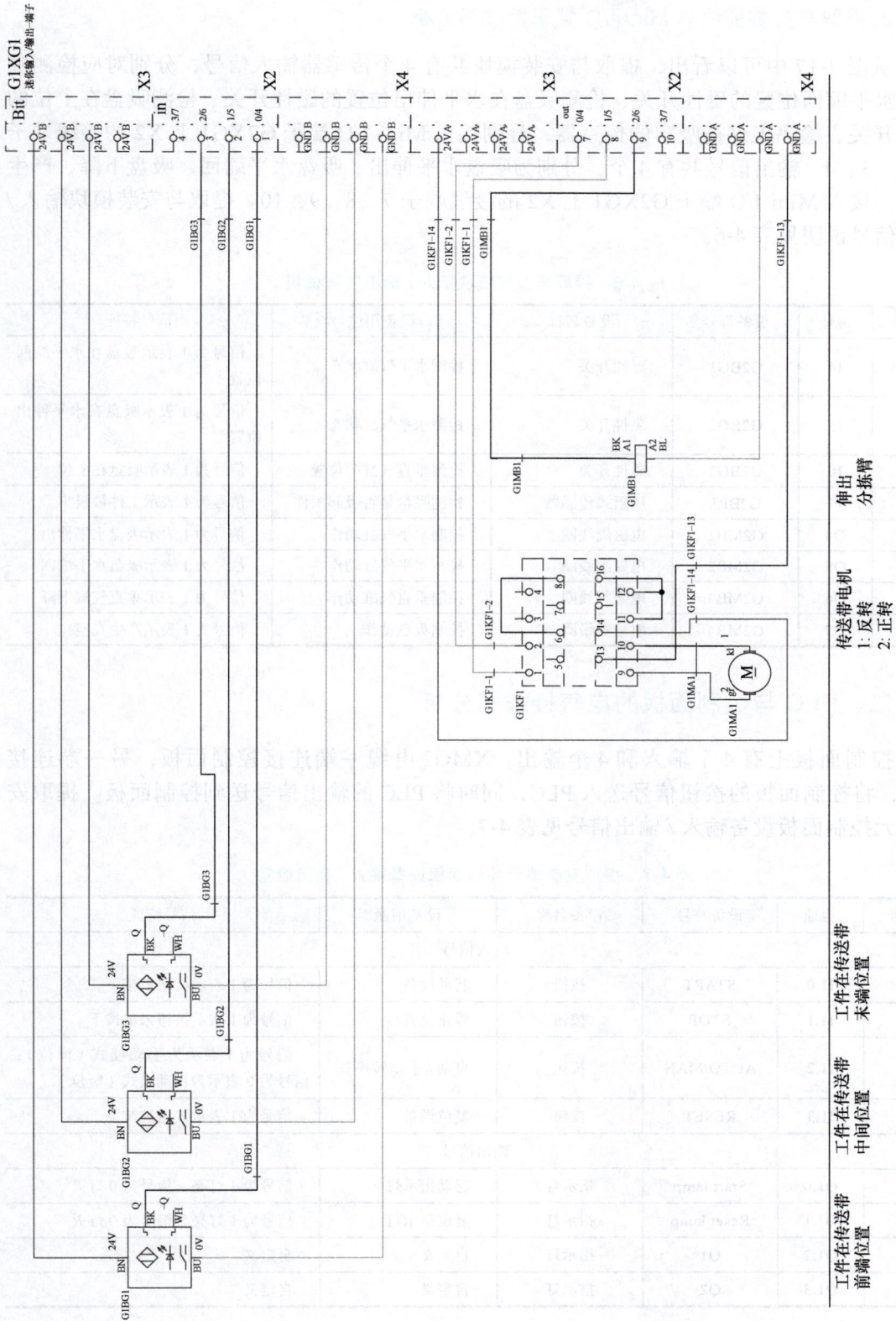

图 4-16　提取安装单元传送带模块电气回路

2. 提取与安装模块与 Mini I/O 端子接线图分析

从图 4-17 中可以看出，提取与安装模块共有 4 个传感器输入信号，分别对应检测吸盘在水平缩回位置的磁性开关、检测吸盘在水平伸出位置的磁性开关、检测吸盘在上位的磁性开关、检测工件被吸牢的传感器，分别接入 Mini I/O 端子 G2XG1 上 X2 的接线端子 1、2、3、4；输出信号共有 4 个，分别为吸盘水平伸出、吸盘水平缩回、吸盘下降、产生真空，接入 Mini I/O 端子 G2XG1 上 X2 的接线端子 7、8、9、10。提取与安装模块输入 / 输出信号说明见表 4-6。

表 4-6　提取与安装模块输入 / 输出信号说明

序号	地址	设备符号	设备名称	设备用途	信号特征
1	I4	G2BG1	磁性开关	检测水平气缸状态	信号为 1 表示吸盘在水平缩回位置
2	I5	G2BG2	磁性开关	检测水平气缸状态	信号为 1 表示吸盘在水平伸出位置
3	I6	G2BG3	磁性开关	检测垂直气缸的位置	信号为 1 表示吸盘在上位
4	I7	G2BP1	压阻式传感器	检测吸盘是否吸起工件	信号为 1 表示工件被吸牢
5	Q4	G2MB1	电磁阀线圈	控制水平气缸动作	信号为 1 表示吸盘水平伸出
6	Q5	G2MB2	电磁阀线圈	控制水平气缸动作	信号为 1 表示吸盘水平缩回
7	Q6	G2MB3	电磁阀线圈	控制垂直气缸动作	信号为 1 表示垂直气缸下降
8	Q7	G2MB4	电磁阀线圈	控制吸盘动作	信号为 1 表示产生真空

二、PLC 与控制面板的电气接线图分析

控制面板上有 4 个输入和 4 个输出，XMG2 电缆一端连接控制面板，另一端连接 PLC，将控制面板的按钮信号送入 PLC，同时将 PLC 的输出信号送到控制面板。提取安装单元控制面板设备输入 / 输出信号见表 4-7。

表 4-7　提取安装单元控制面板设备输入 / 输出信号

序号	地址	设备符号	设备名称	设备用途	信号特征
			输入信号		
1	I1.0	START	按钮	起动设备	信号为 1 表示按钮被按下
2	I1.1	STOP	按钮	停止设备	信号为 1 表示按钮未被按下
3	I1.2	AUTO/MAN	按钮	自动 / 手动转换	信号为 1 表示为手动模式（横位）；信号为 0 表示为自动模式（竖位）
4	I1.3	RESET	按钮	复位设备	信号为 1 表示按钮被按下
			输出信号		
5	Q1.0	Start lamp	指示灯	起动指示灯	信号为 1 灯亮，信号为 0 灯灭
6	Q1.1	Reset lamp	指示灯	复位指示灯	信号为 1 灯亮，信号为 0 灯灭
7	Q1.2	Q1	指示灯	自定义	自定义
8	Q1.3	Q2	指示灯	自定义	自定义

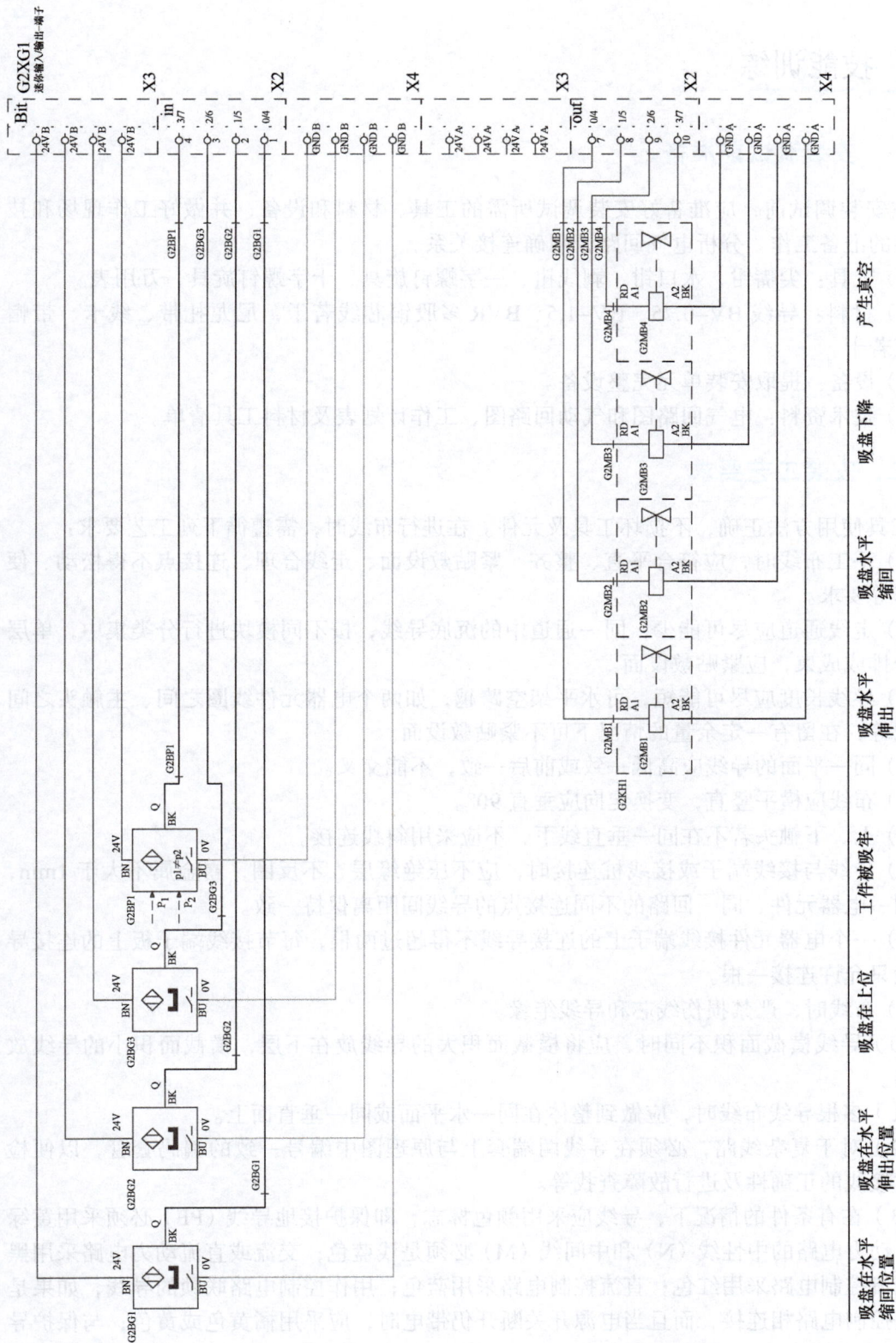

图 4-17　提取与安装模块电气回路

技能训练

一、安装调试前准备

在安装调试前，应准备好安装调试所需的工具、材料和设备，并做好工作现场和技术资料的准备工作。分析电气回路，明确连接关系。

1）工具：尖嘴钳、水口钳、剥线钳、一字螺钉旋具、十字螺钉旋具、万用表。

2）材料：导线 BV-0.75、BV-1.5、BVR 多股铜芯线若干，尼龙扎带、线卡、带帽垫螺栓若干。

3）设备：提取安装单元完整设备。

4）技术资料：电气回路图和气动回路图、工作计划表及材料工具清单。

二、安装工艺要求

工具使用方法正确，不损坏工具及元件。在进行布线时，需遵循下列工艺要求：

1）手工布线时，应符合平直、整齐、紧贴敷设面、走线合理、连接点不得松动、便于检修等要求。

2）走线通道应尽可能少，同一通道中的沉底导线，按不同模块进行分类集中，单层平行密排或成束，应紧贴敷设面。

3）导线长度应尽可能短，可水平架空跨越，如两个电器元件线圈之间、主触头之间的连线等，在留有一定余量的情况下可不紧贴敷设面。

4）同一平面的导线应高低一致或前后一致，不能交叉。

5）布线应横平竖直，变换走向应垂直 90°。

6）上、下触头若不在同一垂直线下，不应采用斜线连接。

7）导线与接线端子或接线桩连接时，应不压绝缘层、不反圈，露金属不大于 1mm，做到同一电器元件、同一回路的不同连接点的导线间距离保持一致。

8）一个电器元件接线端子上的连接导线不得超过两根，每节接线端子板上的连接导线一般只允许连接一根。

9）布线时，严禁损伤线芯和导线绝缘。

10）导线横截面积不同时，应将横截面积大的导线放在下层，横截面积小的导线放在上层。

11）多根导线布线时，应做到整体在同一水平面或同一垂直面上。

12）对于复杂线路，必须在导线两端套上与原理图中编号一致的编码套管，以便检查核对接线的正确性及进行故障查找等。

13）在有条件的情况下，导线应采用颜色标志，即保护接地导线（PE）必须采用黄绿双色；动力电路的中性线（N）和中间线（M）必须是浅蓝色；交流或直流动力电路采用黑色；交流控制电路采用红色；直流控制电路采用蓝色；用作控制电路联锁的导线，如果是与外边控制电路相连接，而且当电源开关断开仍带电时，应采用橘黄色或黄色；与保护导线连接的电路采用白色。

　　14）提取安装单元的电气安装调试技术规范参见表 2-9。

三、安装调试安全要求

1）只有关闭电源后，才可以拆除电气连接线。

2）允许的最大电压为 DC 24V。

四、安装步骤

根据任务工艺流程图确定安装步骤。

1）连接传感器、电磁阀线圈等的电气回路。

2）根据技术规范要求调整电气布线。

3）使用手控盒测试电路正确性。

效果测评

本课题的检查评价主要包括安全操作、电路安装和电路调试，见表 4-8。

表 4-8　提取安装单元电气控制系统课题评价表

专项考核			配分	扣分	得分
安全操作	违反安全操作要求	220V、24V 电源混淆 带电操作 带气操作 严重违反安全规程	0 分	100 分	
	安全与环保意识	24V 直流电源正负极接反	10 分		
		操作中掉工具、掉线、掉气管	10 分		
电路安装	连接电气回路	电磁阀、线圈与 Mini I/O 接线端子连接	15 分		
		传感器与 Mini I/O 接线端子连接	15 分		
	系统接线	PLC 与工作平台连接	6 分		
		PLC 与控制面板连接	6 分		
		PLC 与电源连接	6 分		
		PLC 与 PC 连接	6 分		
电路调试	通电通气检测、调试执行元件和传感器位置；检查电气接线	传感器位置正确、接线正确（见表 4-9）	16 分		
	检测无误后，规范布线。电线走线槽	电线整齐	10 分		
合计			100 分		

表 4-9　用手控盒验证提取安装单元 I/O 接线评价表

描述		得分	最高分
用手控盒验证I/O接线			
准备：手控盒连接到 I/O 接线端子，打开电源、气源			
输入信号			
提取安装单元输入信号	信号为 1		
工件在传送带前端	DI0		1分
工件在传送带中间位置	DI1		1分
工件在传送带末端	DI2		1分
未分配	DI3		1分
吸盘在水平缩回位置	DI4		1分
吸盘在水平伸出位置	DI5		1分
吸盘在上位	DI6		1分
吸盘吸牢工件	DI7		1分
输出信号			
提取安装单元输出信号	信号为 1		
传送带右行	DO0		1分
传送带左行	DO1		1分
分拣臂伸出	DO2		1分
未分配	DO3		1分
水平气缸活塞杆伸出	DO4		1分
水平气缸活塞杆缩回	DO5		1分
垂直气缸活塞杆下降	DO6		1分
真空吸盘产生真空	DO7		1分
总分			16分

课题 4　提取安装单元的 PLC 控制及编程

教学目标

知识目标

（1）能够细化提取安装单元的控制要求。

（2）掌握程序流程图的绘制方法并正确分配提取安装单元的 I/O 地址。

（3）掌握 Portal 软件常用的编程指令和顺序程序设计方法。

（4）掌握 PLC 程序下载和上传方法。

能力目标

（1）能够根据提取安装单元控制要求制定控制方案，绘制程序流程图。

（2）能够将程序流程图转化为 PLC 控制程序。

（3）能够正确下载控制程序，并能调试提取安装单元硬件功能。

（4）能够制定程序设计的工作计划和检查表。

素质目标

（1）培养学生分析、解决生产实际问题的能力，提高学生的职业技能和专业素养。

（2）培养学生规范操作、团结协作意识。

（3）培养学生自主学习、适应岗位能力。

教学内容

在熟悉提取安装单元气路和电路基础上，根据控制任务要求制定程序编写计划，编写程序流程图，在考虑安全、效率、工作可靠性的基础上，选择合适的编程语言，在 Portal 软件上进行提取安装单元 PLC 控制程序的编制，下载到 CIROS 仿真软件中进行调试，并对编制的程序进行综合评价。

相关知识

提取安装单元工作过程描述见表 4-10。

表 4-10 提取安装单元工作过程描述

提取安装单元工作过程描述	说明
1）按下复位按钮，提取安装单元复位（回到初始位置）	传送带电动机停止；阻隔器伸出；吸盘处于上位；滑动驱动器处于缩回位置；真空释放
2）复位成功后，起动指示灯亮，提示系统可以开始	
3）按下开始按钮，如果传送带起点检测到工件，传送带起动，向右运行	
4）工件被传送到阻隔器位置时，漫反射式传感器检测到工件，传送带停止	
5）取放模块抓起插装工件并将其放入到工件外壳中	气爪打开、关闭需要一定延时
6）阻隔器缩回，传送带起动	
7）传送带将完整的工件传送到末端位置	
8）如果在传送带末端检测到完整的工件，传送带停止	
9）要求系统具备急停功能	

技能训练

1. 明确程序编写流程

完成控制程序的编写，首先要明确程序编写流程，提取安装单元的程序设计流程图参照供料单元。

2. 编制 PLC 控制程序流程图

以提取安装单元完整工作过程为例编写 PLC 控制程序流程图，图 4-18 所示为提取安装单元 PLC 自动控制程序流程图。

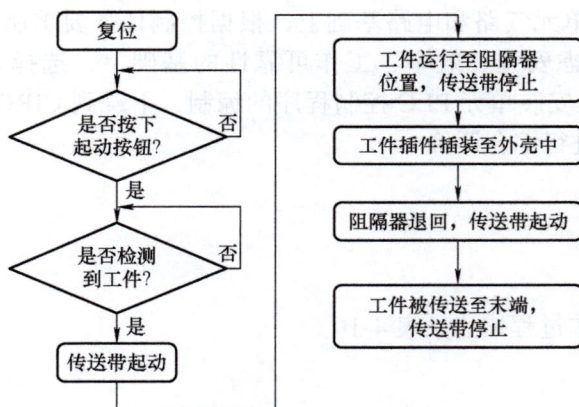

图 4-18 提取安装单元 PLC 自动控制程序流程图

3. 提取安装单元 I/O 地址分配

提取安装单元 I/O 地址分配见表 4-11。

表 4-11　提取安装单元 I/O 地址分配

序号	地址	设备符号	设备名称	设备用途	信号特征
1	I0.0	G1BG1	漫反射式光电传感器	判断工件是否在传送带前端位置	信号为 1 表示工件在传送带前端
2	I0.1	G1BG2	漫反射式光电传感器	判断工件是否在传送带中间位置	信号为 1 表示工件在传送带中间
3	I0.2	G1BG3	对射式光电传感器	判断工件是否在传送带末端位置	信号为 0 表示工件在传送带末端
4	I0.4	G2BG1	磁性开关	检测水平气缸状态	信号为 1 表示吸盘在水平缩回位置
5	I0.5	G2BG2	磁性开关	检测水平气缸状态	信号为 1 表示吸盘在水平伸出位置
6	I0.6	G2BG3	磁性开关	检测垂直气缸的位置	信号为 1 表示吸盘在上位
7	I0.7	G2BP1	压阻式传感器	检测吸盘是否吸起工件	信号为 1 表示工件被吸牢
8	Q0.0	G1KF1-2	电动机	控制传送带起停	信号为 1 表示传送带右行，信号为 0 表示传送带停止
9	Q0.1	G1KF1-1	电动机	控制传送带起停	信号为 1 表示传送带左行，信号为 0 表示传送带停止
10	Q0.2	G1MB1	分拣臂线圈	控制分拣臂动作	信号为 1 表示分拣臂伸出
11	Q0.4	G2MB1	电磁阀线圈	控制水平气缸动作	信号为 1 表示吸盘水平伸出
12	Q0.5	G2MB2	电磁阀线圈	控制水平气缸动作	信号为 1 表示吸盘水平缩回
13	Q0.6	G2MB3	电磁阀线圈	控制垂直气缸动作	信号为 1 表示垂直气缸下降
14	Q0.7	G2MB4	电磁阀线圈	控制吸盘动作	信号为 1 表示产生真空
15	I1.0	START	按钮	起动设备	信号为 1 表示按钮被按下
16	I1.1	STOP	按钮	停止设备	信号为 1 表示按钮未被按下
17	I1.2	AUTO/MAN	按钮	自动／手动转换	信号为 1 表示为手动模式（横位）；信号为 0 表示为自动模式（竖位）
18	I1.3	RESET	按钮	复位设备	信号为 1 表示按钮被按下
19	Q1.0	Start lamp	指示灯	起动指示灯	信号为 1 表示灯亮，信号为 0 表示灯灭
20	Q1.1	Reset lamp	指示灯	复位指示灯	信号为 1 表示灯亮，信号为 0 表示灯灭
21	Q1.2	Q1	指示灯	自定义	自定义
22	Q1.3	Q2	指示灯	自定义	自定义

4. 把流程图转换成程序

提取安装单元自动运行控制部分顺序控制流程图程序如图 4-19 所示。

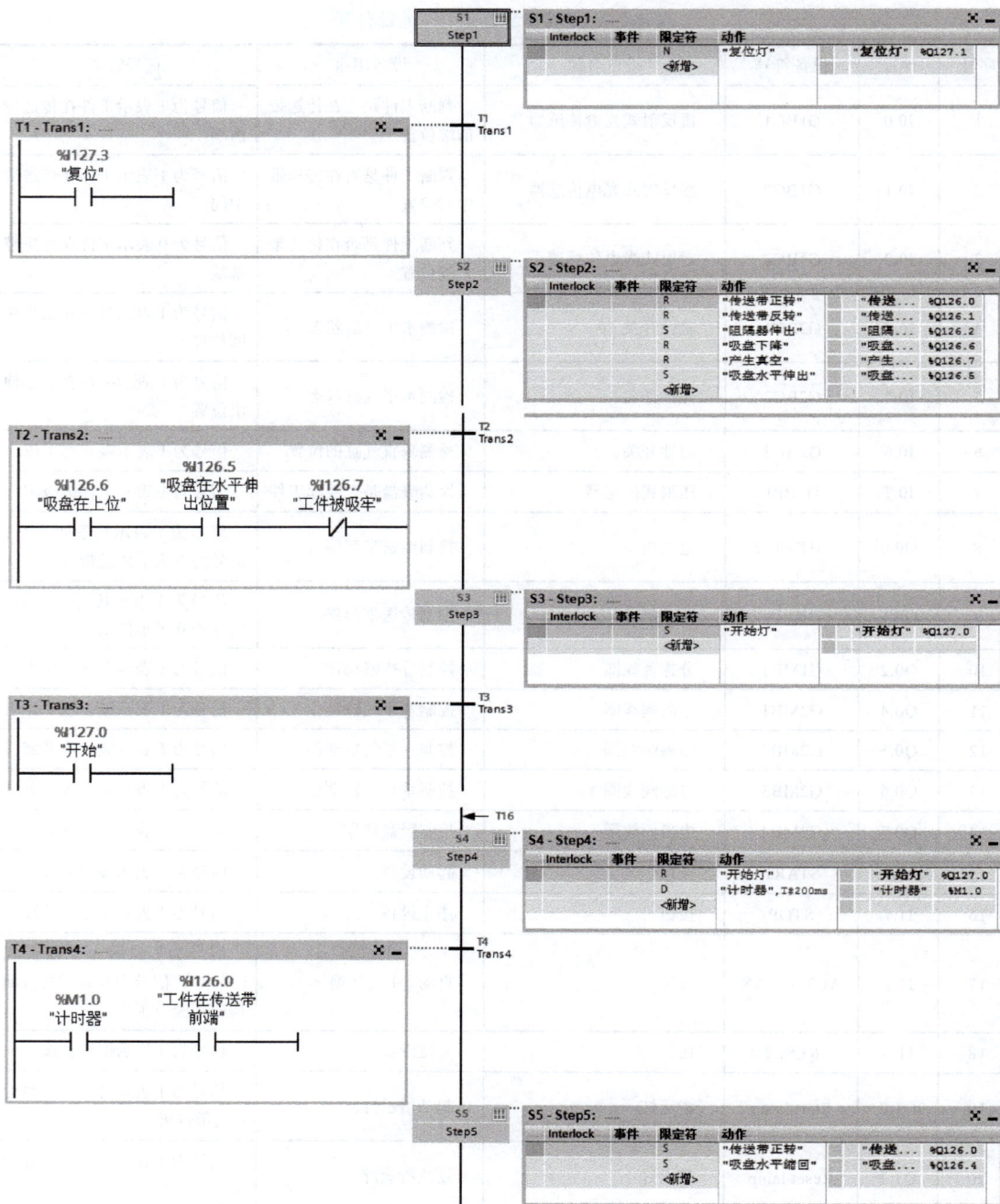

S1 - Step1:	Interlock	事件	限定符	动作		
			N	"复位灯"	"复位灯"	%Q127.1
			<新增>			

T1 - Trans1:
%I127.3 "复位"

S2 - Step2:	Interlock	事件	限定符	动作		
			R	"传送带正转"	"传送..."	%Q126.0
			R	"传送带反转"	"传送..."	%Q126.1
			S	"阻隔器伸出"	"阻隔..."	%Q126.2
			R	"吸盘下降"	"吸盘..."	%Q126.6
			R	"产生真空"	"产生..."	%Q126.7
			S	"吸盘水平伸出"	"吸盘..."	%Q126.5
			<新增>			

T2 - Trans2:
%I126.6 "吸盘在上位"　%I126.5 "吸盘在水平伸出位置"　%I126.7 "工件被吸牢"

S3 - Step3:	Interlock	事件	限定符	动作		
			S	"开始灯"	"开始灯"	%Q127.0
			<新增>			

T3 - Trans3:
%I127.0 "开始"

T16

S4 - Step4:	Interlock	事件	限定符	动作		
			R	"开始灯"	"开始灯"	%Q127.0
			D	"计时器",T#200ms	"计时器"	%M1.0
			<新增>			

T4 - Trans4:
%M1.0 "计时器"　%I126.0 "工件在传送带前端"

S5 - Step5:	Interlock	事件	限定符	动作		
			S	"传送带正转"	"传送..."	%Q126.0
			S	"吸盘水平缩回"	"吸盘..."	%Q126.4
			<新增>			

图 4-19　提取安装单元自动运行控制部分顺序控制流程图程序

T5 - Trans5:		× −		T5 Trans5
%I126.1 "工件在阻隔器 位置" ┤├				

S6	▦		S6 - Step6:				× −
Step6			Interlock	事件	限定符	动作	
					R	"传送带正转"	"传送... %Q126.0
					D	"计时器",T#200ms	"计时器" %M1.0
					<新增>		

T6 - Trans6:	× −		T6 Trans6
%M1.0 "计时器" ┤├			

S8	▦		S8 - Step8:				× −
Step8			Interlock	事件	限定符	动作	
					S	"吸盘下降"	"吸盘... %Q126.6
					<新增>		

T8 - Trans8:	× −		T8 Trans8
%I126.6 "吸盘在上位" ┤/├			

S9	▦		S9 - Step9:				× −
Step9			Interlock	事件	限定符	动作	
					S	"产生真空"	"产生... %Q126.7
					D	"计时器",T#200ms	"计时器" %M1.0
					<新增>		

T9 - Trans9:	× −		T9 Trans9
%I126.7 "工件被吸牢" ┤├			

S11	▦		S11 - Step11:				× −
Step11			Interlock	事件	限定符	动作	
					R	"吸盘下降"	"吸盘... %Q126.6
					<新增>		

T11 - Trans11:	× −		T11 Trans11
%I126.6 "吸盘在上位" ┤├			

S10	▦		S10 - Step10:				× −
Step10			Interlock	事件	限定符	动作	
					S	"吸盘水平伸出"	"吸盘... %Q126.5
					<新增>		

T10 - Trans10:	× −		T10 Trans10
%I126.5 "吸盘在水平伸 出位置" ┤├			

S12	▦		S12 - Step12:				× −
Step12			Interlock	事件	限定符	动作	
					S	"吸盘下降"	"吸盘... %Q126.6
					<新增>		

图 4-19 提取安装单元自动运行控制部分顺序控制流程图程序（续）

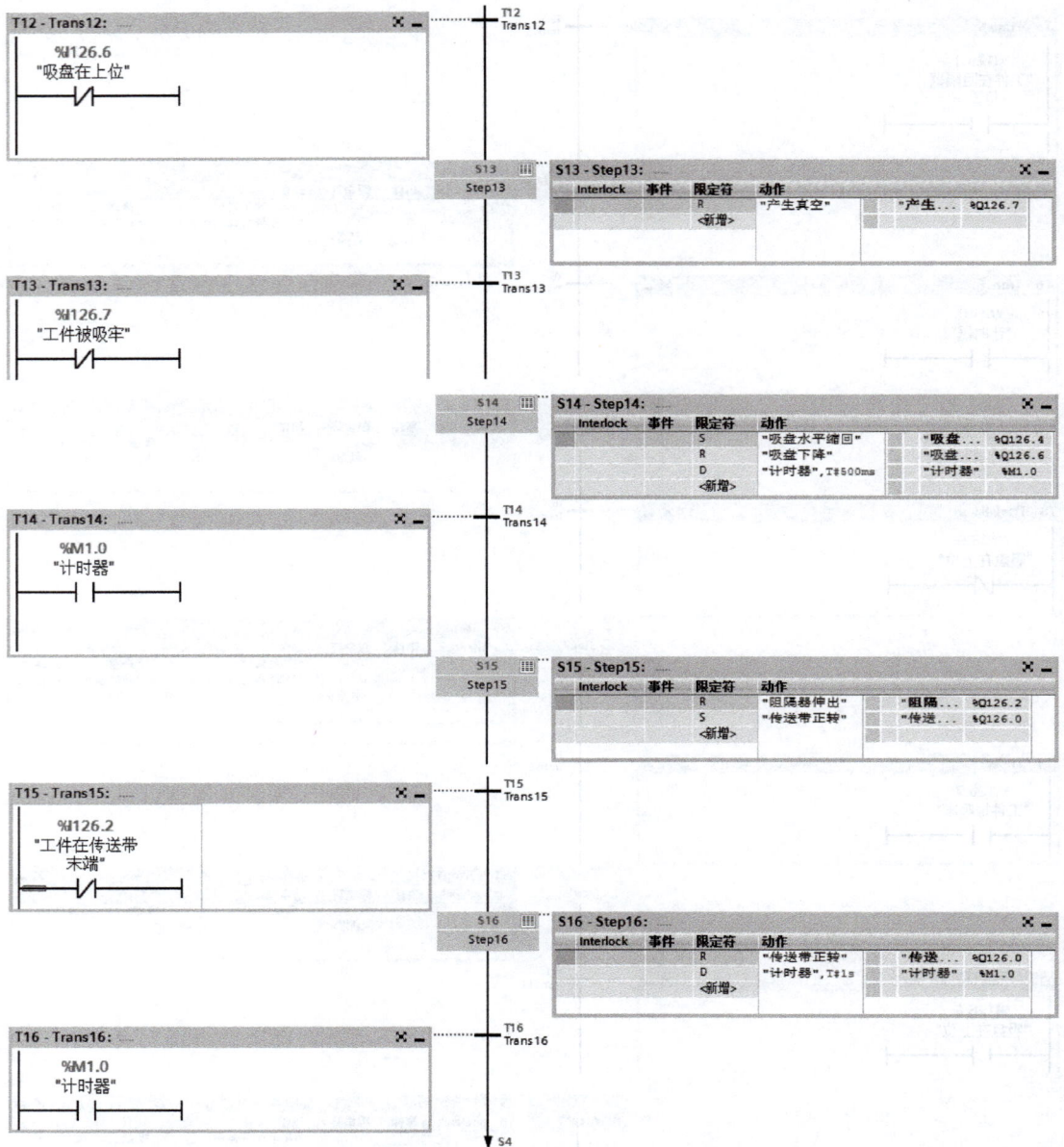

图 4-19 提取安装单元自动运行控制部分顺序控制流程图程序（续）

5. 仿真调试

参照供料单元。

6. 运行调试

参照供料单元。

效果测评

提取安装单元的 PLC 控制及编程课题评价表见表 4-12。

表 4-12　提取安装单元的 PLC 控制及编程课题评价表

控制流程描述	得分	最高分
用 PLC 检查控制流程		
准备：断开 PLC 与编程设备的连接，清除工作单元上的所有工件，生产线控制面板钥匙处于自动位置（垂直状态），打开气源，打开 PLC 电源		
复位指示灯亮		3 分
按下复位按钮		
生产线回到初始位置		4 分
复位指示灯灭		3 分
钥匙打到自动位置，生产线进入自动运行		
起动指示灯亮		4 分
手动在传送带起始端放入一个工件，滑槽上放入盖子工件		
按下开始按钮		
起动指示灯灭		3 分
传送带前端检测到工件		
传送带右行		4 分
阻隔器阻挡工件		
阻隔器位置传感器检测到工件		
传送带停止		4 分
垂直气缸活塞杆下降		4 分
真空吸盘吸取盖子		4 分
垂直气缸活塞杆上升		4 分
水平气缸活塞杆伸出		4 分
垂直气缸活塞杆下降		4 分
真空吸盘释放盖子		4 分
垂直气缸活塞杆上升		4 分
水平气缸活塞杆缩回		4 分
阻隔器放行		4 分

（续）

控制流程描述	得分	最高分
传送带右行		4分
工件被送至传送带末端		4分
传送带电动机停		4分
自动运行期间，任意时刻按下停止按钮		
检测单元执行完当前步动作后自动停止		3分
起动指示灯以1Hz闪烁		3分
钥匙打到手动再打到自动位置		
起动指示灯亮		3分
按下开始按钮		
起动指示灯灭		3分
生产线从停止点继续向下执行		3分
一个循环完成后，自动检测传送带起始端有无工件，若无工件		
提取安装单元自动停止在该步		3分
指示灯Q1闪烁		3分
直至传送带起始端有工件后		
指示灯Q1灭		3分
提取安装单元继续从"起动指示灯灭"开始循环运行		3分
总分		100分

思考与练习

一、简答题

1. 提取安装单元中的真空发生器和压阻传感器分别起什么作用？
2. 压阻传感器如何调节？
3. 绘制吸盘气动回路图，并描述其工作过程。
4. MPS各单元的传送带都是由直流电动机拖动的，请分析：
（1）直流电动机控制器的功能有哪些？
（2）直流电动机是如何接线并实现正反转的？
5. 描述提取安装单元的完整工作过程。

二、编程题

按下起动按钮，手动放置一个工件在传送带起始端，手动放置盖子。当传感器检测到工件时，传送带起动，工件送至阻隔器位置，传送带停止。取放模块吸起一个盖子工件盖在壳体工件上，阻隔器缩回，传送带电动机起动。工件传送至传送带末端，传送带电动机停。再按下起动按钮，循环运行。

模块 5

操作手单元的安装与调试

本模块围绕"操作手单元的安装与调试"这条主线，通过第1个课题"认识操作手单元功能与结构组成"，使学习者明确操作手单元的整体结构和功能认知，并且进一步掌握该单元中使用的无杆气缸、平行气爪等元件的结构、原理和选用，在此基础上通过第2个和第3个课题深入研究操作手单元的气动回路和电气回路的安装与连接，最后通过第4个课题"操作手单元的PLC控制及编程"，培养学习者根据控制要求进行设备编程调试的能力。

课题 1 认识操作手单元功能与结构组成

教学目标

知识目标

（1）了解操作手单元的功能及工作过程。

（2）了解操作手单元的机械结构组成。

（3）认识操作手单元机械元件及其功能。

（4）掌握机械耦合式无杆气缸的结构及工作原理。

（5）熟悉光电传感器分料的工作原理。

（6）进一步熟悉磁感应接近开关、漫反射式光电传感器等的结构、工作原理及安装调试方法。

（7）熟悉机械、电气安装工艺规范和相应的国家标准。

能力目标

（1）能够正确描述操作手单元的工作流程。

（2）能够正确分析操作手单元各个硬件的功能。

（3）能够对无杆气缸、平行气爪、漫反射式光电传感器（分辨颜色）等进行安装调试。

（4）能够对操作手单元机械本体进行安装调试。

素质目标

（1）培养学生分析、解决生产实际问题的能力，提高学生的职业技能和专业素养。

（2）培养学生规范操作、团结协作意识。

（3）培养学生自主学习、适应岗位能力。

教学内容

通过本课题学习，了解操作手单元工作过程，认识操作手单元硬件结构及功能，为后面的学习奠定基础。操作手单元的结构图如图 5-1 所示。

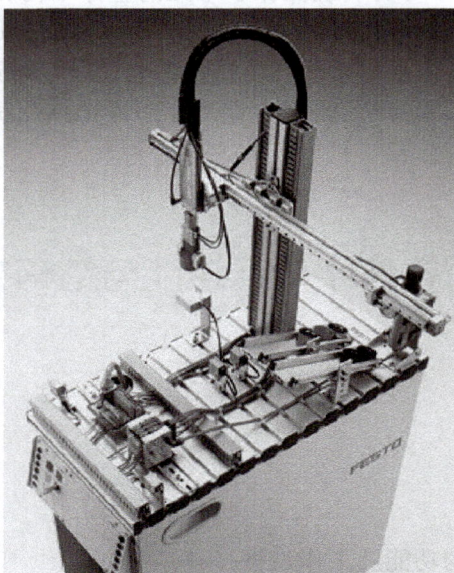

图 5-1　操作手单元的结构图

相关知识

一、操作手单元的功能

操作手单元配置了柔性 2 自由度操作装置。漫反射式光电传感器对放置在支架上的工件进行检测。

提取装置上的气爪将工件从该位置提起，气爪上装有光电式传感器用于区分"黑色"及"非黑色"工件，并将工件根据检测结果放置在不同的滑槽中，或者工件也可以被直接传输到下一个工作单元。

二、操作手单元的结构组成

操作手单元按照功能分主要由 PicAlfa 模块、滑槽模块和摆放平台模块组成，如图 5-2 所示。

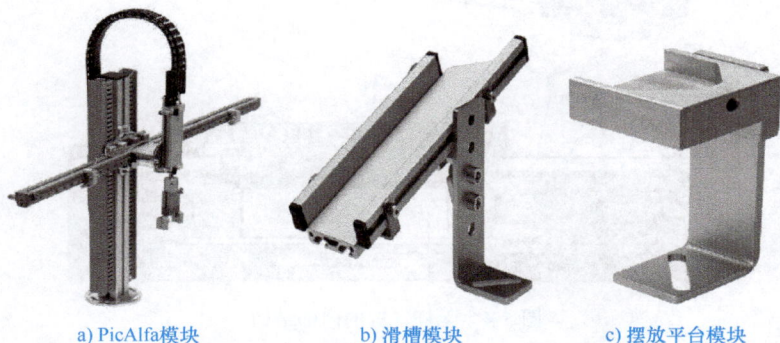

a) PicAlfa模块　　　　　b) 滑槽模块　　　　　c) 摆放平台模块

图 5-2　操作手单元结构组成

1. PicAlfa 模块

PicAlfa 模块是由无杆气缸、扁平气缸和平行气爪组成，如图 5-3 所示。

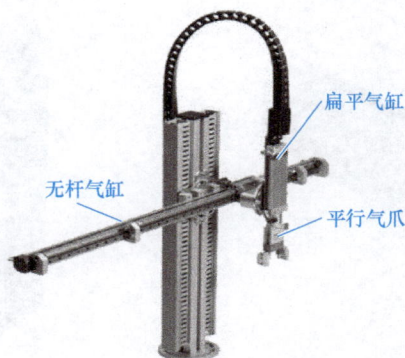

图 5-3　PicAlfa 模块结构组成

（1）无杆气缸　无杆气缸是完全机械式结构，气缸活塞上装有永久磁环，可以用来触发行程开关。气缸缸体外表面有凹槽，可以直接安装磁感应接近开关，通过调整传感器安装位置来限定气缸的运动范围，具有柔性终端，可调节缓冲，从而确保了终端位置及中间位置的快速定位。无杆气缸的内部结构如图 5-4 所示。

（2）扁平气缸　扁平气缸带有终端位置检测，作为 Z 轴的提升气缸使用，用于控制气爪的上升和下降。扁平气缸能有效防止扭转，保持气爪的位置角度，如图 5-5 所示。

（3）平行气爪　平行气爪用于抓取工件，由双作用活塞缸驱动，位于中心驱动轴的同心轴上。平行气爪的两个活塞，一个向下运动，另一个必向上运动，有向外夹紧和向内夹紧两种夹紧方式，可以以多种方式和其他驱动器进行结合。采用霍尔传感器或接近式传感器进行位置感应。如采用外部夹头，易于实现多样性，如图 5-6 所示。

图 5-4 无杆气缸的内部结构

1—节流阀 2—缓冲柱塞 3—密封带 4—防尘不锈钢带 5—活塞 6—滑块 7—管状体

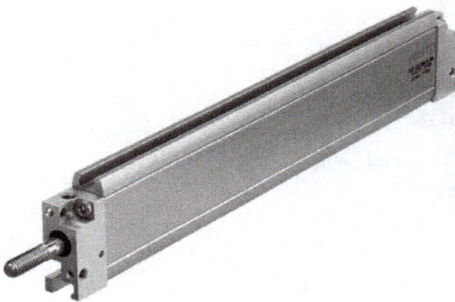

图 5-5 扁平气缸

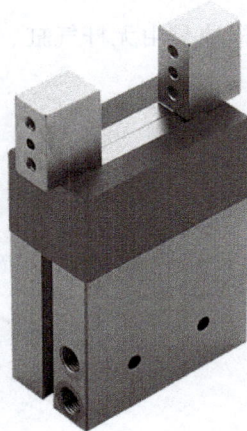

图 5-6 平行气爪

气爪将工件从平台位置提起，气爪上装有光电传感器用于区分"黑色"和"非黑色"工件，并将工件根据检测结果放置在不同的滑槽中（单站运行）。

2. 滑槽模块

滑槽模块用来分类存放工件，在单站运行时使用，如图 5-7 所示。

3. 摆放平台模块

摆放平台模块用于存放工件，侧面安装有一个漫反射式光电传感器，检测平台有无工件，如图 5-8 所示。

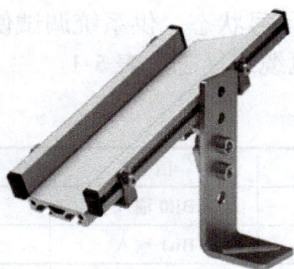

图 5-7　滑槽模块

图 5-8　摆放平台模块

4. SYSLINK 接线端子

　　SYSLINK 接线端子是 PLC 与输入设备、输出设备连接的桥梁，是中间过渡元件，其结构如图 5-9 所示。前 3 排是连接传感器的端口，自下而上分别与 24V 直流电源、0V 及传感器信号相连接；中间 3 排为状态指示灯，包含 2 排输入信号指示灯、1 排输出信号指示灯；后 2 排为连接电磁阀线圈的输出端口，分别与阀岛线圈连接。

　　如图 5-10 所示，SYSLINK 接线端子在使用时通过 24 针的 XMA2 电缆一端连接到 SYSLINK 接口上，另一端连接 PLC 输入 / 输出端子上。在 SYSLINK 接线板上有 2 个红色微型开关，可以在高电平输出（PNP）和低电平输出（NPN）模式之间转换。

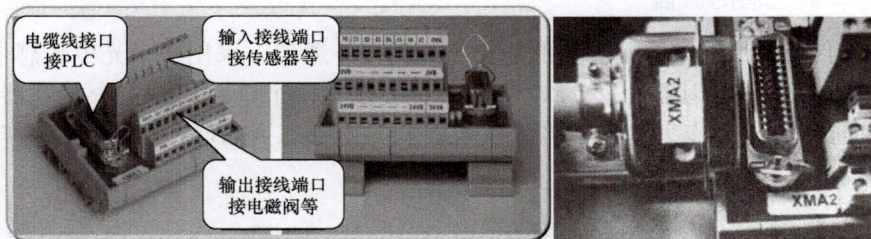

图 5-9　SYSLINK 接线端子结构

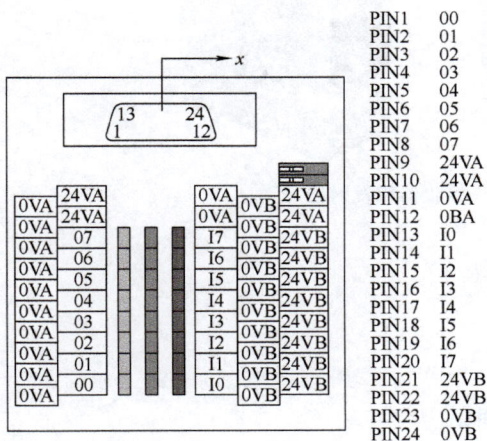

PIN	
PIN1	00
PIN2	01
PIN3	02
PIN4	03
PIN5	04
PIN6	05
PIN7	06
PIN8	07
PIN9	24VA
PIN10	24VA
PIN11	0VA
PIN12	0BA
PIN13	I0
PIN14	I1
PIN15	I2
PIN16	I3
PIN17	I4
PIN18	I5
PIN19	I6
PIN20	I7
PIN21	24VB
PIN22	24VB
PIN23	0VB
PIN24	0VB

图 5-10　SYSLINK 接线端子及 XMA2 电缆

电缆接线端子有 8 个输入端、8 个输出端、4 个 24V 和 4 个 0V 电源端子，每个输入 / 输出接线端子上装有 LED，用于显示相应的输入 / 输出信号状态，供系统调试使用。每个端子旁都有数字标号，以说明端子的位置。SYSLINK 电缆线标志见表 5-1。

表 5-1　SYSLINK 电缆线标志

引脚	信号	导线颜色	引脚	信号	导线颜色
01	Bit0 输出	白	13	Bit0 输入	灰 / 粉
02	Bit1 输出	棕	14	Bit1 输入	红 / 蓝
03	Bit2 输出	绿	15	Bit2 输入	白 / 绿
04	Bit3 输出	黄	16	Bit3 输入	棕 / 绿
05	Bit4 输出	灰	17	Bit4 输入	白 / 黄
06	Bit5 输出	粉	18	Bit5 输入	黄 / 棕
07	Bit6 输出	蓝	19	Bit6 输入	白 / 灰
08	Bit7 输出	红	20	Bit7 输入	灰 / 棕
09	24V 电源	黑	21	24V 电源	白 / 粉
10	与 09 插针短接	—	22	与 21 插针短接	—
11	0V 电源	粉 / 棕	23	0V 电源	白 / 蓝
12	0V 电源	紫	24	与 23 插针短接	—

5. 工作单元之间的通信

如图 5-11 所示，工作单元之间的通信方式为 I/O 通信，采用 2 个光电传感器来实现，其中一个传感器作为发射器，受 PLC 控制，安装在后一个单元；另一个传感器作为接收器，安装在前一单元，作为输入信号。接收器和发射器在 MPS 中起着前后工作单元间的通信作用。

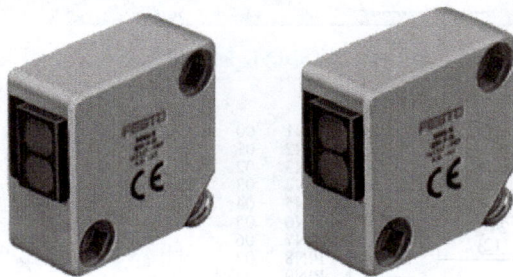

图 5-11　接收器和发射器

技能训练

一、操作手单元的机械安装与调试

在安装调试前，应准备好安装调试所需的工具、材料和设备，并做好工作现场和技术资料的准备工作。

1. 安装调试前准备

1）工具：尖嘴钳、水口钳、剥线钳、管子扳手、套筒扳手（9mm×10mm）、内六角扳手、一字螺钉旋具、十字螺钉旋具、万用表。

2）设备：操作手单元完整设备。

3）技术资料：机械安装图、工作计划表及材料工具清单。

4）工作现场：现场工作空间充足，方便进行安装调试，工具、材料准备到位。

2. 安装工艺要求

1）工具使用方法正确，不损坏工具及元件。

2）按给定的标准图样选用工具和元件。

3）在指定的位置安装工作平台元件和相应模块。

4）机械结构安装牢固，机械传动灵活，无松动或卡涩现象。

3. 安装调试安全要求

1）安装前应仔细阅读技术文件，尤其是安全规则。

2）安装元件时，应注意底板是否平整，若底板不平，元件下方应加垫片，防止损坏元件。

3）操作时应注意工具的正确使用，不得损坏工具及元件。

4）试运行时不能用手触碰元件，发现异常或异味应立即停止，进行检查。

4. 设备调试

按照控制要求对气缸、传感器、节流阀等进行调试。

（1）无杆气缸的终端位置确定　无杆气缸一共有 3 个位置，即"支架"位置、"滑槽 1"位置和"滑槽 2"位置。"支架"位置和"滑槽 2"位置通过无杆气缸两端的缓冲器确定。

1）准备条件如下：

① 安装 PicAlfa 模块。

② 连接气爪，提升气缸和无杆气缸不连接。

③ 打开气源。

注意： 气源最大压力为 400kPa。

2）执行步骤如下：

① 手动移动无杆气缸至"支架"位置。

② 将工件放入支架上，手动控制电磁阀打开气爪。

③ 手动拉下提升气缸活塞杆至末端位置，使得气爪能够安全的抓到工件。

④ 将无杆气缸的末端位置固定。

注意： 在安装缓冲器时，缓冲器缩回后的长度要与螺杆长度一致。

⑤ 手动移动无杆气缸活塞杆至"滑槽 2"位置。气爪要安全地将工件放入滑槽中。

⑥ 将无杆气缸的末端位置固定。

⑦ 关闭气源。

⑧ 连接提升气缸和无杆气缸。

⑨ 打开气源。

⑩ 检查无杆气缸的两个末端位置（"支架"位置和"滑槽2"位置）。

手动操控电磁阀来控制无杆气缸、提升气缸和气爪。

（2）漫反射式光电传感器（气爪上，区分工件颜色）　漫反射式光电传感器用于检测工件的颜色。漫反射式光电传感器发出红外线可见光，传感器检测被反射回来的光线，工件的表面颜色不同，被反射的光线亮度也不同。

1）准备条件如下：

① 连接 PicAlfa 模块和传感器。

② 连接气爪。

③ 打开气源。

④ 连接光栅。

⑤ 接通电源。

2）执行步骤如下：

① 在气爪上安装传感器探头。探头直接固定在气爪内侧。

② 将光纤导线与传感器相连。

③ 将红色工件放在支架上，并用气爪将其抓住。

④ 用螺钉旋具调节传感器的微动开关，直到指示灯亮。

注意：微动开关最多可以旋转12圈。

⑤ 将黑色工件放在支架上，并用气爪将其抓住。

⑥ 用螺钉旋具调节光栅的微动开关，直到指示灯亮。

注意：微动开关最多可以旋转12圈。

⑦ 检查传感器的设置。

注意：传感器可以检测到红色和金属色工件，但不能检测到黑色工件。

（3）磁性开关（无杆气缸）的调试　磁性开关用于控制无杆气缸运动的末端位置。磁性开关对安装在气缸活塞上的磁铁产生感应。无杆气缸移动3个位置："支架""滑槽1""滑槽2"。

1）准备条件如下：

① 准备 PicAlfa 模块。

② 连接无杆气缸。

③ 打开气源。

④ 连接磁性开关。

⑤ 接通电源。

2）执行步骤如下：

① 手动控制电磁阀，将无杆气缸调整到合适的工作位置。

② 按住传感器，沿着齿形带方向移动传感器，直到指示灯（LED）亮。

③ 在同一方向上继续移动传感器，直到指示灯（LED）熄灭。

④ 将传感器调整到指示灯接通和关闭状态的中间位置上。

⑤ 用内六角扳手将传感器固定。

⑥ 起动系统，检查传感器是否在正确位置上（"支架"位置、"滑槽 1"位置和"滑槽 2"位置）。

（4）漫反射式光电传感器（支架上，判断工件有无）、磁性开关（提升气缸）、单向节流阀的调试　具体内容参见供料单元。

二、操作手单元 I/O 地址校验

在充分认识了操作手单元功能和硬件结构后，使用手控盒确认本单元输入设备和输出设备的 I/O 地址，并观察 SYSLINK 接线端子 LED 状态，校验地址是否一致。确认每个传感器的检测功能和电磁换向阀与执行元件的对应关系。

效果测评

本课题的检查评价主要包括传感器、电磁换向阀和安全操作，见表 5-2。

表 5-2　认知操作手单元功能与结构组成课题评价表

评价项目	地址确认及操作考核	配分	扣分	得分
传感器	摆放平台传感器地址	5 分		
	无杆气缸前一站限位开关地址	5 分		
	无杆气缸后一站限位开关地址	5 分		
	无杆气缸中间位置限位开关地址	5 分		
	扁平气缸伸出终端位置地址	5 分		
	扁平气缸缩回终端位置地址	5 分		
	气爪颜色检测传感器地址	5 分		
	接收器地址	5 分		
电磁换向阀	无杆气缸左移地址	5 分		
	无杆气缸右移地址	5 分		
	扁平气缸下移地址	5 分		
	气爪打开地址	5 分		
	发射器地址	5 分		
安全操作	手控盒安装（不得将 24V 直流电源正、负接反）	10 分		
	手控盒连接（不得带电操作）	10 分		
	气源操作（不得带气操作）	5 分		
	电源操作（不得带电操作）	10 分		
合计		100 分		

课题2 操作手单元气动控制系统

教学目标

■ 知识目标

（1）认识操作手单元气动控制回路中各元件的符号及其功能。

（2）掌握操作手单元气动控制回路的工作原理。

（3）了解气动控制回路安装技术规范。

■ 能力目标

（1）能够识读并绘制操作手单元的气动控制回路图。

（2）能够熟练安装操作手单元的气动控制回路。

■ 素质目标

（1）培养学生分析、解决生产实际问题的能力，提高学生的职业技能和专业素养。

（2）培养学生规范操作、团结协作意识。

（3）培养学生自主学习、适应岗位能力。

教学内容

根据气动控制回路图，在考虑经济性、安全性的情况下，制定安装与调试计划，选择合适的工具和仪器，团队合作进行操作手单元气动控制回路的安装与调试。根据任务要求，确定工作组织方式，划分工作阶段，分配工作任务，讨论安装流程与工作计划，填写工作计划表和材料工具清单。安装调试气动控制回路工艺流程参考供料单元。

相关知识

一、气动控制系统工作原理分析

气动控制系统是操作手单元的执行机构，该执行机构的控制逻辑功能是由 PLC 实现的。

操作手单元气动控制回路图如图 5-12 所示。

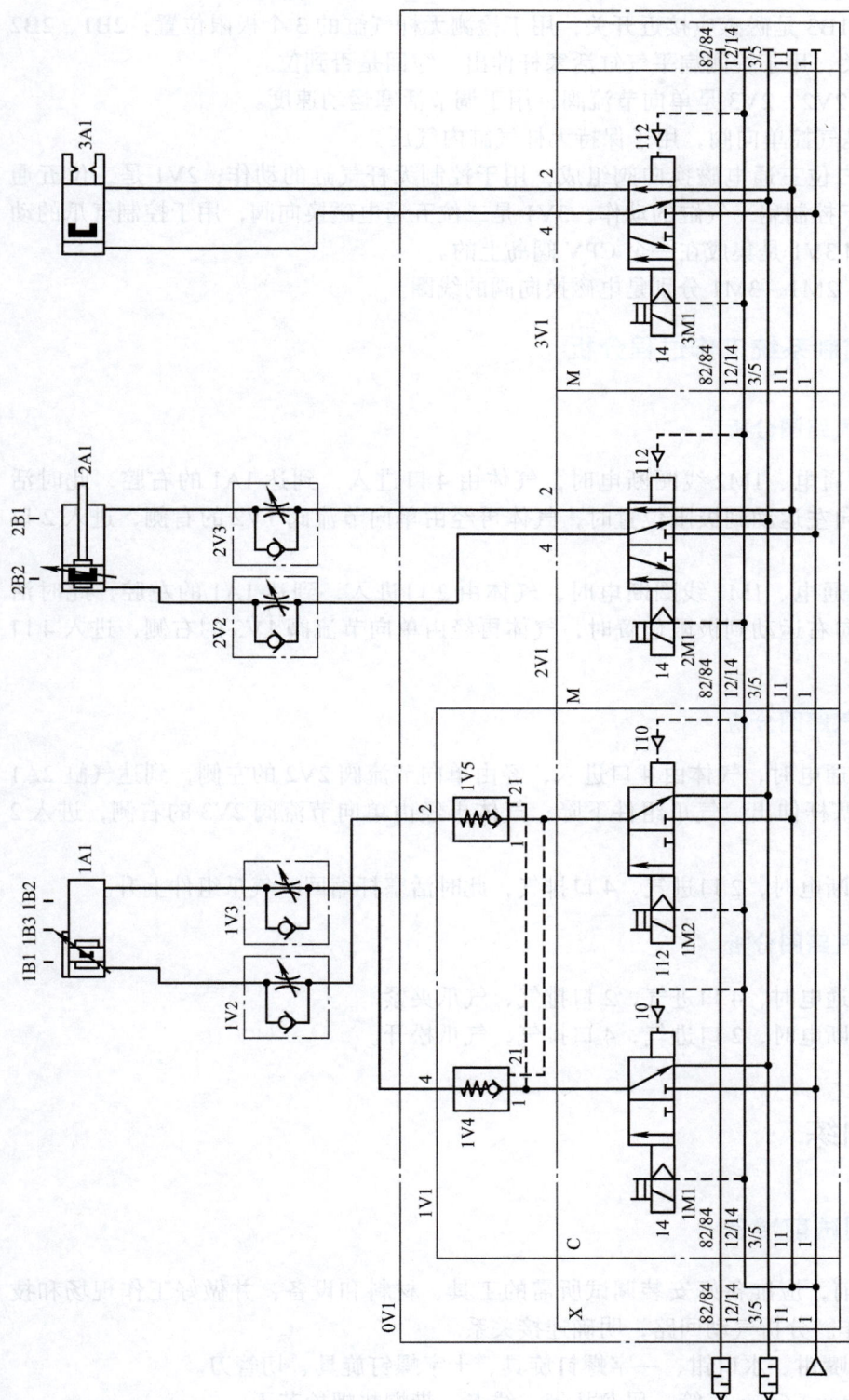

图 5-12　操作手单元气动控制回路图

1A1 为无杆气缸；2A1 是扁平气缸；3A1 是气爪。

1B1、1B2、1B3 是磁感应接近开关，用于检测无杆气缸的 3 个极限位置；2B1、2B2 是磁感应接近开关，用于检测扁平气缸活塞杆伸出、缩回是否到位。

1V2、1V3、2V2、2V3 是单向节流阀，用于调节活塞运动速度。

1V4、1V5 是气控单向阀，用于保持无杆气缸内气压。

1V1 由 2 个二位三通电磁换向阀组成，用于控制无杆气缸的动作；2V1 是二位五通电磁换向阀，用于控制扁平气缸的动作；3V1 是二位五通电磁换向阀，用于控制气爪的动作。1V1、2V1 和 3V1 是集成在一个 CPV 阀岛上的。

1M1、1M2、2M1、3M1 分别是电磁换向阀的线圈。

二、气动控制系统工作过程分析

1. 无杆气缸气路图分析

当 1M1 线圈通电、1M2 线圈断电时，气体由 4 口进入，到达 1A1 的右腔，此时活塞缩回，当活塞向左运动到极限位置时，气体再经由单向节流阀 1V2 的右侧，进入 2 口排气。

当 1M2 线圈通电、1M1 线圈断电时，气体由 2 口进入，到达 1A1 的左腔，此时活塞伸出，当活塞向右运动到极限位置时，气体再经由单向节流阀 1V3 的右侧，进入 4 口排气。

2. 扁平气缸气路图分析

当 2M1 线圈通电时，气体由 4 口进入，经由单向节流阀 2V2 的左侧，到达气缸 2A1 的左腔，此时活塞杆伸出，气爪组件下降；气体再经由单向节流阀 2V3 的右侧，进入 2 口排气。

当 2M1 线圈断电时，2 口进气，4 口排气，此时活塞杆缩回，气爪组件上升。

3. 平行气爪气路图分析

当 3M1 线圈通电时，4 口进气，2 口排气，气爪夹紧。
当 3M1 线圈断电时，2 口进气，4 口排气，气爪松开。

技能训练

一、安装调试前准备

在安装调试前，应准备好安装调试所需的工具、材料和设备，并做好工作现场和技术资料的准备工作。分析气动回路，明确连接关系。

1）工具：尖嘴钳、水口钳、一字螺钉旋具、十字螺钉旋具、切管刀。

2）材料：4mm、6mm 气管、尼龙扎带、线卡、带帽垫螺栓若干。

3）设备：操作手单元完整设备。

4）技术资料：气动回路图、工作计划表及材料工具清单。

二、安装工艺要求

工具使用方法正确，不损坏工具及元件。操作手单元的气动安装调试技术规范参见表 2-3。

三、安装调试安全要求

1）不要超过最大允许压力 800kPa。

2）将所有元件连接完并检查无误后再打开气源。

3）不要在有压力的情况下拆卸连接。

4）拔气管时，双手操作，一手的拇指和食指按下快插口蓝色封圈，另一手拔气管。

5）打开气泵时要特别小心，气缸油塞杆可能会在接通气源的瞬间伸出或缩回。

四、安装步骤

根据任务解析流程图确定安装步骤如下：

1）逐个连接气动元件，保证执行元件的初始态符合要求。

2）根据技术规范要求调整固定管线。

3）使用手控盒测试气路的正确性。

注意：

1）气路连接要完全按照操作手单元气动回路图进行连接。

2）气路连接时，气管一定要在快速接头中插紧，不能有漏气现象。

3）气路中的气缸节流阀调整要适当，以活塞进出迅速、无冲击、无卡滞现象为宜，以不推倒工件为准。若气缸动作相反，则将气缸两端进气管位置颠倒即可。

4）气路气管在连接时，应该按序排布、均匀美观。不能出现交叉、打折和顺序凌乱。

5）所有外露气管必须用黑色尼龙扎带进行绑扎，松紧程度以不使气管变形为宜，外形美观。

6）电磁阀组与气体汇流板的连接必须在橡胶密封垫上固定，要求密封良好，无泄漏。

效果测评

本课题的检查评价主要包括安全操作、绘图设计、气路安装和气路调试等，见表 5-3。

表 5-3　操作手单元气路安装调试课题评价表

专项考核			配分	扣分	得分
安全操作	违反安全操作要求	220V、24V 电源混淆 带电操作 带气操作 严重违反安全规程	0 分	100 分	
	安全与环保意识	24V 直流电源正、负极接反	10 分		
		操作中掉工具、掉线、掉气管	10 分		
绘图设计	能正确绘制操作手单元的气动回路图		10 分		
气路安装	安装气路	无杆气缸气路	10 分		
		扁平气缸气路	10 分		
		平行气爪气路	10 分		
	检测无误后，规范布线。要求气管捆扎整齐，电缆走线槽	气路规范	10 分		
气路调试	执行元件初始态	执行元件初始态正确	10 分		
	执行元件动作	执行元件动作正确	10 分		
职业素养与安全意识	现场操作安全保护符合安全操作规程；工具摆放、包装物品、导线线头等的处理符合职业岗位的要求；团队有分工、有合作，配合紧密；遵守实训纪律，爱惜设备和器材，保持工位的整洁		10 分		
合计			100 分		

课题 3　操作手单元电气控制系统

教学目标

知识目标

（1）熟悉操作手单元 I/O 端口、电缆接口的引脚定义和接线方法。

（2）识读操作手单元电气控制图，并能够绘制电路图。

（3）了解电气安装工艺规范和相应的国家标准。

（4）熟悉工程图样及技术资料中的英文单词的含义。

能力目标

（1）能够熟练安装操作手单元电气控制回路。

（2）能够使用手控盒手动控制设备动作，校验电气回路的连接情况。

素质目标

（1）培养学生分析、解决生产实际问题的能力，提高学生的职业技能和专业素养。
（2）培养学生规范操作、团结协作意识。
（3）培养学生自主学习、适应岗位能力。

教学内容

根据操作手单元电气回路图，在考虑经济性、安全性的情况下，制定安装调试计划，选择合适的工具和仪器，团队合作进行操作手单元电气回路的安装与调试。根据任务要求，确定工作组织方式，划分工作阶段，分配工作任务，讨论安装流程和工作计划，填写工作计划表和材料工具清单。安装调试操作手单元电气回路工艺流程参考供料单元。

相关知识

一、PLC 与工作站的连接

PLC 通过 SYSLINK 接线端子与工作台的传感器、电磁换向阀相连。

1. 传感器与 SYSLINK 接线端子接线图分析

从图 5-13 中可以看出，在操作手单元中，传感器有两种类型共 8 个，分别接入 SYSLINK 接线端子输入端，XMA2 电缆一端连接 SYSLINK 接线端子，另一端连接 PLC，将传感器信号送入 PLC。操作手单元输入信号说明见表 5-4。

表 5-4 操作手单元输入信号说明

序号	地址	设备符号	设备名称	设备用途	信号特征
1	I0.0	Part–AV	漫反射式光电传感器	判断是否有工件	信号为 1 表示平台上有工件；信号为 0 表示平台上无工件
2	I0.1	1B1	磁感应式接近开关	判断气爪组件位置	信号为 1 表示气爪组件在上一站位置（左限位）
3	I0.2	1B2	磁感应式接近开关	判断气爪组件位置	信号为 1 表示气爪组件在下一站位置（右限位）
4	I0.3	1B3	磁感应式接近开关	判断气爪组件位置	信号为 1 表示气爪组件在分拣位置
5	I0.4	2B2	磁感应式接近开关	判断气爪组件的位置	信号为 1 表示气爪在上位
6	I0.5	2B1	磁感应式接近开关	判断气爪组件的位置	信号为 1 表示气爪在下位
7	I0.6	3B1	漫反射式光电传感器	判断工件颜色	信号为 1 表示工件不是黑色
8	I0.7	IP_FI	对射式光电传感器	判断下一站是否准备好	信号为 1 表示下一站已准备好

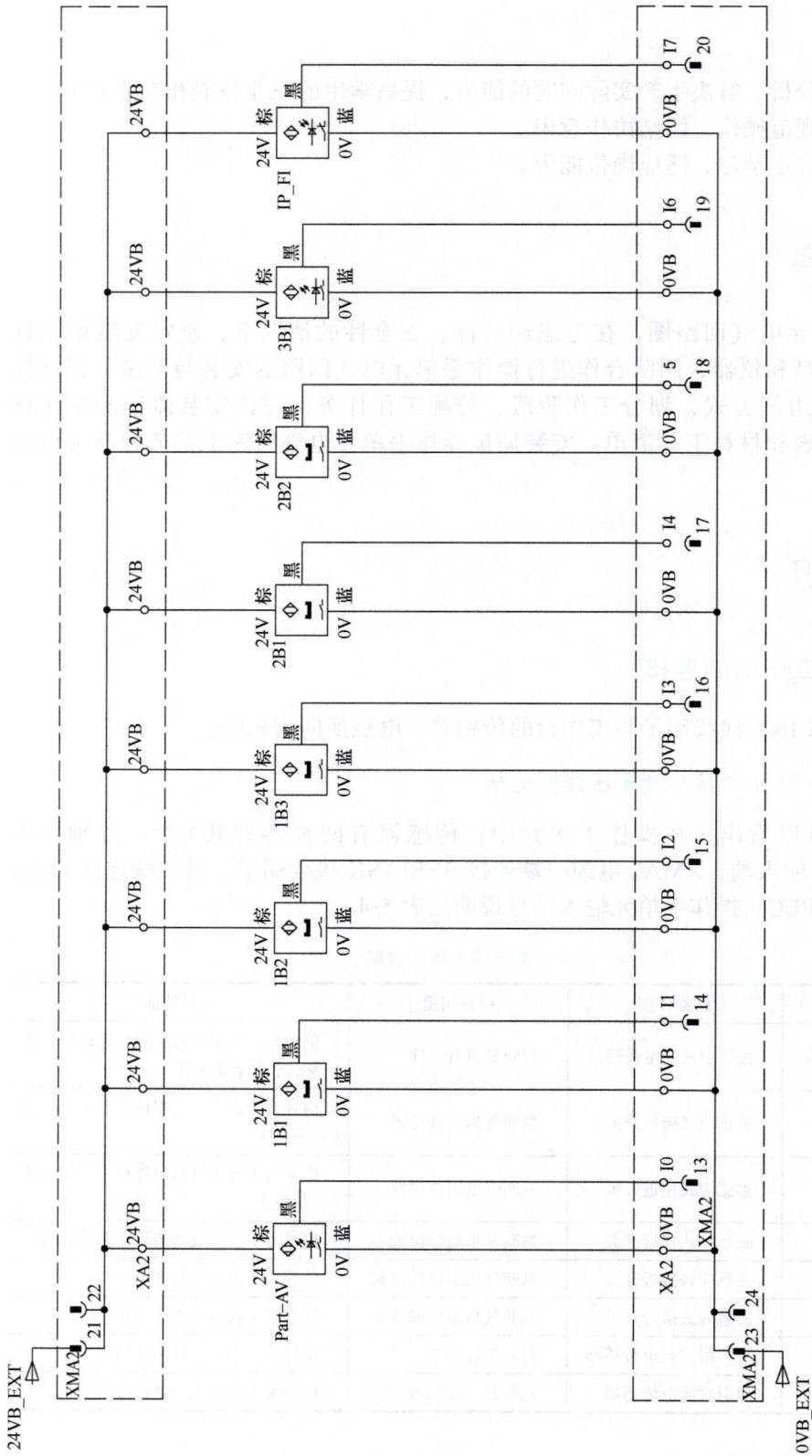

图 5-13 操作手单元输入信号电气回路图

2. 电磁换向阀与 SYSLINK 接线端子接线图分析

从图 5-14 可以看出，SYSLINK 接线端子输出信号有 5 个，分别对应 3 个电磁阀的线圈，XMA2 电缆一端连接 PLC，另一端连接到 SYSLINK 接线端子，信号从 PLC 传出。操作手单元输出信号说明见表 5-5。

表 5-5　操作手单元输出信号说明

序号	地址	设备符号	设备名称	设备用途	信号特征
1	Q0.0	1M1	电磁阀	控制无杆气缸的动作	信号为 1 表示气爪组件到前一站（左移）
2	Q0.1	1M2	电磁阀	控制无杆气缸的动作	信号为 1 表示气爪组件到下一站（右移）
3	Q0.2	2M1	电磁阀	控制扁平气缸的动作	信号为 1 表示气爪组件下降
4	Q0.3	3M1	电磁阀	控制气爪的动作	信号为 1 表示气爪夹紧工件
5	Q0.7	IP_N_FO	发射器	向上一站发送信号	信号为 1 表示本站在工作

二、PLC 与控制面板的电气接线图分析

控制面板上有 4 个输入和 4 个输出，XMG2 电缆一端连接控制面板，另一端连接 PLC，将控制面板的按钮信号送入 PLC，同时将 PLC 的输出信号送到控制面板。操作手单元控制面板设备输入/输出信号见表 5-6。

表 5-6　操作手单元控制面板设备输入/输出信号

序号	地址	设备符号	设备名称	设备用途	信号特征
			输入信号		
1	I1.0	START	按钮	起动设备	信号为 1 表示按钮被按下
2	I1.1	STOP	按钮	停止设备	信号为 1 表示按钮未被按下
3	I1.2	AUTO/MAN	按钮	自动/手动转换	信号为 1 表示为手动模式（横位）；信号为 0 表示为自动模式（竖位）
4	I1.3	RESET	按钮	复位设备	信号为 1 表示按钮被按下
			输出信号		
5	Q1.0	Start lamp	指示灯	起动指示灯	信号为 1 灯亮，信号为 0 灯灭
6	Q1.1	Reset lamp	指示灯	复位指示灯	信号为 1 灯亮，信号为 0 灯灭
7	Q1.2	Q1	指示灯	自定义	自定义
8	Q1.3	Q2	指示灯	自定义	自定义

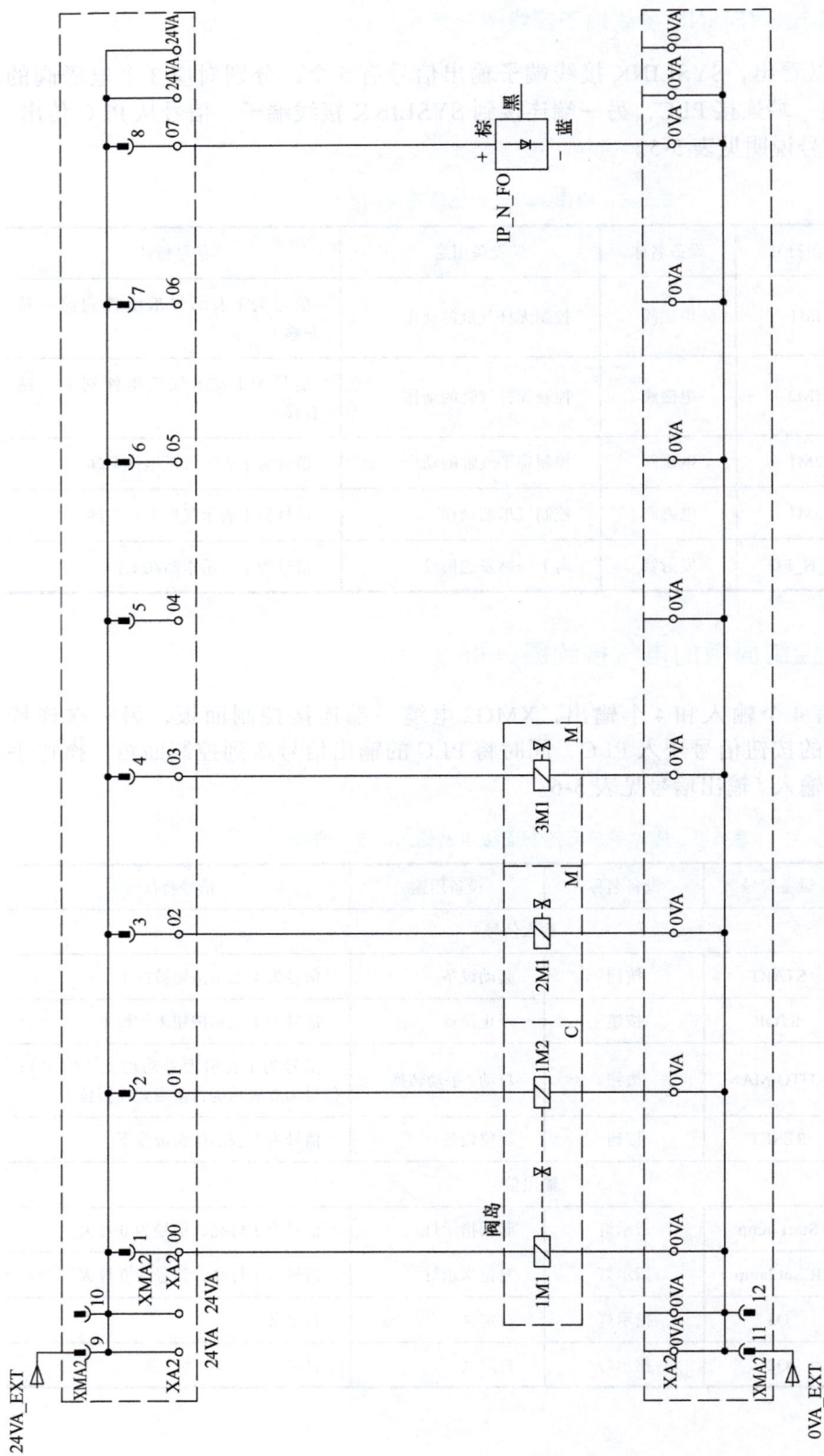

图 5-14 操作手单元输出信号电气回路图

三、系统电气连接

PLC 与工作平台和控制面板的电气连接以及 PLC 与电源和 PC 的电气连接请参考供料单元。

技能训练

一、安装调试前准备

在安装调试前，应准备好安装调试所需的工具、材料和设备，并做好工作现场和技术资料的准备工作。分析电气回路，明确连接关系。

1）工具：尖嘴钳、水口钳、剥线钳、一字螺钉旋具、十字螺钉旋具、万用表。

2）材料：导线 BV-0.75、BV-1.5、BVR 多股铜芯线若干，尼龙扎带、线卡、带帽垫螺栓若干。

3）设备：操作手单元完整设备。

4）技术资料：电气回路图、气动回路图、工作计划表及材料工具清单。

二、安装工艺要求

工具使用方法正确，不损坏工具及元件。在进行布线时，需遵循下列工艺要求：

1）手工布线时，应符合平直、整齐、紧贴敷设面、走线合理、连接点不得松动、便于检修等要求。

2）走线通道应尽可能少，同一通道中的沉底导线，按不同模块进行分类集中，单层平行密排或成束，应紧贴敷设面。

3）导线长度应尽可能短，可水平架空跨越，如两个电器元件线圈之间、主触头之间的连线等，在留有一定余量的情况下可不紧贴敷设面。

4）同一平面的导线应高低一致或前后一致，不能交叉。

5）布线应横平竖直，变换走向应垂直 90°。

6）上、下触头若不在同一垂直线下，不应采用斜线连接。

7）导线与接线端子或接线桩连接时，应不压绝缘层、不反圈，露金属不大于 1mm，做到同一电器件、同一回路的不同连接点的导线间距离保持一致。

8）一个电器元件接线端子上的连接导线不得超过两根，每节接线端子板上的连接导线一般只允许连接一根。

9）布线时，严禁损伤线芯和导线绝缘。

10）导线横截面积不同时，应将横截面积大的导线放在下层，横截面积小的导线放在上层。

11）多根导线布线时，应做到整体在同一水平面或同一垂直面上。

12）对于复杂线路，必须在导线两端套上与原理图中编号一致的编码套管，以便检查核对接线的正确性及进行故障查找等。

13）在有条件的情况下，导线应采用颜色标志，即保护接地导线（PE）必须采用黄绿双色；动力电路的中性线（N）和中间线（M）必须是浅蓝色；交流或直流动力电路采用黑色；交流控制电路采用红色；直流控制电路采用蓝色；用作控制电路联锁的导线，如果是与外边控制电路相连接，而且当电源开关断开仍带电时，应采用橘黄色或黄色；与保护导线连接的电路采用白色。

14）操作手单元的电气安装调试技术规范参见表2-9。

三、安装调试安全要求

1）只有关闭电源后，才可以拆除电气连接线。

2）允许的最大电压为 DC 24V。

四、安装步骤

根据任务工艺流程图确定安装步骤。

1）连接传感器、电磁阀线圈等的电气回路。

2）根据技术规范要求调整电气布线。

3）使用手控盒测试电路正确性。

效果测评

本课题的检查评价主要包括：安全操作、电路安装和电路调试，见表5-7。

表 5-7　操作手单元电路安装与调试课题评价表

专项考核			配分	扣分	得分
安全操作	违反以下安全操作要求	220V、24V 电源混淆 带电操作 带气操作 严重违反安全规程	0 分	100 分	
	安全与环保意识	24V 直流电源正负极接反	10 分		
		操作中掉工具、掉线、掉气管	10 分		
电路安装	连接电气回路	阀岛与 Mini I/O 接线端子连接	20 分		
		传感器与 Mini I/O 接线端子连接	20 分		
	系统接线	PLC 与工作平台连接	5 分		
		PLC 与控制面板连接	5 分		
		PLC 与电源连接	5 分		
		PLC 与 PC 连接	5 分		

（续）

专项考核			配分	扣分	得分
电路调试	通电通气检测、调试执行元件和传感器位置；检查电气接线	传感器位置正确、接线正确（见表5-8）	10 分		
	检测无误后，规范布线。电线走线槽	电线整齐	10 分		
合计			100 分		

表 5-8　用手控盒验证操作手单元的 I/O 接线评价表

描述	得分	最高分
用手控盒验证I/O接线 		
准备：手控盒连接到 I/O 接线端子，打开电源、气源		

输入信号			
操作手单元输入信号	信号为 1		
平台上有工件	DI0		1 分
气爪组件在上一站位置（左限位）	DI1		1 分
气爪组件在下一站位置（右限位）	DI2		1 分
气爪组件在分拣位置	DI3		1 分
气爪在上位	DI4		1 分
气爪在下位	DI5		1 分
工件为非黑色	DI6		1 分
下一站已准备好	DI7		1 分
输出信号			
操作手单元输出信号	信号为 1		
气爪组件到前一站（左移）	DO0		1 分
气爪组件到下一站（右移）	DO1		1 分

（续）

描述		得分	最高分
输出信号			
气爪组件下降	DO2		1 分
气爪夹紧工件	DO3		1 分
未分配	DO4		1 分
未分配	DO5		1 分
未分配	DO6		1 分
本站在工作	DO7		1 分
总分			16 分

课题 4 ◎ 操作手单元的 PLC 控制及编程

📘 教学目标

■ 知识目标

（1）能够细化操作手单元的控制要求。

（2）掌握程序流程图的绘制方法并正确分配操作手单元的 I/O 地址。

（3）掌握 Portal 软件常用的编程指令和顺序程序设计方法。

（4）掌握 PLC 程序下载和上传方法。

■ 能力目标

（1）能够根据操作手单元控制要求制定控制方案，绘制程序流程图。

（2）能够将程序流程图转化为 PLC 控制程序。

（3）能够正确下载控制程序，并能调试操作手单元硬件功能。

（4）能够制定程序设计的工作计划和检查表。

■ 素质目标

（1）培养学生分析、解决生产实际问题的能力，提高学生的职业技能和专业素养。

（2）培养学生规范操作、团结协作意识。

（3）培养学生自主学习、适应岗位能力。

教学内容

在熟悉操作手单元气路和电路基础上，根据控制任务要求制定程序编写计划，编写程序流程图，在考虑安全、效率、工作可靠性的基础上，选择合适的编程语言，在 Portal 软件上进行操作手单元 PLC 控制程序的编写，下载到 CIROS 仿真软件中进行调试，并对编写的程序进行综合评价。

相关知识

操作手单元工作过程描述见表 5-9。

表 5-9　操作手单元工作过程

操作手单元工作过程描述	说明
按下复位按钮，操作手单元复位（回到初始位置）	线性轴的位置在"前一站"；提升气缸处在上位；气爪张开
复位成功后，起动指示灯亮，提示系统可以开始	
按下开始按钮，若工位上有工件，提升气缸活塞杆下降	
下降到位后，气爪抓紧工件，同时提升气缸活塞杆上升	
上升到位后，判断工件颜色	
工件为非黑色，无杆气缸移动到下一站	
工件为黑色，无杆气缸移动到"分拣槽"位置	
到位后，提升气缸活塞杆下降	
下降到位后，气爪松开，同时提升气缸活塞杆上升	
上升到位后，无杆气缸复位（回到初始位置）	
要求系统具备急停功能	

技能训练

1. 明确程序编写流程

完成控制程序的编写，首先要明确程序编写流程，操作手单元的程序设计流程图参照供料单元。

2. 编制 PLC 控制程序流程图

以操作手单元工作过程为例编写 PLC 控制程序流程图，图 5-15 所示为操作手单元 PLC 自动控制程序流程图。

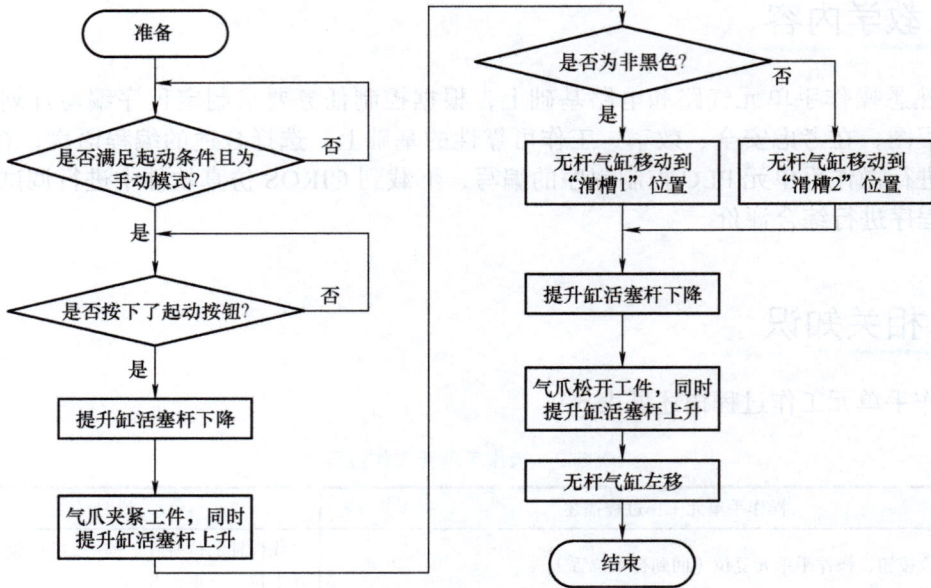

图 5-15 操作手单元 PLC 自动控制程序流程图

3. 操作手单元 I/O 地址分配

操作手单元 I/O 地址分配见表 5-10。

表 5-10 操作手单元 I/O 地址分配

序号	地址	设备符号	设备名称	设备用途	信号特征
1	I0.0	Part–AV	漫反射式光电传感器	判断是否有工件	信号为 1 表示平台上有工件；信号为 0 表示平台上无工件
2	I0.1	1B1	磁感应接近开关	判断气爪组件位置	信号为 1 表示气爪组件在上一站位置（左限位）
3	I0.2	1B2	磁感应式接近开关	判断气爪组件位置	信号为 1 表示气爪组件在下一站位置（右限位）
4	I0.3	1B3	磁感应式接近开关	判断气爪组件位置	信号为 1 表示气爪组件在分拣位置
5	I0.4	2B2	磁感应式接近开关	判断气爪的位置	信号为 1 表示气爪在上位
6	I0.5	2B1	磁感应式接近开关	判断气爪的位置	信号为 1 表示气爪在下位

（续）

序号	地址	设备符号	设备名称	设备用途	信号特征
7	I0.6	3B1	漫反射式光电传感器	判断工件颜色	信号为 1 表示工件不是黑色
8	I0.7	IP_FI	对射式光电传感器	判断下一站是否准备好	信号为 1 表示下一站已准备好
9	I1.0	START	按钮	起动设备	信号为 1 表示按钮被按下
10	I1.1	STOP	按钮	停止设备	信号为 1 表示按钮未被按下
11	I1.2	AUTO/ MAN	按钮	自动 / 手动转换	信号为 1 表示为手动模式（横位）；信号为 0 表示为自动模式（竖位）
12	I1.3	RESET	按钮	复位设备	信号为 1 表示按钮被按下
13	Q0.0	1M1	电磁阀	控制无杆缸的动作	信号为 1 表示气爪组件到前一站（左移）
14	Q0.1	1M2	电磁阀	控制无杆缸的动作	信号为 1 表示气爪组件到下一站（右移）
15	Q0.2	2M1	电磁阀	控制扁平气缸的动作	信号为 1 表示气爪组件下降
16	Q0.3	3M1	电磁阀	控制气抓手的动作	信号为 1 表示气爪夹紧工件
17	Q0.7	IP_N_FO	发射器	向上一站发送信号	信号为 1 表示本站在工作
18	Q1.0	Start lamp	指示灯	起动指示灯	信号为 1 表示灯亮，信号为 0 表示灯灭
19	Q1.1	Reset lamp	指示灯	复位指示灯	信号为 1 表示灯亮，信号为 0 表示灯灭
20	Q1.2	Q1	指示灯	自定义	自定义
21	Q1.3	Q2	指示灯	自定义	自定义

4. 把流程图转换成程序

操作手单元自动运行控制部分顺序控制流程图程序如图 5-16 ～图 5-21 所示。

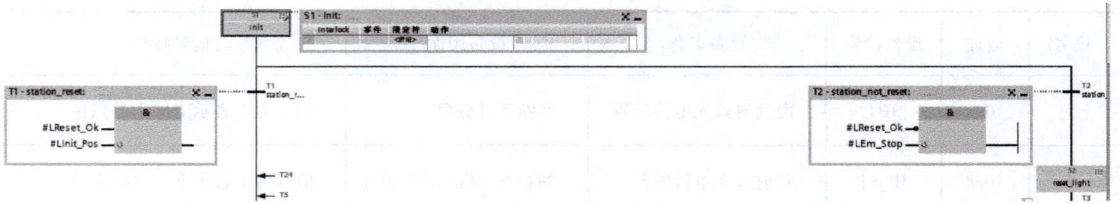

图 5-16　操作手单元自动运行控制部分顺序控制流程图程序 1

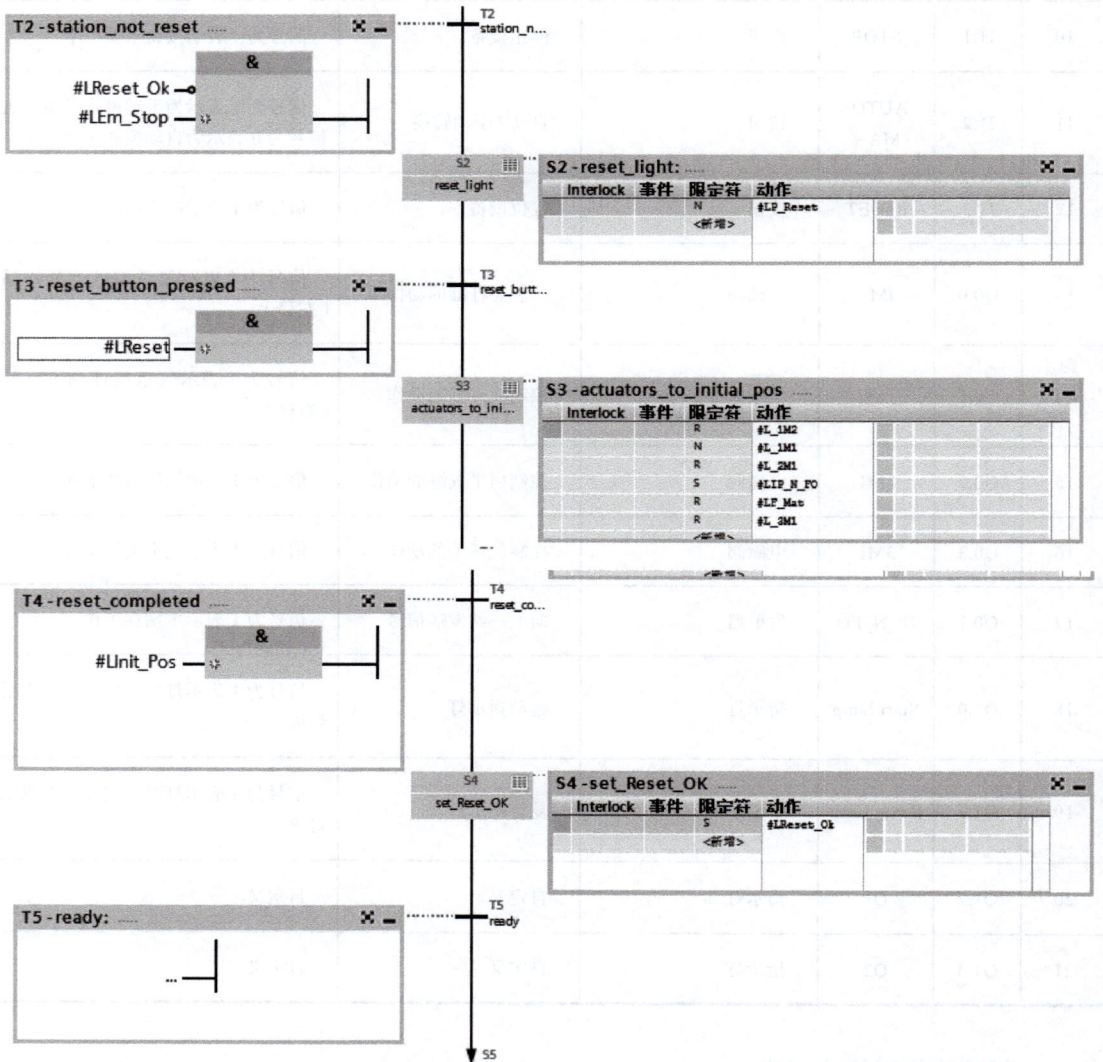

图 5-17　操作手单元自动运行控制部分顺序控制流程图程序 2（T2 分支）

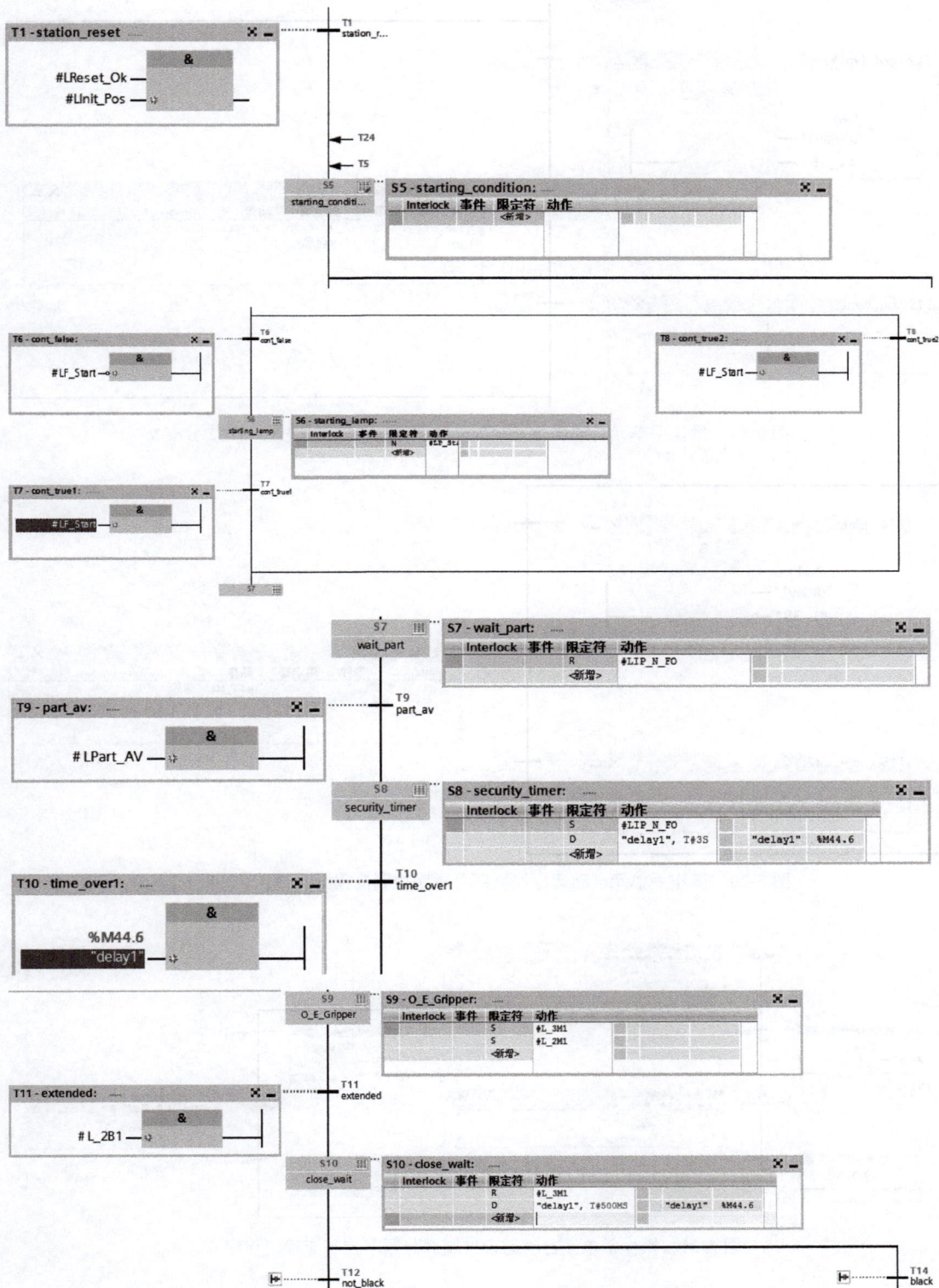

图 5-18 操作手单元自动运行控制部分顺序控制流程图程序 3（T1 分支）

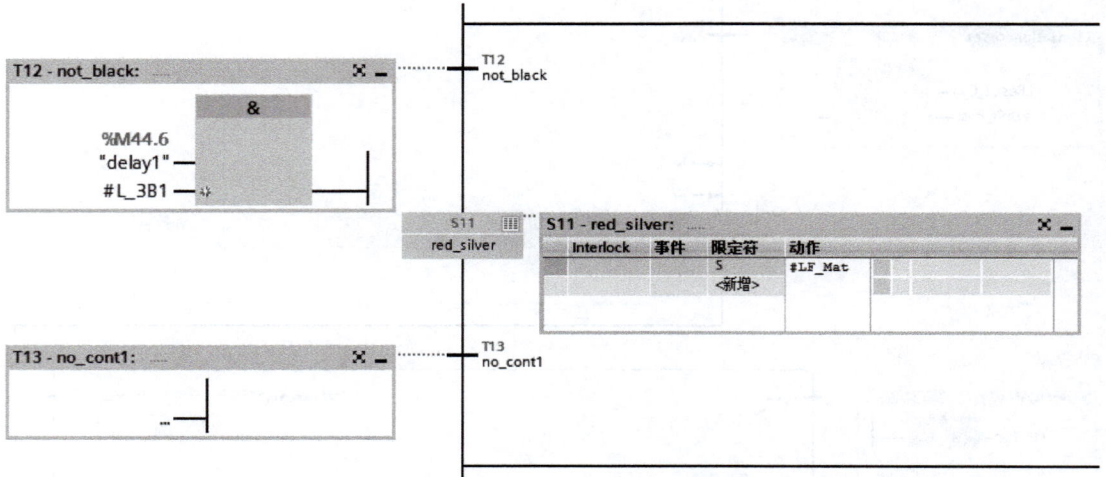

图 5-19　操作手单元自动运行控制部分顺序控制流程图程序 4（T12 分支）

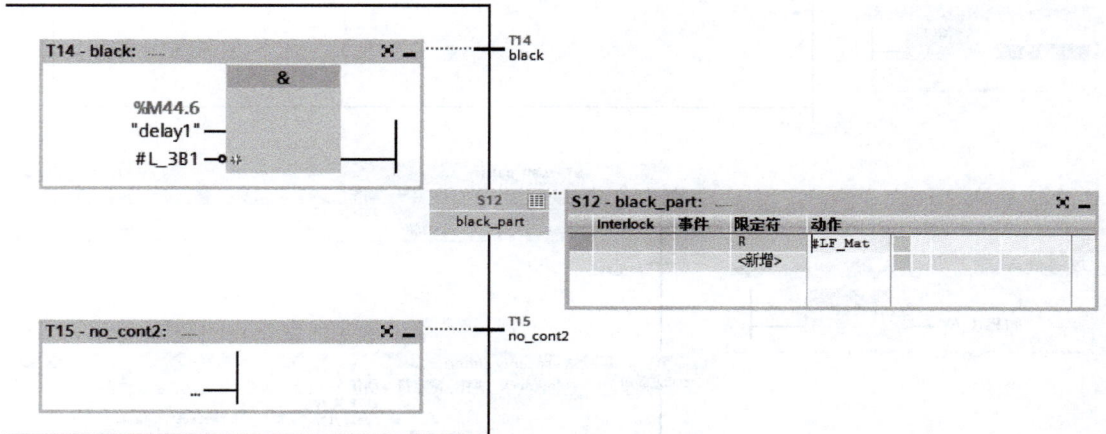

图 5-20　操作手单元自动运行控制部分顺序控制流程图程序 5（T14 分支）

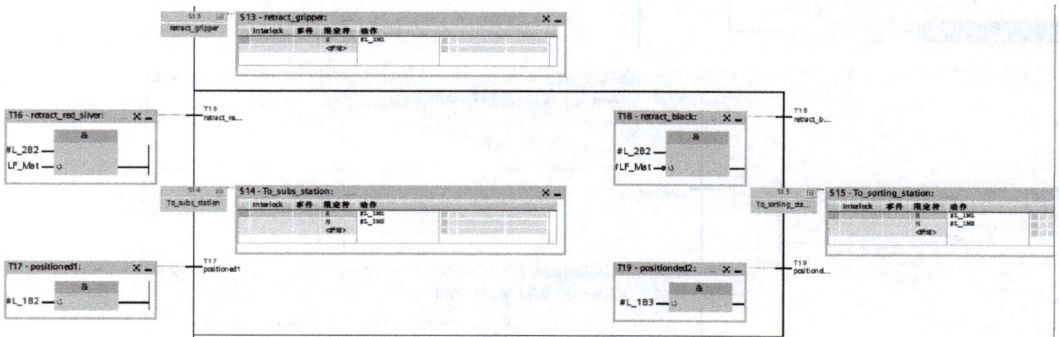

图 5-21　操作手单元自动运行控制部分顺序控制流程图程序 6

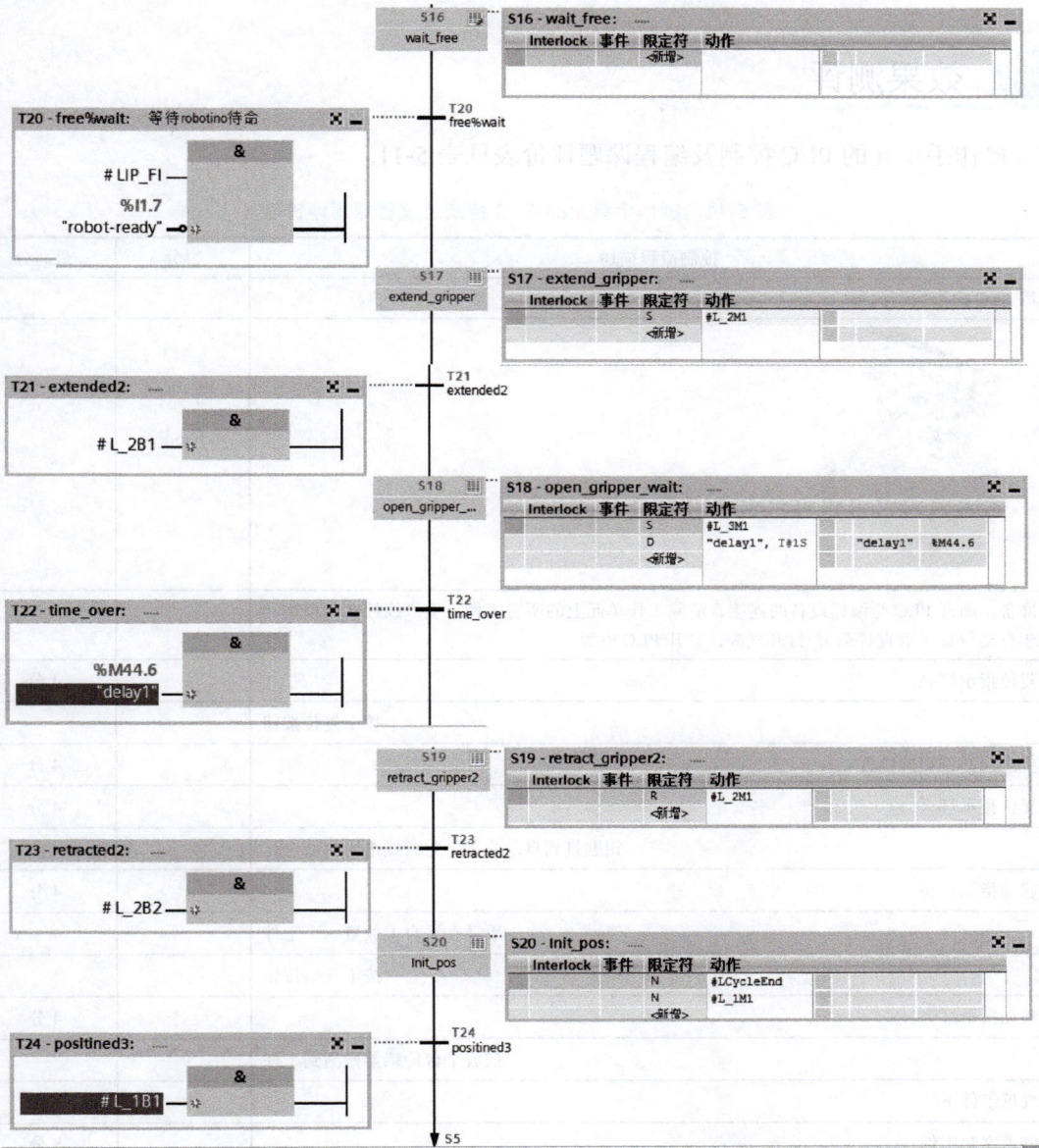

图 5-21 操作手单元自动运行控制部分顺序控制流程图程序 6（续）

5. 仿真调试

参照供料单元。

6. 运行调试

参照供料单元。

效果测评

操作手单元的 PLC 控制及编程课题评价表见表 5-11。

表 5-11   操作手单元的 PLC 控制及编程课题评价表

控制流程描述	得分	最高分
用 PLC 检查控制流程		
准备：断开 PLC 与编程设备的连接，清除工作单元上的所有工件，生产线控制面板钥匙处于自动位置（垂直状态），打开气源，打开 PLC 电源		
复位指示灯亮		4 分
按下复位按钮		
生产线回到初始位置		4 分
复位指示灯灭		4 分
钥匙打到自动位置，生产线进入自动运行		
起动指示灯亮		4 分
手动在平台上放置一个工件		
按下开始按钮		
起动指示灯灭		4 分
摆放平台传感器检测到工件		
气爪组件下降		5 分
气爪夹紧工件		5 分
漫反射式光电传感器检测工件颜色		
气爪组件上升		5 分
若工件为非黑色		
气爪组件右移至滑槽 1 上方		5 分
若工件为黑色		
气爪组件右移至滑槽 2 上方		5 分
气爪组件下降		5 分
气爪松开工件		5 分

（续）

控制流程描述	得分	最高分
气爪组件上升		5 分
气爪组件左移至平台上方回到初始状态		4 分
自动运行期间，任意时刻按下停止按钮		
操作手单元执行完当前步动作后自动停止		4 分
起动指示灯以 1Hz 闪烁		4 分
钥匙打到手动再打到自动位置		
起动指示灯亮		4 分
按下开始按钮		
起动指示灯灭		4 分
生产线从停止点继续向下执行		4 分
一个循环完成后，自动检测传送带起始端有无工件，若无工件		
操作手单元自动停止在该步		4 分
指示灯 Q1 闪烁		4 分
直至传送带起始端有工件后		
指示灯 Q1 灭		4 分
操作手单元继续从"起动指示灯灭"开始循环运行		4 分
总分		100 分

思 考 与 练 习

一、填空题

1.操作手单元配置了柔性_____自由度操作装置。

2.操作手单元 Z 轴的提升气缸是一种_____气缸，该气缸的优点是可以有效防止_____，保持气爪的位置角度。

3.气爪上装有_____传感器用于区分"黑色"和"非黑色"工件。

4.操作手单元料台支架上安装了_____，用于检测工件有无。

5.操作手单元 PicAlfa 模块上用于抓取工件的是_____，由_____作用活塞驱动，位于中心驱动轴的同心轴上，其中有两个活塞，一个向下运动，另一个必向上运动。

二、简答题

1.在 MPS 模块化生产加工系统中找到单作用气缸、双作用气缸、摆动气缸和无杆气缸，分别在哪个单元中？起什么作用？

2.详细描述操作手单元的结构和组成。

3. 无杆气缸气动回路中，有一个气控单向阀，它与普通单向阀的区别是什么？

4. 假设某个漫反射式光电传感器能将黑色、红色、金属色工件全部检测到，那么如何调节使其不能检测到黑色工件？具体该怎么操作？

5. 操作手单元中用到了一个电缸，它是由直流电动机驱动的，请说出它们是如何接线的？

6. 操作手单元与其他单元的通信是通过光电传感器来完成的，请指出它们的设备符号和 I/O 地址。

三、编程题

按下起动按钮，手动放置一个工件在摆放平台上。传感器检测到工件后，气爪下降，气爪抓紧工件，同时气爪上升。若工件为黑色，无杆气缸移动到"下一站"位置，并且指示灯 1 亮；若工件为非黑色，无杆气缸移动到"分拣槽"位置，并且指示灯 2 亮。无杆气缸下降，无杆气缸释放工件，同时无杆气缸上升，无杆气缸复位（气爪在上位，处于"前一站位置"，气爪张开）。再按下起动按钮，循环运行。

模块 6

成品分装单元的安装与调试

　　本模块围绕"成品分装单元的安装与调试"这条主线，通过第 1 个课题"认识成品分装单元功能与结构组成"，使学习者明确成品分装单元的整体结构和功能，并且进一步掌握该单元中使用的电容式传感器、电感式传感器和光电传感器等元件的结构、原理和选用方法，在此基础上通过第 2 个和第 3 个课题深入研究成品分装单元的气动回路和电气回路的安装与连接，最后通过第 4 个课题"成品分装单元的 PLC 控制及编程"，培养学习者根据控制要求进行设备编程调试的能力。

课题 1　认识成品分装单元功能与结构组成

教学目标

■ 知识目标

（1）了解成品分装单元的功能及工作过程。

（2）了解成品分装单元的机械结构组成。

（3）认识成品分装单元机械元件及其功能。

（4）掌握电容式传感器、电感式传感器和光电传感器的结构及工作原理。

（5）熟悉光电传感器分拣工件的工作原理。

（6）进一步熟悉电容式传感器、电感式传感器和光电传感器的安装及调试方法。

（7）熟悉机械、电气安装工艺规范和相应的国家标准。

■ 能力目标

（1）能够正确描述成品分装单元的工作流程。

（2）能够正确分析成品分装单元各个硬件的功能。

（3）能够对电容式传感器、电感式传感器和光电传感器进行安装调试。

（4）能够对成品分装单元机械本体进行安装调试。

素质目标

（1）培养学生分析、解决生产实际问题的能力，提高学生的职业技能和专业素养。

（2）培养学生规范操作、团结协作意识。

（3）培养学生自主学习、适应岗位能力。

教学内容

通过本课题学习，了解成品分装单元工作过程，认识成品分装单元硬件结构及功能，为后面的学习奠定基础。成品分装单元结构图如图 6-1 所示。

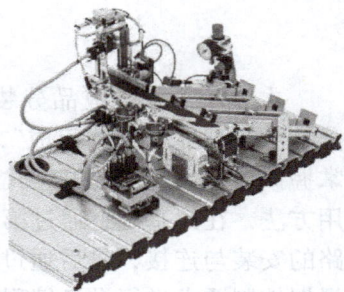

相关知识

图 6-1　成品分装单元结构图

一、成品分装单元的功能

成品分装单元是将工件分装到 3 个滑槽中。放在传送带前端的工件会被一个叉形光栅检测到。工件被阻隔器拦下并判断其特性。识别模块上的传感器判断出工件的材质和颜色（黑色、红色或金属色）后，工件被分拣臂分装到不同的滑槽中。在滑槽满载位置装有一个反向反射式光电传感器。

二、成品分装单元的结构组成

成品分装单元按照功能分由两大机构组成，分别是传送带机构和滑槽机构，以及一些辅助元件，如图 6-2 所示。

传送带机构　　　　　　　　　　　　　　　　　　　　　　　　　滑槽机构

图 6-2　成品分装单元的结构组成

1. 传送带机构

传送带机构用于识别、传送和推送工件，将不同类型的工件分装到 3 个滑槽中。传送带由一个 24V 直流电动机驱动，由识别模块、阻隔器、分支模块、引流挡块以及传送带模块等构成，如图 6-3 所示。

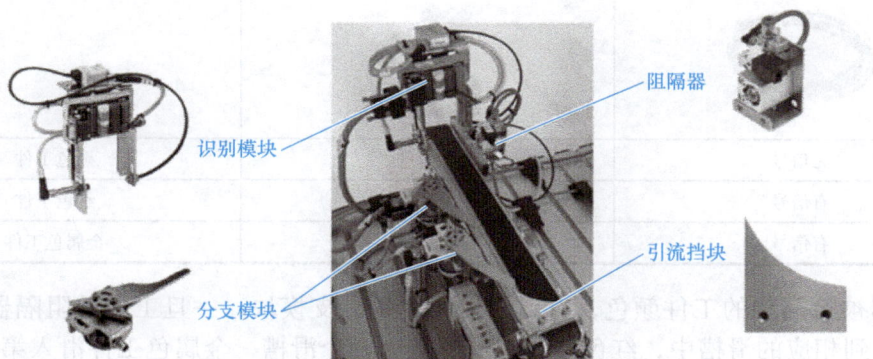

图 6-3   传送带机构的组成

传送带模块、电动机及电动机驱动器参考供料单元，下面分别介绍其他元件的结构。

（1）识别模块   识别模块（见图 6-4）通过 3 个数字量接近传感器来判断工件的材质或颜色，分别为一个电感式传感器和两个漫反射式光电传感器。电感式传感器检测金属色工件，漫反射式光电传感器检测红色和黑色工件，叉形光栅检测所有的工件。

1）在传送带机构的起始位置装有一漫反射式光电传感器，用以检测是否有工件存在，这可以促使程序开始运行并且对工件进行分拣。装在识别模块上的漫反射式光电传感器则用于区分工件颜色（黑色或红色）。

2）电感式传感器负责检测工件的材质（金属或非金属），如图 6-5 所示。电感式接近开关如图 6-6 所示。

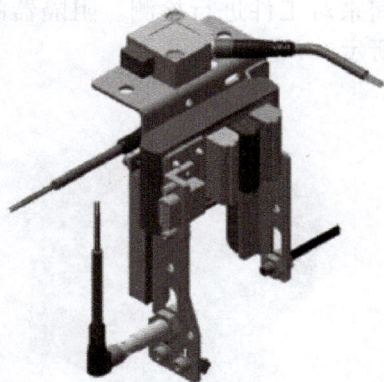

图 6-4   识别模块

图 6-5   电感式传感器

a) 实物   b) 图形符号

图 6-6   电感式接近开关

识别模块通过传感器输出信号进行逻辑判断，进而推断出工件类型。工件颜色与传感器对应状态表见表 6-1。

表 6-1 工件颜色与传感器对应状态表

漫反射式光电传感器	电感式传感器	检测工件颜色
无信号	无信号	黑色工件
有信号	无信号	红色工件
有信号	有信号	金属色工件

　　根据被检测到的工件颜色，可以触发相应的分支模块。一旦工件被阻隔器释放，它将被传送到相应的滑槽中，红色塑料工件滑入第一个滑槽，金属色工件滑入第二个滑槽，黑色塑料工件自动滑入第三个滑槽。

　　（2）阻隔器　传送带机构通过阻隔器（见图6-7）来阻挡工件，给识别模块足够时间来对工件进行检测。阻隔器的具体结构请参考检测单元。阻隔器的动作过程如图6-8所示。

图 6-7 阻隔器（短行程气缸）

a) 阻隔器阻挡物料以检测　　　　b) 阻隔器放行物料

图 6-8 阻隔器的动作过程

　　（3）分支模块　分支模块（见图6-9）是电器元件，直接安装在传送带上，其上端分拣臂可以往复摆动，用于阻挡传送带传送过来的工件。分拣臂的角度可以通过两个固定螺栓手动调节。分支模块的电压为 DC 24V，功率为 7W。分支模块安装有磁性开关，用于检测分支模块分拣臂是否伸出。

2. 滑槽机构

　　滑槽机构是成品分装单元中的存储机构，用于被分拣后的物料的存放。因其高度和坡度可调，所以应用范围很广。如果在末端装上机械挡条，滑槽上可以放下5个工件。

　　在成品分装单元上装有3个滑槽机构。工件经过传送带被分类存储到滑槽中。在滑槽满载位置装有一个反射式光电传感器。滑槽机构的组成如图6-10所示。

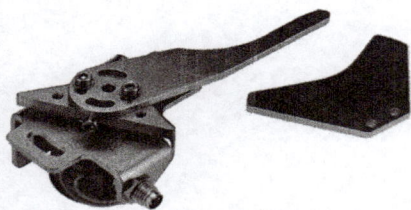

图 6-9　分支模块

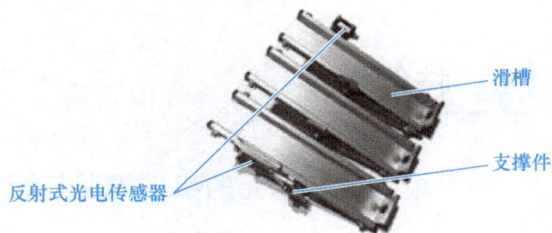

图 6-10　滑槽机构的组成

（1）反射式光电传感器　反射式光电传感器安装在 3 个滑槽的入口处，负责检测工件滑入滑槽和滑槽已满，如图 6-11 所示。反射式光电传感器在光发射器相对位置安装一个反射板，光发射器发出的光线经过反射板，反射到光接收器。在光的传输通路上如果没有被测物体，则光接收器可通过反射板反射接收到光发射器发出的光线；如果有被测物体，则光接收器收不到光发射器发出的光线，引起传感器输出信号的变化，如图 6-12 所示。

反射式光电传感器的特点如下：

1）反射式光电传感器可以直接检测不透明的物体。但是如果被测物体表面很光滑且导入时与光线正交（90°），则有可能不能正常检测。

2）反射板的位置容易安装。

3）反射式光电传感器的检测距离较大。

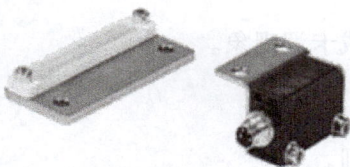

图 6-11　反射式光电传感器

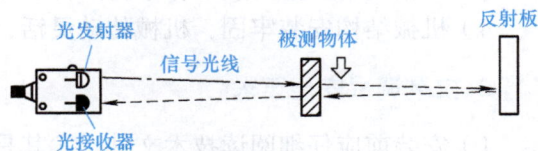

图 6-12　反射式光电传感器工作原理

（2）滑槽　滑槽是带有固定螺栓的金属滑道，可以任意角度固定于滑槽支架上。当用于存储时可以存放工件，当用于滑道时可引导工件。

（3）支撑件　滑槽支架是带有固定螺栓的金属板，用于调整滑槽与水平面的角度。

（4）停止挡板　装在第一个滑槽入口处，防止工件误滑入第一个滑槽。

滑槽机构动作原理如图 6-13 所示。

a) 物料通过分支模块流向滑槽　　　　b) 物料落入槽底

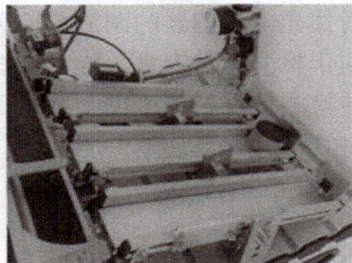

图 6-13　滑槽机构动作原理

技能训练

一、成品分装单元的机械安装与调试

在安装调试前，应准备好安装调试所需的工具、材料和设备，并做好工作现场和技术资料的准备工作。

1.安装调试前准备

1）工具：尖嘴钳、水口钳、剥线钳、管子扳手、套筒扳手（9mm×10mm）、内六角扳手、一字螺钉旋具、十字螺钉旋具、万用表。

2）设备：成品分装单元完整设备。

3）技术资料：机械安装图、工作计划表及材料工具清单。

4）工作现场：现场工作空间充足，方便进行安装调试，工具、材料准备到位。

2.安装工艺要求

1）工具使用方法正确，不损坏工具及元件。

2）按给定的标准图样选用工具和元件。

3）在指定的位置安装工作平台元件和相应模块。

4）机械结构安装牢固，机械传动灵活，无松动或卡涩现象。

3.安装调试安全要求

1）安装前应仔细阅读技术文件，尤其是安全规则。

2）安装元件时，应注意底板是否平整，若底板不平，元件下方应加垫片，防止损坏元件。

3）操作时应注意工具的正确使用，不得损坏工具及元件。

4）试运行时不能用手触碰元件，发现异常或异味应立即停止，进行检查。

4.设备调试

按照控制要求对传送带、传感器进行调试。

（1）漫反射式光电传感器的调试（传送带起始端，检测传送带上有无工件）漫反射式光电传感器用于检测工件有无。光纤导线与光栅相连，漫反射式光电传感器发出红色可见光，传感器检测被反射回来的光线，工件表面的颜色不一样，被反射的光线亮度也不同。

1）准备条件如下：

① 安装光栅。

② 连接光栅。

③ 接通电源。

2）执行步骤如下：
① 在传送带起始端安装光纤导线探头。
② 连接光纤导线与光栅。
③ 在传送带起始端放一个黑色工件。
④ 用螺钉旋具调节光栅上的微动开关，直到状态指示灯亮。
注意： 微动开关最多可以旋 12 圈。
⑤ 在传送带起始端放置一个工件。
注意： 所有的工件都可以检测到。

（2）漫反射式光电传感器的调试（识别模块上，区分传送带上工件的颜色）　漫反射式光电传感器用于检测工件颜色。光纤导线与光栅相连，漫反射式光电传感器发出红色可见光，传感器检测被反射回来的光线，工件表面的颜色不一样，被反射的光线亮度也不同。

1）准备条件如下：
① 安装光栅。
② 连接制动器。
③ 打开气源。
④ 连接光纤导线。
⑤ 接通电源。

2）执行步骤如下：
① 在识别模块上安装光纤导线探头。
② 连接光纤导线与光栅。
③ 在制动器位置放一个红色工件。
④ 用螺钉旋具调节光栅上的微动开关，直到状态指示灯亮。
注意： 微动开关最多可以旋 12 圈。
⑤ 在制动器位置放置一个黑色工件。
⑥ 用螺钉旋具调节光栅上的微动开关，直到状态指示灯灭。
⑦ 检查光栅对黑色、红色、金属色工件的检测情况。
注意： 红色和金属工件可以检测出来，黑色工件检测不出来。

（3）电感式传感器的调试　电感式传感器用于区分材料。电感式传感器可以检测金属物体。传感距离由表面材料决定。

1）准备条件如下：
① 在识别模块上安装电感式传感器。
② 连接传感器。
③ 打开电源。

2）执行步骤如下：
① 在识别模块上安装电感式传感器。
② 调节传感器和工件的距离，直到状态指示灯亮。
③ 检查传感器的位置和设置情况（放置或拿走金属工件）。

（4）反向反射式光电传感器的调试　反向反射式光电传感器用于检测滑槽中工件的

填充高度。反向反射式光电传感器包括一个发射器和一个反射器，发射器发出红色可见光，反射器可以将光线反射回来。如果光线被挡住，传感器的状态指示灯会变化。

1）准备条件如下：

① 安装滑槽模块。

② 安装反向反射式光电传感器。

③ 连接传感器。

④ 接通电源。

2）执行步骤如下：

① 安装反向反射式光电传感器。

② 用螺钉旋具调节反向反射式光电传感器的微动开关，直到状态指示灯亮。

注意： 微动开关最多可以旋 12 圈。

③ 将光纤导线连接至光栅。

④ 将一个滑槽填满工件。

⑤ 用螺钉旋具调节反向反射式光电传感器的微动开关，直到状态指示灯灭。

二、成品分装单元 I/O 地址的校验

在充分认识了成品分装单元功能和硬件结构后，使用手控盒确认本单元输入设备和输出设备的 I/O 地址，并观察 C 接口 LED 状态，校验地址是否一致。确认每个传感器的检测功能和电磁换向阀与执行元件的对应关系。

效果测评

本课题的检查评价主要包括传感器、电磁换向阀和安全操作，见表 6-2。

表 6-2　认知成品分装单元功能与结构组成课题评价表

评价项目	地址确认及操作考核	配分	扣分	得分
传感器	传送带入口传感器地址	5分		
	检测工件颜色传感器地址	5分		
	电感式传感器地址	5分		
	叉形光栅地址	5分		
	滑槽已满检测传感器地址	10分		
	分拣臂 1 伸出磁性开关地址	5分		
	分拣臂 2 伸出磁性开关地址	5分		
电磁换向阀	直流电动机正转地址	5分		
	退回阻隔器地址	5分		
	伸出分拣臂 1 地址	5分		
	伸出分拣臂 2 地址	5分		

（续）

评价项目	地址确认及操作考核	配分	扣分	得分
安全操作	手控盒安装（不得将 24V 直流电源正、负接反）	10 分		
	手控盒连接（不得带电操作）	10 分		
	气源操作（不得带气操作）	10 分		
	电源操作（不得带电操作）	10 分		
合计		100 分		

课题 2　成品分装单元气动控制系统

教学目标

知识目标

（1）认识成品分装单元气动控制回路中各元件的符号及其功能。
（2）掌握成品分装单元气动控制回路的工作原理。
（3）了解气动控制回路安装技术规范。

能力目标

（1）能够识读并绘制成品分装单元的气动控制回路图。
（2）能够熟练安装成品分装单元的气动控制回路。

素质目标

（1）培养学生分析、解决生产实际问题的能力，提高学生的职业技能和专业素养。
（2）培养学生规范操作、团结协作意识。
（3）培养学生自主学习、适应岗位能力。

教学内容

根据气动控制回路图，在考虑经济性、安全性的情况下，制定安装与调试计划，选择合适的工具和仪器，团队合作进行成品分装单元气动控制回路的安装与调试。根据任务要求，确定工作组织方式，划分工作阶段，分配工作任务，讨论安装流程与工作计划，填写工作计划表和材料工具清单。安装调试气动控制回路工艺流程参考供料单元。

相关知识

一、气动控制系统工作原理分析

气动控制系统是成品分装单元的执行机构，该执行机构的控制逻辑功能是由 PLC 实现的。

传送带机构上阻隔器气动回路图如图 6-14 所示。

图 6-14 中，MM1 为阻隔器上的单作用气缸，QM1 为控制单作用气缸的单电控二位三通电磁阀，MB3 为电磁阀线圈，GQ1 为气源。

二、气动控制系统工作过程分析

阻隔器气缸的常态为活塞杆伸出状态。如图 6-14 所示，阻隔器气缸为单作用气缸。当 MB3 断电时，电磁阀 1 口进气，2 口出气，进入气缸 MM1 左腔，活塞杆伸出；当 MB3 通电时，电磁阀换向，电磁阀 2 口和 3 口导通进行排气，活塞杆缩回。阻隔器工作状态分析见表 6-3。

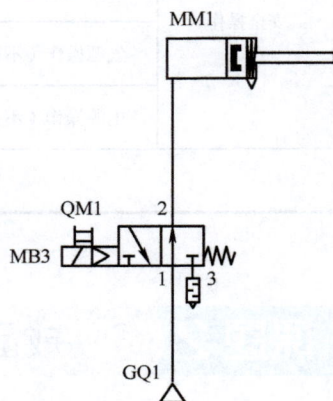

图 6-14　传送带机构上阻隔器气动回路图

表 6-3　阻隔器工作状态分析

示意图	实物图	说明
		默认状态，电磁阀右位工作，进气口 1 与工作口 2 导通，气缸活塞杆伸出
		控制电磁阀，使左位工作，工作口 2 和排气口 3 导通，气缸活塞杆缩回

技能训练

一、安装调试前准备

在安装调试前，应准备好安装调试所需的工具、材料和设备，并做好工作现场和技术资料的准备工作。分析气动回路，明确连接关系。

1）工具：尖嘴钳、水口钳、一字螺钉旋具、十字螺钉旋具、切管刀。
2）材料：4mm、6mm气管，尼龙扎带、线卡、带帽垫螺栓若干。
3）设备：成品分装单元完整设备。
4）技术资料：气动回路图、工作计划表及材料工具清单。

二、安装工艺要求

工具使用方法正确，不损坏工具及元件。成品分装单元的气动安装调试技术规范参见表2-3。

三、安装调试安全要求

1）不要超过最大允许压力800kPa。
2）将所有元件连接完并检查无误后再打开气源。
3）不要在有压力的情况下拆卸连接。
4）拔气管时，双手操作，一手的拇指和食指按下快插口蓝色封圈，另一手拔气管。
5）打开气泵时要特别小心，气缸活塞杆可能会在接通气源的瞬间伸出或缩回。

四、安装步骤

根据任务解析流程图确定安装步骤如下：
1）逐个连接气动元件，保证执行元件的初始态符合要求。
2）根据技术规范要求调整固定管线。
3）使用手控盒测试气路的正确性。
注意：
1）气路连接要完全按照成品分装单元气动回路图进行。
2）气路连接时，气管一定要在快速接头中插紧，不能有漏气现象。
3）气路中的气缸节流阀调整要适当，以活塞杆进出迅速、无冲击、无卡滞现象为宜，以不推倒工件为准。若气缸动作相反，则将气缸两端进气管位置颠倒即可。
4）气路气管在连接时，应该按序排布、均匀美观，不能出现交叉、打折和顺序凌乱。
5）所有外露气管必须用黑色尼龙扎带进行绑扎，松紧程度以不使气管变形为宜，外形美观。
6）电磁阀组与气体汇流板的连接必须在橡胶密封垫上固定，要求密封良好，无泄漏。

效果测评

本课题的检查评价主要包括安全操作、绘图设计、气路安装和气路调试等，见表 6-4。

表 6-4　成品分装单元气动控制系统课题评价表

专项考核			配分	扣分	得分
安全操作	违反安全操作要求	220V、24V 电源混淆 带电操作 带气操作 严重违反安全规程	0 分	100 分	
	安全与环保意识	24V 直流电源正、负极接反	10 分		
		操作中掉工具、掉线、掉气管	10 分		
绘图设计	能正确绘制成品分装单元的气动回路图		10 分		
气路安装	安装气路	阻隔器气路	20 分		
	检测无误后，规范布线。要求气管捆扎整齐，电缆走线槽	气路规范	20 分		
气路调试	执行元件初始态	执行元件初始态正确	10 分		
	执行元件动作	执行元件动作正确	10 分		
职业素养与安全意识	现场操作安全保护符合安全操作规程；工具摆放、包装物品、导线线头等的处理符合职业岗位的要求；团队有分工、有合作，配合紧密；遵守实训纪律，爱惜设备和器材，保持工位的整洁		10 分		
合计			100 分		

课题3 ◎ 成品分装单元电气控制系统

教学目标

■ 知识目标

（1）熟悉成品分装单元 Mini I/O 端子、C 接口的引脚定义和接线方法。

（2）识读成品分装单元电气控制图，并能够绘制电路图。

（3）了解电气安装工艺规范和相应的国家标准。

■ 能力目标

（1）能够熟练安装成品分装单元电气控制回路。

（2）能够使用手控盒手动控制设备动作，校验电气回路的连接情况。

素质目标

（1）培养学生分析、解决生产实际问题的能力，提高学生的职业技能和专业素养。
（2）培养学生规范操作、团结协作意识。
（3）培养学生自主学习、适应岗位能力。

教学内容

根据成品分装单元电气回路图，在考虑经济性、安全性的情况下，制定安装调试计划，选择合适的工具和仪器，团队合作进行成品分装单元电气回路的安装与调试。根据任务要求，确定工作组织方式，划分工作阶段，分配工作任务，讨论安装流程和工作计划，填写工作计划表和材料工具清单。安装调试成品分装单元电气回路工艺流程参考供料单元。

相关知识

一、PLC 与工作站的连接

PLC 通过 C 接口、Mini I/O 端子与工作台的传感器、电磁阀相连。

1. 识别模块与 Mini I/O 端子接线图分析

从图 6-15 中可以看出，成品分装单元识别模块共有 3 个传感器输入信号，分别对应检测工件有无的叉形光栅、检测工件颜色的反漫射式光电传感器、检测工件是否为金属色的电感式传感器，它们分别接入 Mini I/O 端子 B1XG1 上 X2 的接线端子 1、2、3。成品分装单元识别模块输入信号说明见表 6-5。

表 6-5　成品分装单元识别模块输入信号说明

序号	地址	设备符号	设备名称	设备用途	信号特征
1	I0.4	B1BG1	叉形光栅	检测工件有无	信号为 1 表示识别模块下有工件
2	I0.5	B1BG2	漫反射式光电传感器	判断工件颜色	信号为 1 表示工件非黑色
3	I0.6	B1BG3	电感式传感器	判断工件是否为金属色	信号为 1 表示工件金属色

2. 传送带机构与 Mini I/O 端子接线图分析

从图 6-16 中可以看出，成品分装单元传送带机构共有 4 个传感器输入信号，分别对应检测工件在传送带前端位置的漫反射式光电传感器、检测分拣臂 1 伸出的磁性开关、检测滑槽已满的反射式光电传感器、检测分拣臂 2 伸出的磁性开关，它们分别接入 Mini I/O 端子 G1XG1 上 X2 的接线端子 1、2、3、4；输出信号共有 4 个，分别为控制电动机正转、控制分拣臂 1、分拣臂 2 动作和控制退回阻隔器，接入 Mini I/O 端子 G1XG1 上 X2 的接线端子 7、8、9、10。成品分装单元传送带机构输入 / 输出信号说明见表 6-6。

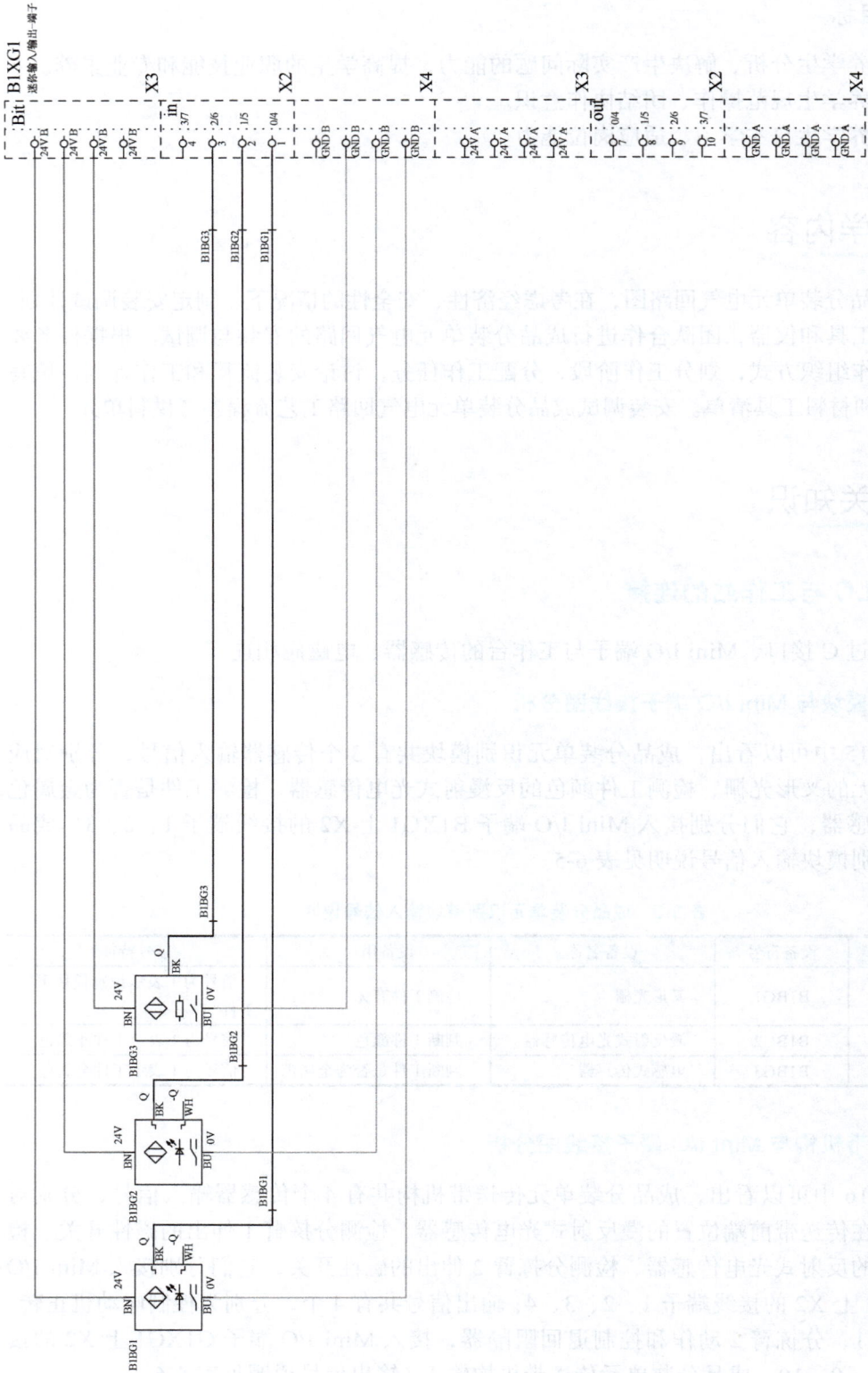

图 6-15 成品分装单元识别模块电气回路

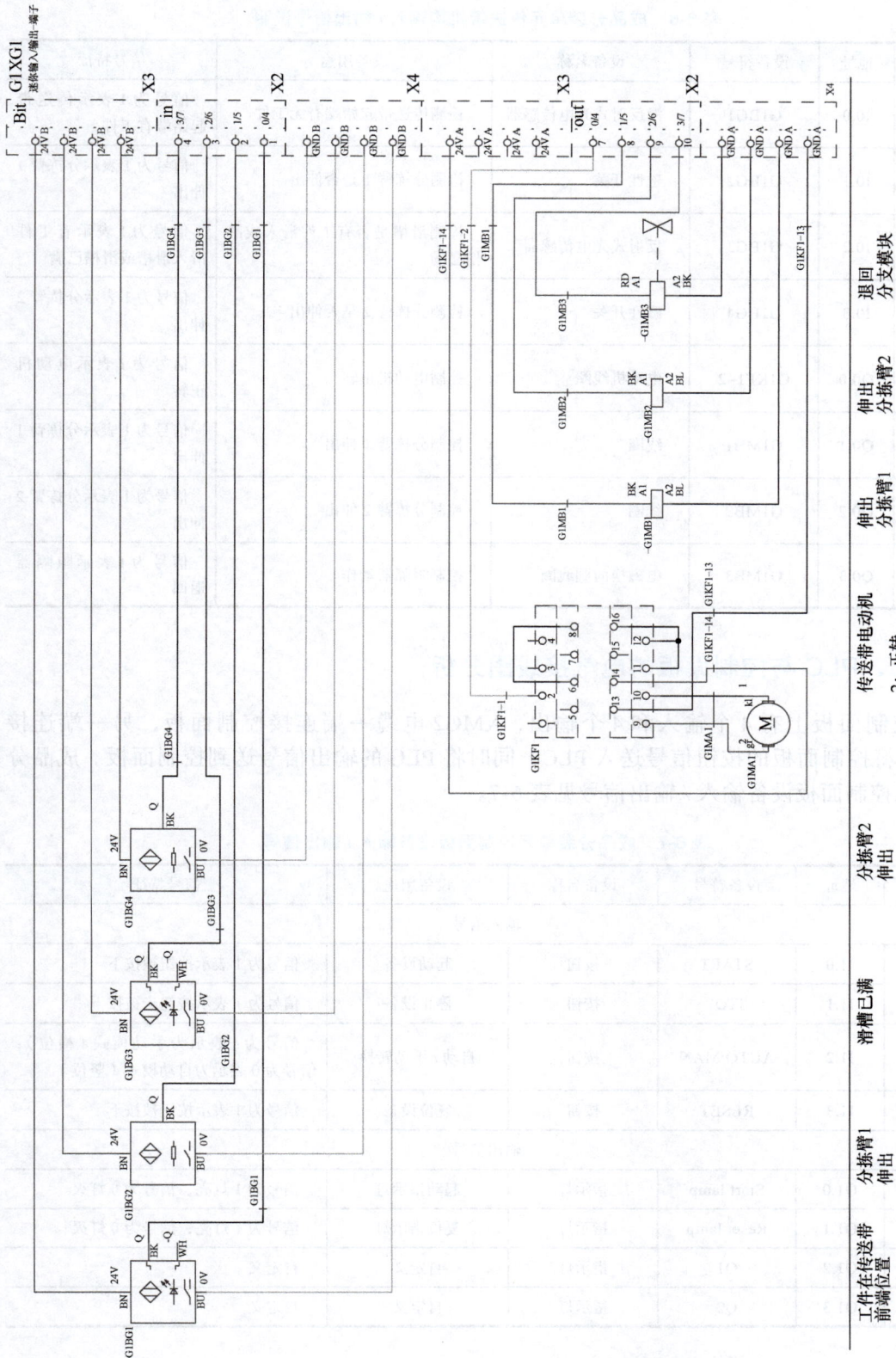

图6-16 成品分装单元传送带机构电气回路

表 6-6　成品分装单元传送带机构输入 / 输出信号说明

序号	地址	设备符号	设备名称	设备用途	信号特征
1	I0.0	G1BG1	漫反射式光电传感器	检测传送带起始端有无工件	信号为 1 表示传送带起始端有工件
2	I0.1	G1BG2	磁性开关	检测分拣臂 1 是否伸出	信号为 1 表示分拣臂 1 伸出
3	I0.2	G1BG3	反射式光电传感器	检测滑槽是否有工件滑入或滑槽已满	信号为 1 表示有工件滑入滑槽或滑槽已满
4	I0.3	G1BG4	磁性开关	检测分拣臂 2 是否伸出	信号为 1 表示分拣臂 2 伸出
5	Q0.0	G1KF1-2	电动机线圈	控制电动机正转	信号为 1 表示电动机正转
6	Q0.1	G1MB1	线圈	控制分拣臂 1 伸出	信号为 1 表示分拣臂 1 伸出
7	Q0.2	G1MB2	线圈	控制分拣臂 2 伸出	信号为 1 表示分拣臂 2 伸出
8	Q0.3	G1MB3	电磁换向阀线圈	控制阻隔器动作	信号为 1 表示阻隔器退回

二、PLC 与控制面板的电气接线图分析

控制面板上有 4 个输入和 4 个输出，XMG2 电缆一端连接控制面板，另一端连接 PLC，将控制面板的按钮信号送入 PLC，同时将 PLC 的输出信号送到控制面板。成品分装单元控制面板设备输入 / 输出信号见表 6-7。

表 6-7　成品分装单元控制面板设备输入 / 输出信号

序号	地址	设备符号	设备名称	设备用途	信号特征
				输入信号	
1	I1.0	START	按钮	起动设备	信号为 1 表示按钮被按下
2	I1.1	STOP	按钮	停止设备	信号为 1 表示按钮未被按下
3	I1.2	AUTO/MAN	按钮	自动 / 手动转换	信号为 1 表示为手动模式（横位）；信号为 0 表示为自动模式（竖位）
4	I1.3	RESET	按钮	复位设备	信号为 1 表示按钮被按下
				输出信号	
5	Q1.0	Start lamp	指示灯	起动指示灯	信号为 1 灯亮，信号为 0 灯灭
6	Q1.1	Reset lamp	指示灯	复位指示灯	信号为 1 灯亮，信号为 0 灯灭
7	Q1.2	Q1	指示灯	自定义	自定义
8	Q1.3	Q2	指示灯	自定义	自定义

技能训练

一、安装调试前准备

在安装调试前，应准备好安装调试所需的工具、材料和设备，并做好工作现场和技术资料的准备工作。分析电气回路，明确连接关系。

1）工具：尖嘴钳、水口钳、剥线钳、一字螺钉旋具、十字螺钉旋具、万用表。

2）材料：导线 BV-0.75、BV-1.5、BVR 多股铜芯线若干，尼龙扎带、线卡、带帽垫螺栓若干。

3）设备：成品分装单元完整设备。

4）技术资料：电气回路图、气动回路图、工作计划表及材料工具清单。

二、安装工艺要求

工具使用方法正确，不损坏工具及元件。在进行布线时，需遵循下列工艺要求：

1）手工布线时，应符合平直、整齐、紧贴敷设面、走线合理、连接点不得松动、便于检修等要求。

2）走线通道应尽可能少，同一通道中的沉底导线，按不同模块进行分类集中，单层平行密排或成束，应紧贴敷设面。

3）导线长度应尽可能短，可水平架空跨越，如两个电器元件线圈之间、主触头之间的连线等，在留有一定余量的情况下可不紧贴敷设面。

4）同一平面的导线应高低一致或前后一致，不能交叉。

5）布线应横平竖直，变换走向应垂直 90°。

6）上、下触头若不在同一垂直线下，不应采用斜线连接。

7）导线与接线端子或接线桩连接时，应不压绝缘层、不反圈，露金属不大于 1mm，做到同一电器元件、同一回路的不同连接点的导线间距离保持一致。

8）一个电器元件接线端子上的连接导线不得超过两根，每节接线端子板上的连接导线一般只允许连接一根。

9）布线时，严禁损伤线芯和导线绝缘。

10）导线横截面积不同时，应将横截面积大的导线放在下层，横截面积小的导线放在上层。

11）多根导线布线时，应做到整体在同一水平面或同一垂直面上。

12）对于复杂线路，必须在导线两端套上与原理图中编号一致的编码套管，以便检查核对接线的正确性及进行故障查找等。

13）在有条件的情况下，导线应采用颜色标志，即保护接地导线（PE）必须采用黄绿双色；动力电路的中性线（N）和中间线（M）必须是浅蓝色；交流或直流动力电路采用黑色；交流控制电路采用红色；直流控制电路采用蓝色；用作控制电路联锁的导线，如果是与外边控制电路相连接，而且当电源开关断开仍带电时，应采用橘黄色或黄色；与保护导线连接的电路采用白色。

14）成品分装单元的电气安装调试技术规范参见表2-9。

三、安装调试安全要求

1）只有关闭电源后，才可以拆除电气连接线。

2）允许的最大电压为DC 24V。

四、安装步骤

根据任务工艺流程图确定安装步骤。

1）连接传感器、电磁阀线圈等的电气回路。

2）根据技术规范要求调整电气布线。

3）使用手控盒测试电路正确性。

效果测评

本课题的检查评价主要包括安全操作、电路安装和电路调试，见表6-8。

表6-8　成品分装单元电气控制系统课题评价表

专项考核			配分	扣分	得分
安全操作	违反安全操作要求	220V、24V电源混淆 带电操作 带气操作 严重违反安全规程	0分	100分	
	安全与环保意识	24V直流电源正负极接反	10分		
		操作中掉工具、掉线、掉气管	10分		
电路安装	连接电气回路	电磁阀、线圈与Mini I/O接线端子连接	15分		
		传感器与Mini I/O接线端子连接	14分		
	系统接线	PLC与工作平台连接	5分		
		PLC与控制面板连接	5分		
		PLC与电源连接	5分		
		PLC与PC连接	5分		
电路调试	通电通气检测、调试执行元件和传感器位置；检查电气接线	传感器位置正确、接线正确（见表6-9）	16分		
	检测无误后，规范布线。电线走线槽	电线整齐	15分		
合计			100分		

表 6-9　用手控盒验证成品分装单元的 I/O 接线评价表

描述		得分	最高分
用手控盒验证I/O接线			
准备：手控盒连接到 I/O 接线端子，打开电源、气源			
输入信号			
成品分装单元输入信号	信号为 1		
传送带起始端有工件	DI0		1 分
分拣臂 1 为伸出状态	DI1		1 分
工件滑入滑槽或滑槽已满	DI2		1 分
分拣臂 2 为伸出状态	DI3		1 分
识别模块下有工件	DI4		1 分
工件为非黑色	DI5		1 分
工件为金属色	DI6		1 分
未分配	DI7		1 分
输出信号			
成品分装单元输出信号	信号为 1		
电动机正转	DO0		1 分
分拣臂 1 伸出	DO1		1 分
分拣臂 2 伸出	DO2		1 分
阻隔器退回	DO3		1 分
未分配	DO4		1 分
未分配	DO5		1 分
未分配	DO6		1 分
未分配	DO7		1 分
总分			16 分

课题 4 🎯 成品分装单元的 PLC 控制及编程

📖 教学目标

🔹 知识目标

（1）能够细化成品分装单元的控制要求。
（2）掌握程序流程图的绘制方法并正确分配成品分装单元的 I/O 地址。
（3）掌握 Portal 软件常用的编程指令和顺序程序设计方法。
（4）掌握 PLC 程序下载和上传方法。

🔹 能力目标

（1）能够根据成品分装单元控制要求制定控制方案，绘制程序流程图。
（2）能够将程序流程图转化为 PLC 控制程序。
（3）能够正确下载控制程序，并能调试成品分装单元硬件功能。
（4）能够制定程序设计的工作计划和检查表。

🔹 素质目标

（1）培养学生分析、解决生产实际问题的能力，提高学生的职业技能和专业素养。
（2）培养学生规范操作、团结协作意识。
（3）培养学生自主学习、适应岗位能力。

📖 教学内容

在熟悉成品分装单元气路和电路基础上，根据控制任务要求制定程序编写计划，编写程序流程图，在考虑安全、效率、工作可靠性的基础上，选择合适的编程语言，在 Portal 软件上进行成品分装单元 PLC 控制程序的编写；下载到 CIROS 仿真软件中进行调试，并对编写的程序进行综合评价。

📖 相关知识

一、成品分装单元工作过程描述

成品分装单元工作过程描述见表 6-10。

表 6-10　成品分装单元工作过程描述

成品分装单元工作过程描述	说明
准备：接通气路，将所有气缸通气；接通电路，PLC 加电；准备一定数量工件，设定系统压力为 500kPa，滑槽空	
1）如果工作站不在初始位置，位置随机，复位指示灯亮。按下复位按钮，成品分装单元复位（回到初始位置）	传送带停止；阻隔器伸出；分拣臂 1 退回；分拣臂 2 退回；滑槽未满载
2）复位成功后，起动指示灯亮，提示系统可以开始	
3）按下开始按钮，如果传送带起点检测到工件，传送带起动，向右运行	
4）判断工件颜色，如果为黑色，阻隔器退回，并延时	
5）时间到，阻隔器伸出，传送带停止	
6）判断工件颜色，如果为红色，分拣臂 1 伸出，阻隔器退回，并延时	
7）时间到，分拣臂 1 缩回，阻隔器伸出，传送带停止	
8）判断工件颜色，如果为金属色，分拣臂 2 伸出，阻隔器退回，并延时	
9）时间到，分拣臂 2 缩回，阻隔器伸出，传送带停止	不需要任何按钮
10）自动循环到第 4）步	
11）任意时刻按下面板上的 STOP 按钮，所有驱动部件立刻停止。指示灯 Q1 以 1Hz 频率闪烁，继续执行第 1）步	

二、成品分装单元拓展任务

成品分装单元拓展任务见表 6-11。

表 6-11　成品分装单元拓展任务

拓展任务	说明
训练 1： 按下起动按钮，传送带起动 如果 10s 内没有工件，则传送带停止并报警 拿来工件，重新按下起动按钮 如果 10s 内有工件，则检测并分拣	Graph 语言编程注意事项
训练 2： 按下起动按钮，传送带起动 如果 10s 内没有工件，则传送带停止并报警 拿来工件，重新按下起动按钮 如果 10s 内有工件，则检测并分拣 如果滑槽已满，则传送带停止，指示灯 Q2 亮 拿走工件并按下起动按钮方可继续运行	分支程序结构

📖 技能训练

1. 明确程序编写流程

完成控制程序的编写，首先要明确程序编写流程，成品分装单元的程序设计流程图参照供料单元。

2. 编制 PLC 控制程序流程图

以成品分装单元完整工作过程为例编写 PLC 控制程序流程图，图 6-17 所示为成品分装单元 PLC 自动控制程序流程图。

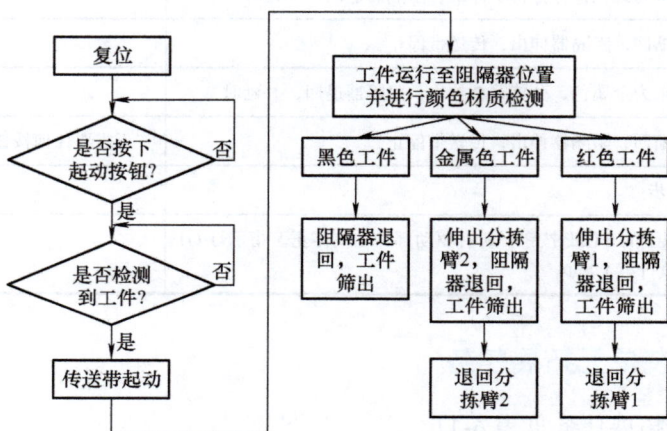

图 6-17 成品分装单元 PLC 自动控制程序流程图

3. 成品分装单元 I/O 地址分配

成品分装单元 I/O 地址分配见表 6-12。

表 6-12 成品分装单元 I/O 地址分配

序号	地址	设备符号	设备名称	设备用途	信号特征
1	I0.0	G1BG1	漫反射式光电传感器	检测传送带起始端有无工件	信号为 1 表示传送带起始端有工件
2	I0.1	G1BG2	磁性开关	检测分拣臂 1 是否伸出	信号为 1 表示分拣臂 1 伸出
3	I0.2	G1BG3	反射式光电传感器	检测滑槽是否有工件滑入或滑槽已满	信号为 1 表示有工件滑入或滑槽已满
4	I0.3	G1BG4	磁性开关	检测分拣臂 2 是否伸出	信号为 1 表示分拣臂 2 伸出
5	I0.4	B1BG1	叉形光栅	检测有无工件	信号为 1 表示识别模块下有工件
6	I0.5	B1BG2	漫反射式光电传感器	判断工件颜色	信号为 1 表示工件非黑色

（续）

序号	地址	设备符号	设备名称	设备用途	信号特征
7	I0.6	B1BG3	电感式传感器	判断工件是否为金属色	信号为 1 表示工件金属色
8	I1.0	START	按钮	起动设备	信号为 1 表示按钮被按下
9	I1.1	STOP	按钮	停止设备	信号为 1 表示按钮未被按下
10	I1.2	AUTO/MAN	按钮	自动／手动转换	信号为 1 表示为手动模式（横位）；信号为 0 表示为自动模式（竖位）
11	I1.3	RESET	按钮	复位设备	信号为 1 表示按钮被按下
12	Q0.0	G1KF1–12	电动机线圈	控制电动机正转	信号为 1 表示电动机正转
13	Q0.1	G1MB1	线圈	控制分拣臂 1 伸出	信号为 1 表示分拣臂 1 伸出
14	Q0.2	G1MB2	线圈	控制分拣臂 2 伸出	信号为 1 表示分拣臂 2 伸出
15	Q0.3	G1MB3	电磁阀线圈	控制阻隔器动作	信号为 1 表示阻隔器退回
16	Q1.0	Start lamp	指示灯	起动指示灯	信号为 1 灯亮，信号为 0 灯灭
17	Q1.1	Reset lamp	指示灯	复位指示灯	信号为 1 灯亮，信号为 0 灯灭
18	Q1.2	Q1	指示灯	自定义	自定义
19	Q1.3	Q2	指示灯	自定义	自定义

4. 把流程图转换成程序

成品分装单元自动运行控制部分顺序控制流程图程序如图 6-18 所示。

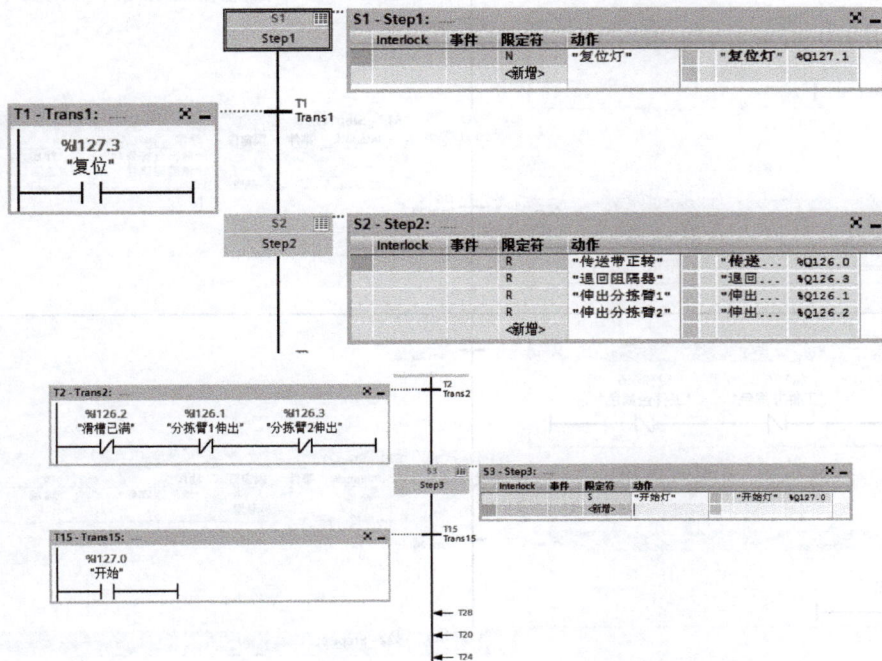

图 6-18　成品分装单元自动运行控制部分顺序控制流程图程序

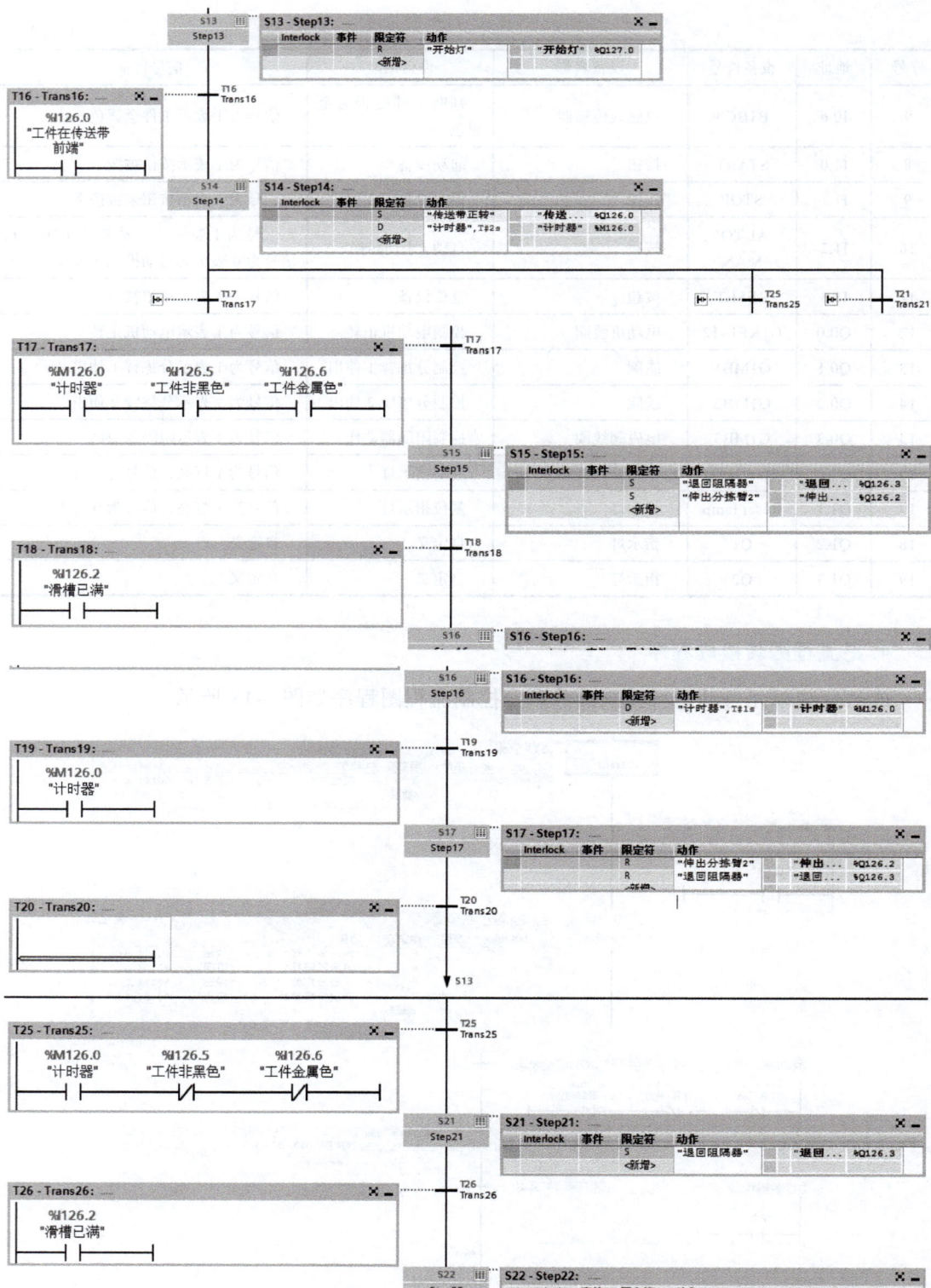

图 6-18　成品分装单元自动运行控制部分顺序控制流程图程序（续）

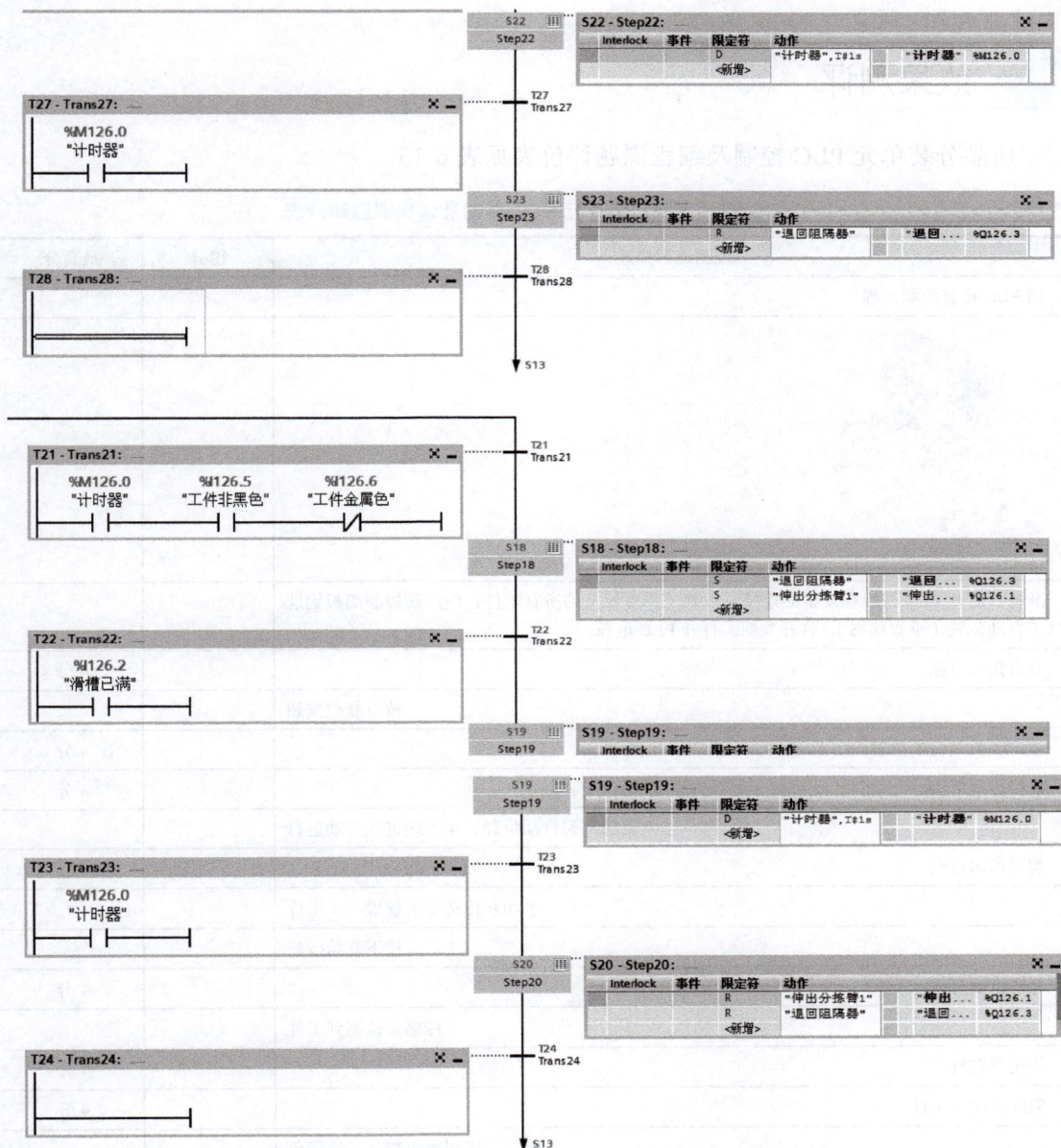

图 6-18　成品分装单元自动运行控制部分顺序控制流程图程序（续）

5. 仿真调试

参照供料单元。

6. 运行调试

参照供料单元。

效果测评

成品分装单元 PLC 控制及编程课题评价表见表 6-13。

表 6-13　成品分装单元 PLC 控制及编程课题评价表

控制流程描述	得分	最高分
用 PLC 检查控制流程		
准备：断开 PLC 与编程设备的连接，清除工作单元上的所有工件，生产线控制面板钥匙处于自动位置（垂直状态），打开气源，打开 PLC 电源		
复位指示灯亮		4分
按下复位按钮		
生产线回到初始位置		4分
复位指示灯灭		4分
钥匙打到自动位置，生产线进入自动运行		
起动指示灯亮		4分
手动在传送带上放置一个工件		
按下开始按钮		
起动指示灯灭		4分
传感器检测到工件		
传送带右行		4分
阻隔器挡住工件		4分
识别模块判断工件颜色		
工件为红色		
阻隔器放行		4分
分拣臂 1 动作		4分
指示灯 Q1 亮		4分
工件滑入滑槽 1		
阻隔器、分拣臂、指示灯复位		4分
工件为金属色		
阻隔器放行		4分

（续）

控制流程描述	得分	最高分
分拣臂 2 动作		4 分
指示灯 Q2 亮		4 分
工件滑入滑槽 2		
阻隔器、分拣臂、指示灯复位		4 分
工件为黑色		
阻隔器放行		4 分
指示灯 Q1 闪烁		4 分
工件滑入滑槽 3		
阻隔器、分拣臂、指示灯复位		4 分
自动运行期间，任意时刻按下停止按钮		
成品分装单元执行完当前步动作后自动停止		4 分
起动指示灯以 1Hz 闪烁		4 分
钥匙打到手动再打到自动位置		
起动指示灯亮		4 分
按下开始按钮		
起动指示灯灭		4 分
生产线从停止点继续向下执行		4 分
一个循环完成后，自动检测传送带起始端有无工件，若无工件		
成品分装单元自动停止在该步		4 分
直至传送带起始端有工件后		
成品分装单元继续从"起动指示灯灭"开始循环运行		4 分
总分		100 分

思考与练习

一、填空题

1. 成品分装单元用于检测工件有无的传感器是_____。用于区分工件是否是金属的传感器是_____；用于检测工件是否为黑色的传感器是_____。如果需要分拣 MPS 工作单元 3 种工件，需要 2 种传感器，分别是_____和_____。

2. 区分表 6-14 中所列工件可以用两种传感器，请根据工件特性，将传感器的开关状态填入表 6-14 中。

表 6-14　传感器的开关状态

工件	电感式传感器	漫反射式光电传感器
银色金属		
红色塑料		
黑色塑料		
黑色金属		

3.成品分装单元用于检测滑槽是否已满的传感器是_____；用于检测气缸终端位置的传感器是_____。

4.成品分装单元共有 4 个执行元件，分别为 2 个分拣臂、1 个制动器和 1 个传送带，分别由_____、_____和_____驱动。制动器用于_____，给识别模块足够时间来对工件进行检测。

5.成品分装单元驱动用电动机是_____电动机，额定电压是_____V；PLC 控制信号需先经由_____再接至电动机上，以控制电动机起动电流。

二、选择题

1.（多选）成品分装单元主要由（　　）部分组成。
A.识别模块　　　　B.传送带模块　　C.旋转提升模块　D.滑槽模块
2.（多选）成品分装单元中的识别模块主要由（　　）传感器组成。
A.漫反射式光电传感器　　　　　　B.电感式传感器
C.磁性开关　　　　　　　　　　　D.叉形光栅
3.（单选）（　　）可以可靠地检测透明物体。
A.电感式传感器　　　　　　　　　B.漫反射式光电传感器
C.对射式光电传感器　　　　　　　D.磁性开关

三、判断题

1.在 MPS 中，磁性开关主要用于各类气缸的位置检测。（　　）
2.在成品分装单元中，叉形光栅可以检测所有工件。（　　）
3.三线制光电传感器输出可区分为 NPN 型和 PNP 型，当传感器检测到信号时，PNP 型输出高电平。（　　）
4.电感式传感器可以检测非金属物体。（　　）
5.所谓开关量传感器指的是传感器只产生两个不同的输出信号，即 0 和 1 信号。（　　）
6.传感器常用的接线形式有二线、三线、四线、五线等多种。（　　）

四、简答题

1.仔细观察成品分装单元的气路图，说出气路图中有哪些气动元件。并描述其工作过程。

2. 电气回路安装调试的注意事项有哪些?

3. 成品分装单元中各传感器的类型、符号名、安装位置、作用及其连接的 PLC 的接口地址（输入信号地址）分别是什么?

4. 成品分装单元中各电磁阀的电控信号所对应的 PLC 接口地址（输出信号地址）分别是什么?

五、编程题

按下起动按钮，手动放置一个工件在传送带上。检测到工件后，传送带运行，工件被传送到阻隔器位置。传送带停，阻隔器缩回，识别模块检测工件颜色材质。如果工件为黑色，指示灯 1 亮，工件被分拣至滑槽 1。如果工件为红色，指示灯 2 亮，工件被分拣至滑槽 2。如果工件为银色，指示灯 1 和 2 同时亮，工件被分拣至滑槽 3。工件分拣完毕后，成品分装单元回到初始状态（传送带停，阻隔器伸出，分拣臂 1、2 缩回，滑槽未满）。此时，指示灯 1 和指示灯 2 均熄灭。再次按下起动按钮，循环运行。若在运行过程中，滑槽已满，则指示灯 1 和指示灯 2 同时闪烁，等待手动取走工件，滑槽不满后才能继续运行。

模块 7

可编程控制技术在自动化生产线中的应用

在 Festo MPS 自动化生产线中，每一个工作单元都安装有一个西门子 S7–300 系列的可编程逻辑控制器，它就像我们的大脑一样，思考每一个动作，指挥自动化生产线上的气缸、气爪等按程序工作，是自动化生产线的核心部件。本模块共分为 3 个课题，第1 个课题"认识西门子 S7–300 PLC"从西门子 S7–300 PLC 的硬件结构及性能出发，分析其原理、结构及性能特点，为学习者完成自动化生产线各单元的 PLC 程序编写与调试任务打下基础。课题 2 主要介绍博途软件的开发平台及如何使用博途软件编程及仿真调试。课题 3"顺序控制程序设计方法"介绍自动化生产线各单元编程时使用的顺序控制设计法，帮助学习者迅速掌握顺序控制系统的顺序功能图的绘制及程序的编写和调试。

课题 1 认识西门子 S7–300 PLC

教学目标

知识目标

（1）掌握西门子 S7–300 PLC 硬件系统组成及功能。
（2）掌握西门子 S7–300 PLC 存储区分类及功能。

能力目标

（1）能够准确地描述 S7–300 PLC 硬件系统结构中各模块的功能。
（2）能够分析 S7–300 PLC 的内部存储区。

素质目标

（1）培养刻苦勤奋、诚实守信、持之以恒的学习态度。
（2）树立新时代责任感，培养学生学习与探索新技术的能力。

![教学内容图标] **教学内容**

　　S7-300 PLC 的硬件系统结构是有规律的，要顺利地应用 S7-300 PLC 进行程序设计，完成自动化生产线单元的控制要求，必须先熟悉其系统结构和内部存储区。本课题将对其硬件结构中的各模块进行讲述，并介绍其内部存储区及 I/O 编址。

![相关知识图标] **相关知识**

　　S7-300 是西门子公司生产的可编程序控制器（PLC）系列产品之一。其采用模块化的结构，易于实现分布式配置，性价比高，电磁兼容性强，抗振动、抗冲击性能好，在工业控制领域中成为一种既经济又切合实际的解决方案。S7-300 由于其系统的优良性，被广泛应用于冶金、石油、化工、交通运输、轻工、电力、汽车、通用机械、专用机床、食品加工、包装机械、纺织机械和智能建筑等领域。

　　S7-300 是模块化的 PLC 系统，能满足中等性能控制系统的要求，各种单独的模块之间可进行广泛组合，构成不同的系统。S7-300 PLC 提供了多种性能递增的 CPU 和丰富的、带有许多方便功能的 I/O 扩展模块。各种功能模块可以非常好地满足和适应自动控制任务，用户可以完全根据实际应用选择合适的模块，而且当控制任务增加且愈加复杂时，可随时用附加模块对 PLC 进行扩展，系统扩展灵活。S7-300 PLC 具有强大的通信功能，通过博途编程软件的用户界面提供通信组态功能，使得组态非常容易。此外，S7-300 PLC 还具有多种不同的通信接口，来连接 AS-I 接口、PROFIBUS 和工业以太网总线系统。

一、西门子 S7-300 PLC 硬件系统组成

　　S7-300 PLC 采用模块式结构，由机架和模块组成。

　　S7-300 PLC 主要组成部分有导轨（RACK）、电源模块（PS）、中央处理单元（CPU）、信号模块（SM）、功能模块（FM）、接口模块（IM）和通信处理器（CP），如图 7-1 和图 7-2 所示。

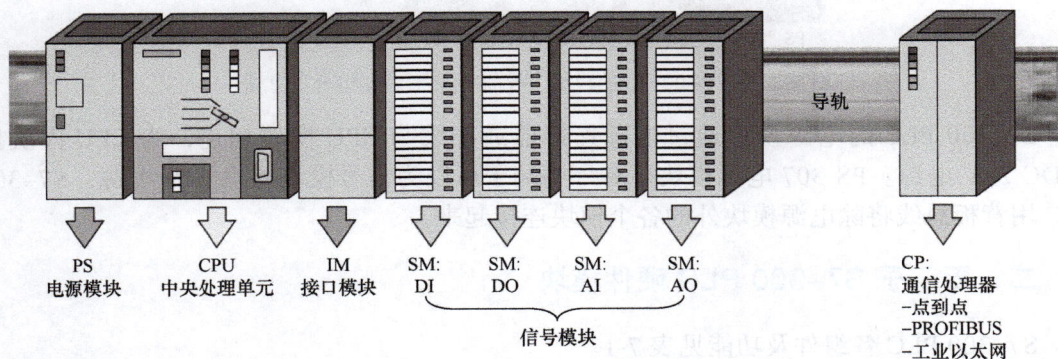

图 7-1　S7-300 PLC 硬件组成

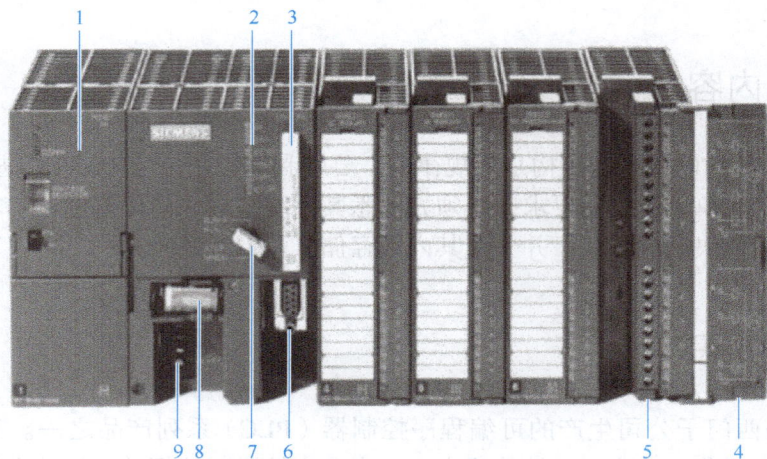

图 7-2　S7–300 PLC 硬件结构图

1—电源模块（可选）　2—状态和故障指示灯　3—存储器卡（CPU 313 以上）　4—前门
5—前连接器　6—MPI 多点接口　7—模式开关　8—后备电池（CPU 313 以上）　9—DC 24V 连接器

S7–300 PLC 采用紧凑的、无槽位限制的模块化组合结构，根据应用对象的不同，可选用不同型号和不同数量的模块，并可以将这些模块安装在同一导轨（机架）或多个导轨上，如图 7-3 所示。

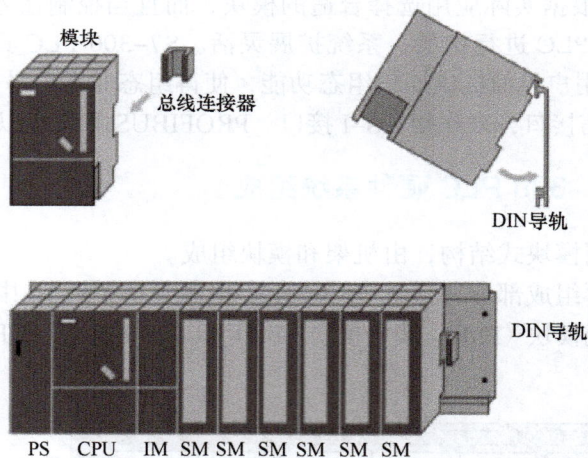

图 7-3　S7–300 PLC 的模块、导轨和 U 形总线组合示意图

S7–300 PLC 的电源模块通过电源连接器或导线与 CPU 模块相连，为 CPU 模块提供 DC 24V 电源。PS 307 电源模块还有一些端子可以为信号模块提供 24V 电源。S7–300 PLC 用背板总线将除电源模块外的各个模块连接起来。

二、西门子 S7–300 PLC 硬件模块

S7–300 PLC 各组件及功能见表 7-1。

表 7-1　S7–300 PLC 各组件及功能

组件	功能
机架	导轨是 S7-300 PLC 的机架（起物理支撑作用，无背板总线）
电源模块（PS）	电源将电网电压变换为 S7-300 PLC 所需的 DC 24V 工作电压
中央处理单元（CPU）	中央处理单元执行用户程序，附件包括存储器模块和后备电池
接口模块（IM）	接口模块连接 S7-300 PLC 两个机架的总线
信号模块（SM）(数字量、模拟量）	信号模块把不同的过程信号与 S7-300 PLC 相匹配
功能模块（FM）	功能模块完成定位、闭环控制等功能
通信处理器模块（CP）	通信处理器连接可编程序控制器。附件包括电缆、软件、接口模块

1. 机架

机架是用来安装和固定 PLC 各类模块的。S7-300 PLC 的机架是特制的不锈钢或铝制异形板（称为导轨），它的长度有 160mm、482mm、530mm、830mm、2000mm 共 5 种，可根据实际需要选择。

一个 S7-300 站最多可以有 1 个主机架（0 号机架）和 3 个扩展机架（1～3 号机架）。主机架和扩展机架通过接口模块（IM）连接。数字量模块从 0 号机架的 4 号槽开始，每个槽位分配 4 字节的地址，32 个 I/O 点。模拟量模块每个通道占用 1 个字地址，从 IB256 开始，给每 1 个模拟量模块分配 8 个字地址。多机架的 S7-300 PLC 如图 7-4 所示。

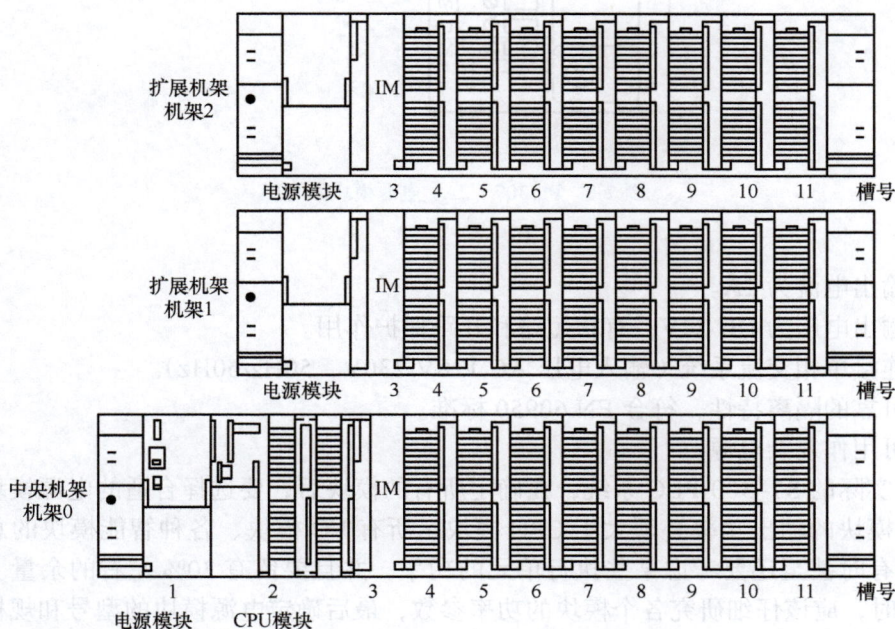

图 7-4　多机架的 S7–300 PLC

2. 电源模块（PS）

电源模块是构成 PLC 控制系统的重要组成部分，针对不同系列的 CPU，西门子有匹配的电源模块与之对应，用于为 PLC 内部电路和外部负载供电。例如 PS 305 和 PS 307。PS 305 电源模块是直流电，PS 307 电源模块是交流电。当输入电压为直流电压时，应选择 PS 305，当输入电压为交流电压时，应选择 PS 307。

下面以 PS 307 电源模块为例进行详细介绍。图 7-5 所示为 PS 307（2A）电源模块示意图。PS 307（2A）电源模块具有以下显著特性：

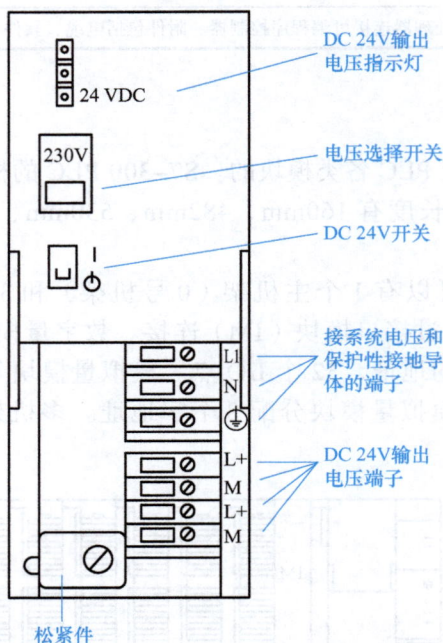

图 7-5　PS 307（2A）电源模块示意图

1）输出电流为 2A。

2）输出电压为 DC 24V，有防短路和开路保护作用。

3）连接单相交流系统（输入电压 AC 120V/230V，50Hz/60Hz）。

4）可靠的隔离特性，符合 EN 60950 标准。

5）可用作复杂电源。

一个实际的 S7-300 PLC 系统，在确定所有的模块后，要选择合适的电源模块。所选定的电源模块的输出功率必须大于 CPU 模块、所有 I/O 模块、各种智能模块的总消耗功率之和，有时甚至还要考虑某些执行单元的功率，并且要留有 30% 左右的余量。在具体产品设计时，应该仔细研究各个模块的功率参数，最后确定电源模块的型号和规格。当同一电源模块既要为主机单元供电，又要为扩展单元供电时，从主机单元到最远一个扩展单元的电路压降必须小于 0.25V。

3. 中央处理单元（CPU）

S7-300 PLC 有 20 多种不同型号的 CPU，每种 CPU 都具有不同的性能。如型号中含有"C"的表示紧凑型 CPU，型号中含有"PN"的表示支持 PROFINET 通信，型号中含有"DP"的表示带有 9 针 DP 接口，型号中含有"PtP"的表示带有 15 针 PtP 接口。CPU 314 模块面板布置示意图如图 7-6 所示。

（1）S7-300 CPU 的分类及功能　S7-300 CPU 的分类及功能见表 7-2。

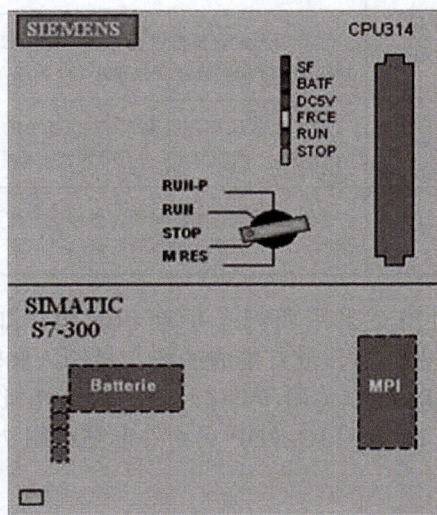

图 7-6　CPU 314 模块面板布置示意图

表 7-2　S7-300 CPU 的分类及功能

CPU 模块分类	CPU 型号	功能
紧凑型	CPU 312C	带有集成的数字量输入和输出，并具有与过程相关的功能，比较适用于具有较高要求的小型应用场合。CPU 运行时需要微存储卡（MMC）
	CPU 313C	带有集成的数字量和模拟量输入和输出，并具有与过程相关的功能，能够满足对处理能力和响应时间要求较高的场合。CPU 运行时需要微存储卡（MMC）
	CPU 313C-2Ptp	带有集成的数字量输入和输出及一个 RS-422/RS-485 串口，并具有与过程相关的功能，能够满足容量大、响应时间要求高的场合。CPU 运行时需要微存储卡（MMC）
	CPU 313C-2DP	带有集成的数字量输入和输出及 PROFIBUS DP 主 / 从接口，并具有与过程相关的功能，可以完成具有特殊功能的任务，可以连接标准 I/O 设备。CPU 运行时需要微存储卡（MMC）
	CPU 314C-2PtP	带有集成的数字量和模拟量输入和输出及一个 RS-422/RS-485 串口，并具有与过程相关的功能，能够满足对处理能力和响应时间要求较高的场合。CPU 运行时需要微存储卡（MMC）
	CPU 314C-2DP	带有集成的数字量和模拟量输入和输出及 PROFIBUS DP 主 / 从接口，并具有与过程相关的功能，可以完成具有特殊功能的任务，可以连接单独的 I/O 设备。CPU 运行时需要微存储卡（MMC）

（续）

CPU 模块分类	CPU 型号	功能
标准型	CPU 313	具有扩展程序存储区的低成本 CPU，适用于需要高速处理的小型设备
	CPU 314	具有进行高速处理以及中等规模的 I/O 配置，用于安装中等规模的程序以及中等执行速度的程序
	CPU 315	具有中到大容量程序存储器，比较适用于大规模的 I/O 配置
	CPU 315-2DP	具有中到大容量程序存储器和 PROFIBUS DP 主 / 从接口，比较适用于大规模的 I/O 配置或建立分布式 I/O 系统
	CPU 316-2DP	具有大容量程序存储器和 PROFIBUS DP 主 / 从接口，可进行大规模的 I/O 配置，比较适用于具有分布式或集中式 I/O 配置的场合
高端型	CPU 317-2DP	具有大容量程序存储器，可用于集中式 I/O 结构，也适用于分布式自动化结构，可用于要求很高的场合

Festo MPS 工作单元的 PLC 采用西门子标准 PLC 板，如图 7-7 所示，CPU 的型号为 313C-2DP，是一种紧凑型 CPU，带有集成的数字量输入和输出（DI 16/DO 16，16 个输入，16 个输出）、一个 MPI 接口（用于进行 CPU 和计算机主机之间的通信）和一个 PROFIBUS DP 主 / 从接口，CPU 313C-2DP 实物外形图如图 7-8 所示。

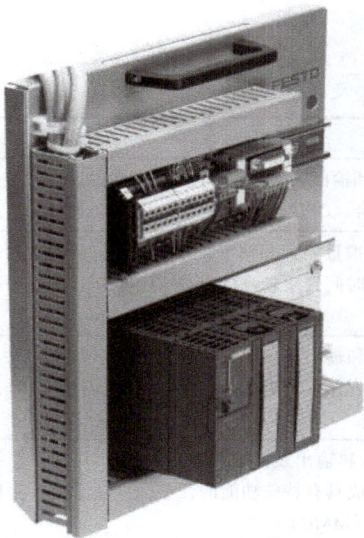

图 7-7　西门子标准 PLC 板

图 7-8　CPU 313C-2DP 实物外形图

（2）CPU 模块的模式选择和状态显示　CPU 模块的模式选择有 RUN-P 模式、RUN 模式、STOP 模式和 MRES 模式等，CPU 模块的模式选择开关的位置含义见表 7-3。

表 7-3　CPU 模块的模式选择开关的位置含义

位置	含义	说明
RUN–P （部分 CPU）	可编程运行模式	CPU 不仅执行用户程序，在运行时还可以通过编程软件读出和修改用户程序，以及改变运行方式
RUN	运行模式	CPU 执行用户程序，可以通过编程软件读出用户程序，但是不能修改用户程序
STOP	停止模式	CPU 不执行用户程序，可以通过编程软件读出和修改用户程序
MRES	存储器复位模式	MRES 位置不能保持，松开时，开关将自动返回 STOP 位置。将模式选择开关从 STOP 位置扳到 MRES 位置，可以复位存储器，使 CPU 回到初始状态。工作存储器、装载存储器中的用户程序和地址区被清除，全部存储器位、定时器、计数器和数据均被删除，即复位为零，其中也包括有保持功能的数据。系统参数、CPU 和模块的参数被恢复为默认设置，MPI 的参数被保留。如果有存储器卡，CPU 在复位后将它里面的用户程序和系统参数复制到工作存储器区

（3）用于状态和故障显示 LED 的含义　用于状态和故障显示 LED 的含义见表 7-4。

表 7-4　用于状态和故障显示 LED 的含义

LED	含义	说明
SF（红色）	系统错误 / 故障	引起灯亮的原因如下： 1）硬件故障 2）固件出错 3）编程出错 4）参数设置出错 5）算术运算出错 6）定时器出错 7）存储器故障（只在 CPU 313 和 CPU 314 上有） 8）电池故障或电源接通时无后备电池 9）输入 / 输出的故障或错误（仅外部 I/O）
BATF（红色，只在 CPU 313 和 CPU 314 上有）	电池故障	如果电池有下列情况，则灯亮 1）失效 2）未装入
DC 5V（绿色）	DC 5V 电源	如果内部的 5V 直流电源正常，则灯亮
FRCE（黄色）	保留专用	输入 / 输出处于强制状态
RUN（绿色）	运行模式 RUN	CPU 启动时，LED 以 2Hz 的频率至少闪烁 3s
STOP（黄色）	运行状态 STOP	程序在下载时或者 CPU 在 STOP 模式时灯亮

（4）CPU 模块的测试和诊断故障功能　S7–300 CPU 提供了测试和诊断故障的功能，通过 STEP 7 软件可以查看相应的内容。CPU 模块的测试功能包括状态变量、强制变量和状态块 3 种。状态变量测试功能用于监视用户程序执行过程中所选定的过程变量的数值；强制变量测试功能可以给所选定的过程变量强制赋值，强制改变用户程序的执行条件；状态块测试功能与状态变量测试功能的作用类似，只是监视的对象不同。状态块是指监视一个和程序顺序有关的块，用来支持起动和故障诊断。状态块提供在指令执行中监视某一内容的可能性，如累加器、地址寄存器、状态寄存器、DB（数据库块）寄存器等。

4. 接口模块（IM）

接口模块用于多机架配置时连接主机架（又称中央机架，CR）和扩展机架（ER）。S7-300 的接口模块种类有 IM 360、IM 361 和 IM 365 等。

5. 信号模块（SM）

信号模块是数字量输入 / 输出模块和模拟量输入 / 输出模块的总称，它们使不同的过程信号电压或电流与 PLC 内部的信号电平匹配。

S7-300 PLC 的信号模块有数字量输入模块 SM 321、数字量输出模块 SM 322、数字量输入 / 输出模块 SM 323、模拟量输入模块 SM 331、模拟量输出模块 SM 332、模拟量输入 / 输出模块 SM 334 和 SM 335。模拟量输入模块可以输入热电阻、热电偶、DC 4 ～ 20mA 和 DC 0 ～ 10V 等多种不同类型和不同量程的模拟信号。

（1）数字量输入模块 SM 321　数字量输入模块 SM 321 将来自现场的数字信号电平转换成 PLC 内部信号电平，经过光电隔离和滤波后，送到输出缓冲区等待 CPU 采样，采样后的信号状态经过背板总线进入输入映像区。根据输入信号的极性和输入点数，SM 321 共有 14 种数字量输入模块。

（2）数字量输出模块 SM 322　数字量输出模块 SM 322 将 S7-300 PLC 内部信号电平转换成现场所需要的外部信号电平，可直接驱动电磁阀线圈、接触器线圈、微型电动机、指示灯等负载。根据负载回路使用电源的要求，数字量输出模块有直流输出模块（晶体管输出方式）、交流输出模块（晶闸管输出方式）和交直流输出模块（继电器输出方式）。

（3）模拟量输入模块 SM 331　模拟量输入模块 SM 331 主要由 A/D 转换器、切换开关、恒流源、补偿电路、光隔离器及逻辑电路组成。它将控制过程中的模拟信号转换为 PLC 内部处理用的数字信号。模拟量输入模块可以输入热电阻、热电偶、DC 4 ～ 20mA 和 DC 0 ～ 10V 等多种不同类型和不同量程的模拟信号。每个模块上有一个背板总线连接器，将现场的过程信号连接到连接器的端子上。

（4）模拟量输出模块 SM 332　模拟量输出模块 SM 332 目前有 3 种型号，即 AO4×12 位模块、AO2×12 位模块和 AO4×16 位模块。AO4×12 位模块有 4 个通道，每个通道都可单独设置为电压输出或电流输出，输出精度为 12 位，模块对 CPU 背板总线和负载电压都有光隔离。在输出电压时，可以采用二线回路或四线回路两种方式与负载相连。

6. 功能模块（FM）

功能模块主要用于实时性强、存储器数量较大的过程信号处理任务。

S7-300 PLC 的功能模块有计数器模块 FM 350-1/2 和 CM 35、快速 / 慢速进给驱动位置控制模块 FM 351、电子凸轮控制器模块 FM 352、步进电动机定位模块 FM 353、伺服电动机定位模块 FM 354、定位和连续路径控制模块 FM 357-2、步进电动机功率驱动器模块 FM STEPDRIVE、超声波位置解码器模块 FM 338、闭环控制模块 FM 355 和 FM 355-2/2C/2S、称重模块 SIWAREX U/M 和智能位控制模块 SINUMERIK FM-NC 等。

7. 通信处理器模块（CP）

通信处理器模块是一种智能模块，它用于 PLC 之间、PLC 与计算机和其他智能设备之间的通信，可以将 PLC 接入 PROFIBUS DP、AS-I 和工业以太网，或用于实现点对点通信等。通信处理器可以减轻 CPU 处理通信的负担，并减少用户对通信的编程工作。

S7-300 PLC 有多种用途的通信处理器模块，如 CP 340、CP 342-5 DP、CP 343-FMS 等，其中既有为装置进行点对点通信设计的模块，也有为 PLC 连接西门子的低速现场总线网 SINEC L2 和高速 SINEC H1 网而设计的网络接口模块。常用的通信处理器包括 PROFIBUS-DP 处理器、PROFIBUS-FMS 处理器和工业以太网处理器。

三、西门子 S7-300 PLC 存储区分类及功能

PLC 的系统程序相当于个人计算机的操作系统，它使 PLC 具有基本的智能，能够完成 PLC 设计者规定的各种工作。系统程序由 PLC 生产厂家设计并固化在 ROM 中。用户程序由用户设计，它使 PLC 能完成用户要求的特定功能。用户程序存储器的容量以字节为单位，不同的程序对应不同的存储区域。CPU 程序能访问的存储区为系统存储区的全部、工作存储区中的数据块（DB）、临时本地数据存储区（L）、外设 I/O 存储区（P）等，S7-300 PLC 存储区功能如图 7-9 所示。

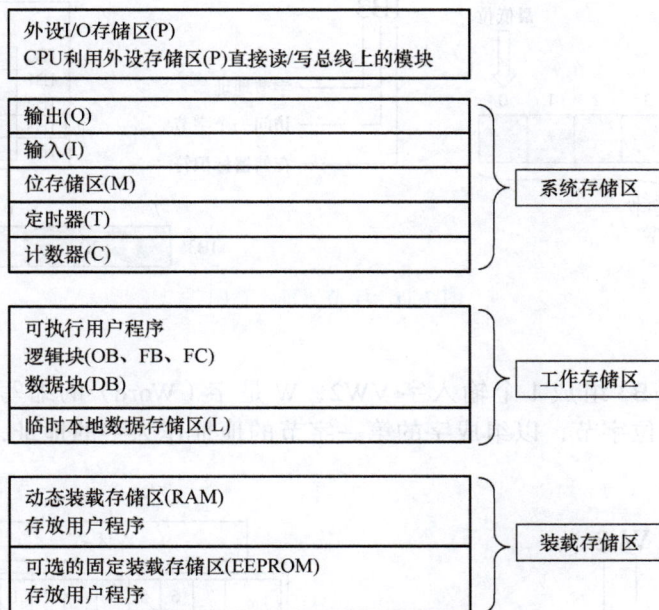

图 7-9　S7-300 PLC 存储区功能

四、S7-300 的 I/O 编址

1. 数字量 I/O 编址

S7-300 PLC 的数字量地址由存储器标识符、字节地址和位号组成。1 字节由 0 ～ 7

这 8 位组成。存储器标识符 I 表示输入，Q 表示输出，M 表示存储器位。例如，I3.2 是一个数字量输入的地址，小数点前面的 3 是字节地址，小数点后面的 2 表示这个输入点是 3 号字节中的第 2 位。位寻址示意图如图 7-10 所示。

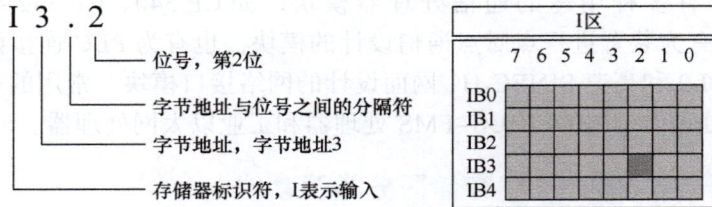

图 7-10 位寻址示意图

数字量除按位寻址外，还可以按字节、字和双字寻址。例如：输入量 I3.0 ～ I3.7 组成输入字节 IB3，B 是字节（Byte）的缩写，字节寻址示意图如图 7-11 所示。

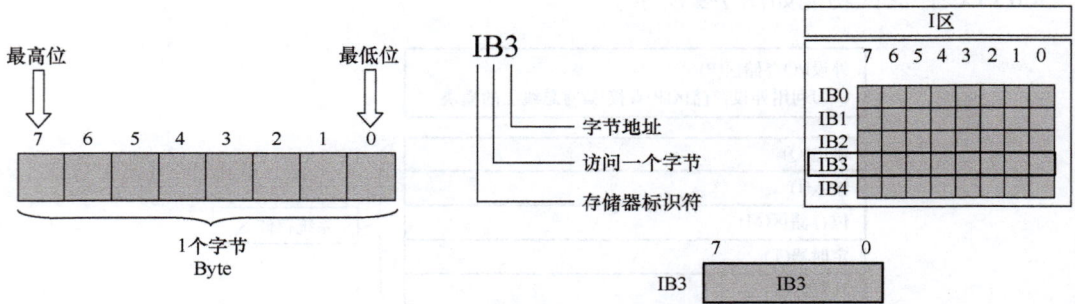

图 7-11 字节寻址示意图

字节 VB2 和 VB3 组成 1 个输入字 VW2，W 是字（Word）的缩写，其中 VB2 为高位字节，VB3 为低位字节，以组成字的第一字节的地址作为字的地址，字寻址示意图如图 7-12 所示。

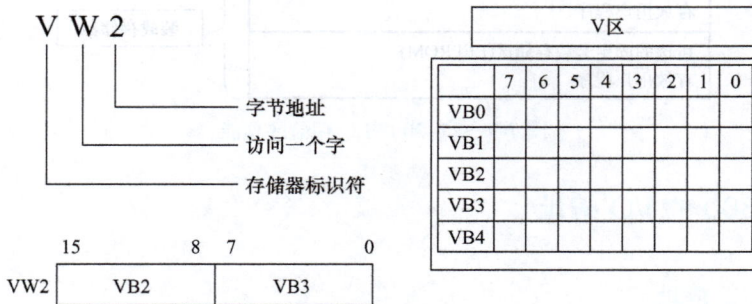

图 7-12 字寻址示意图

MB0 ～ MB3 组成 1 个双字 MD0，D 是双字（Double Word）的缩写，其中 MB0 为最高位的字节，MB3 为最低位的字节。以组成双字的第一字节的地址作为双字的地址，双字寻址示意图如图 7-13 所示。

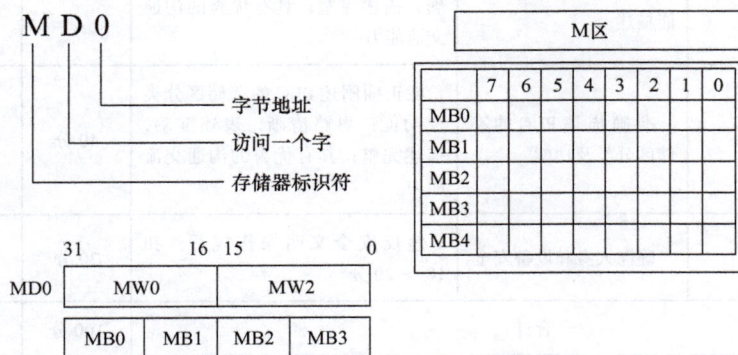

图 7-13　双字寻址示意图

S7-300 PLC 信号模块的字节地址与模块所在的机架号和槽号有关，位地址与信号线接在模块上的哪一个端子有关。对于数字量模块，从 0 号机架的 4 号槽开始，每个槽位分配 4 字节的地址，相当于 32 个 I/O 点。最多可能有 32 个数字量模块，共占用 $32 \times 4B = 128B$。

2. 模拟量 I/O 编址

模拟量输入通道或输出通道的地址是 1 个字地址，通道地址取决于模块的起始地址。每个槽位分给模拟量 16B（如 256 ～ 271），而由于每个模拟量 I/O 通道的地址占 1 个字（2 字节），故每个槽位共有 8 个模拟通道。如果第一块模拟量模块是插在第 4 号槽里，那么它的起始地址为 256。随后的模拟量模块，其起始地址每一槽增加 16。一块模拟量输入 / 输出模块，它的输入 / 输出通道有相同的起始地址。

技能训练

根据学生人数进行分组，组织学生开展下列训练：

1）对照着 S7-300 PLC 实物，指出 PLC 的各个硬件模块位置，并且准确描述各个硬件模块的功能作用。

2）分组阐述 S7-300 PLC 的存储区分类，以及各存储区的功能。

效果测评

认识西门子 S7-300 PLC 课题评价表见表 7-5。

表 7-5 认识西门子 S7–300 PLC 课题评价表

评价项目	评价要求	评分标准	配分	扣分	得分
PLC 硬件模块的构成及功能	准确指出 PLC 各个硬件模块的位置以及功能描述	能正确阐述 PLC 各硬件模块的位置及功能；思路清晰，表述准确，描述完整；具有优秀的沟通交流能力	40 分		
PLC 的存储区	准确描述 PLC 的存储区分类及功能	能正确阐述 PLC 的存储区分类及功能；思路清晰，表述准确，描述完整；具有优秀的沟通交流能力	40 分		
安全操作	确保人身和设备安全	违反安全文明操作规程，扣 10 ～ 20 分	20 分		
合计			100 分		

课题 2 🎯 TIA 博途软件介绍

📖 教学目标

■ 知识目标

（1）了解 TIA 博途软件相关知识。

（2）掌握 TIA 博途软件的使用。

■ 能力目标

（1）能够在 TIA 博途软件的博途视图和项目视图中自由切换。

（2）熟练使用 TIA 博途软件的项目视图。

（3）会设置 TIA 博途软件的使用语言。

（4）会保存 TIA 博途项目。

■ 素质目标

（1）培养刻苦勤奋、诚实守信、持之以恒的学习态度。

（2）树立新时代责任感，培养学生学习与探索新技术的能力。

📖 教学内容

TIA 博途软件是全集成自动化博途的简称，是业内首个集工程组态、软件编程和项目环境配置于一体的全集成自动化软件，几乎涵盖了所有自动化控制编程任务。借助该工程技术软件平台，用户能够快速、直观地开发和调试自动化控制系统。本课题简要描述了 TIA 博途软件开发平台，并介绍了 TIA 博途软件的两种视图的使用方法。

相关知识

一、TIA 博途软件开发平台

TIA 博途软件是一个可以完成各种自动化任务的工程软件平台。TIA 博途 V15 作为整个系统应用解决方案中统一的工程组态平台，构建了一个统一的整体系统环境，在这个平台上，不同功能的软件包可以同时运行，给用户带来全新的设计体验。

TIA 博途 V15 的主要特点如下：

1）提高了设计效率，所有的自动化任务采用统一的工程工具完成。

2）采用了创新的自动化设备。控制器支持 S7–1200 PLC、S7–300 PLC、S7–400 PLC、S7–1500 PLC，在输入 / 输出方面可以与 SIMATIC ET200 系列 CPU 进行通信；在 HMI 方面支持 SIMATIC 精简系列面板、精智面板、移动式面板及 SIMATIC HMI SIPLUS 面板；在驱动方面可以组态 SINAMICS G/S 系列变频器。

3）采用无缝的驱动系统集成与工程设计。

4）提升了功能，如自动系统诊断、集成安全系统及高性能 PROFINET 通信。

5）直观、高效、可靠。

6）具有集成的安全功能、一致的操作理念、强大的在线功能。

7）设计高效，如集成技术功能、控制器 HMI 驱动直接交互、创新的编程语言、强大的库功能。

8）强大的兼容性和最大限度的投资保护，多层次的知识产权保护；可量身打造系统解决方案；良好的客户反馈。

二、TIA 博途软件视图

为了提高工作效率，TIA 博途软件的自动化项目可以使用两个不同的视图：博途视图，一种面向任务的项目任务视图；项目视图，一种包含项目所有组件和相关工作区的视图。博途视图和项目视图可以相互切换，TIA 博途软件的视图如图 7-14 所示，其中左边为博途视图，右边为项目视图。

1）博途视图：采用面向任务的工作模式，使用简单、直观，可以快速地开始项目设计。通过博途视图可以访问项目的所有组件。

2）项目视图：可以显示项目的全部组件。在该视图中，可以方便地访问设备和块。项目的层次化结构，以及编辑器、参数和数据等全部显示在该视图中。

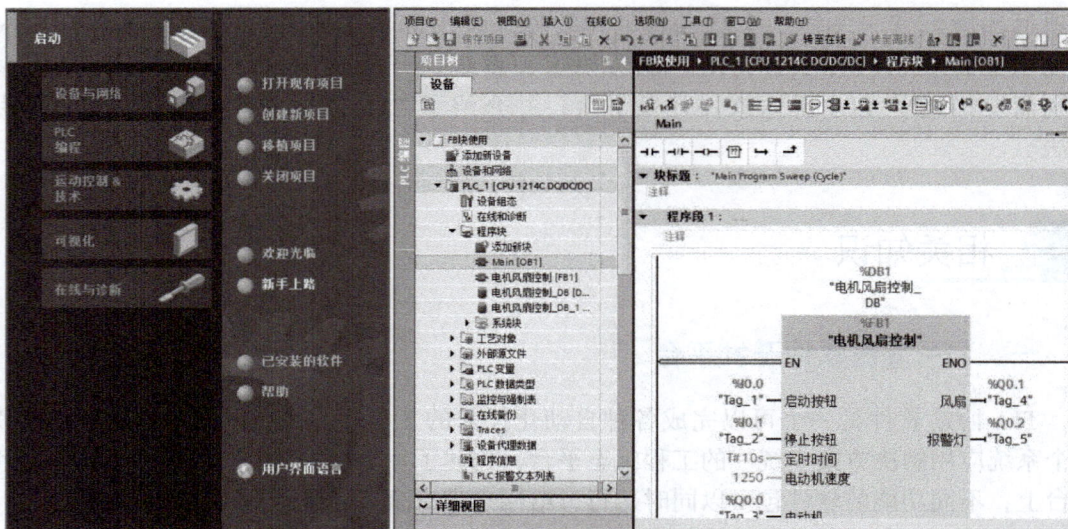

图 7-14　TIA 博途软件的视图

1. 博途视图

在博途视图中，左边栏是启动选项，列出了安装的软件包所涵盖的功能，根据不同的选择，中间栏会自动筛选出可以进行的操作，右边的操作面板中会更详细地列出具体的操作项目，博途视图的布局如图 7-15 所示。

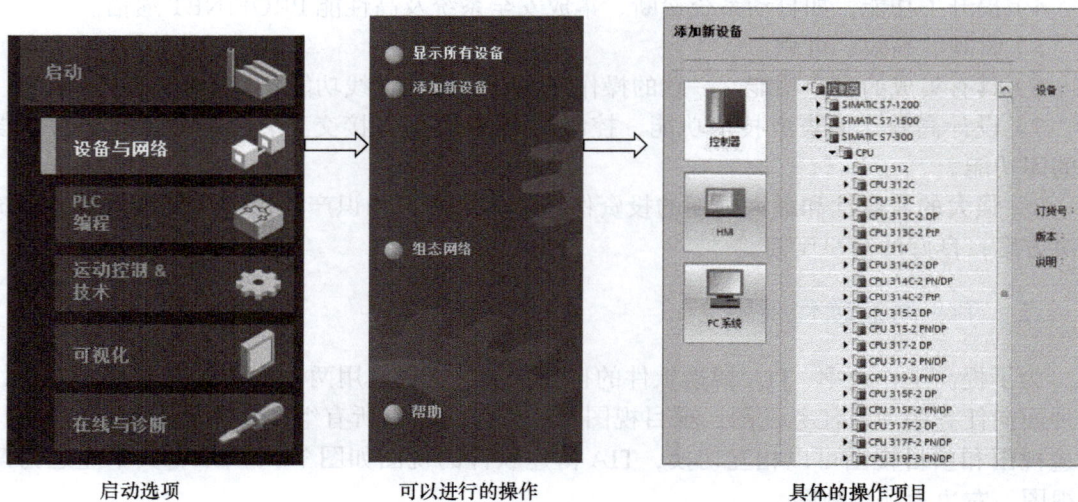

启动选项　　　　　　　可以进行的操作　　　　　　　具体的操作项目

图 7-15　博途视图的布局

2. 项目视图

项目视图如图 7-16 所示，包括项目树、工作区、检查器窗口、编辑器栏、任务卡和详细视图等。

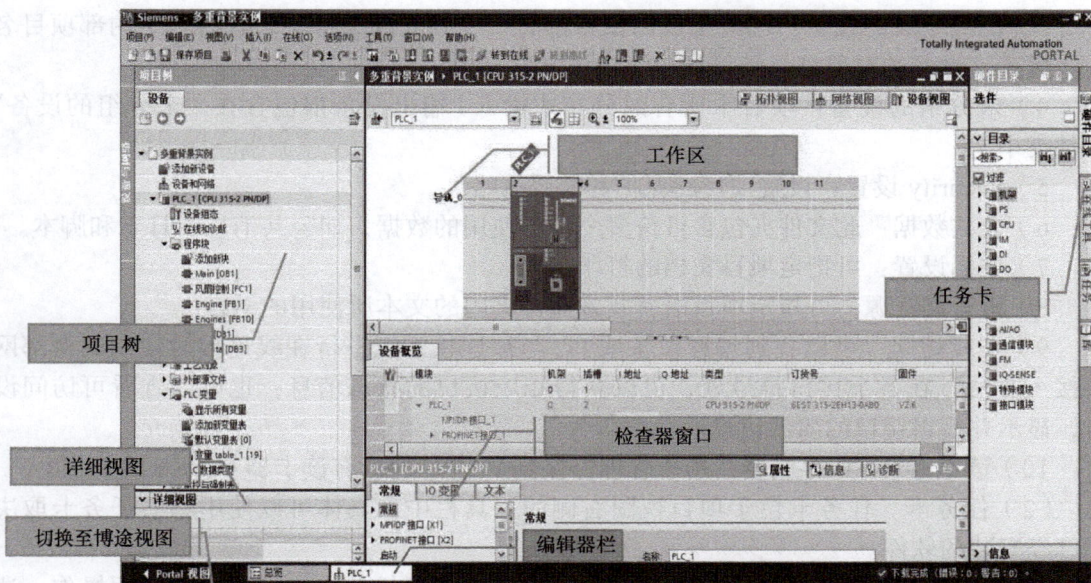

图 7-16　项目视图

（1）项目树　用于显示整个项目的各种元素，以及访问所有的设备和项目数据等。项目树中的内容十分丰富，在项目树中可以执行以下任务：添加新设备、编辑已有的设备、打开处理数据的编辑器、扫描并更改现有项目数据的属性等。项目树如图 7-17 所示，项目树中包含以下信息：

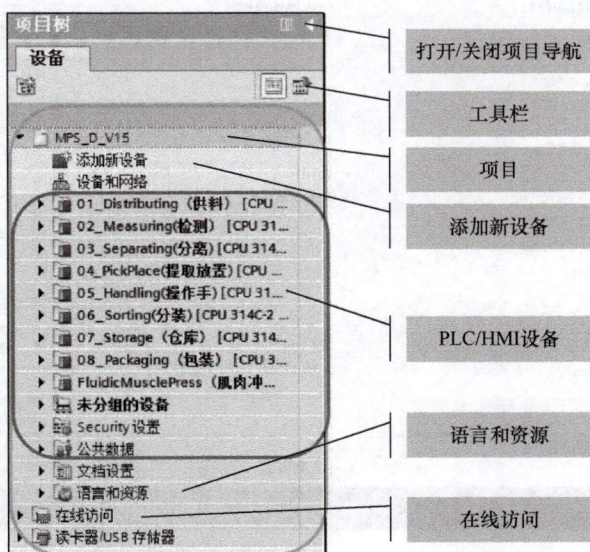

图 7-17　项目树

1）添加新设备：在同一个项目中，可以添加不同的设备，例如在综合项目中可添加多个 S7-300 PLC、多个 S7-1200 PLC 和 HMI 设备。

2）设备和网络：通过设备和网络可以浏览项目的拓扑视图、网络视图和设备视图。

3）已经生成的设备：已经生成的设备都有一个独立的文件夹，且有一个内部项目名称，属于该设备的对象和活动等均包含在该文件夹中。

4）未分组的设备：项目中所有的分布式输入/输出设备都包含在"未分组的设备"文件夹中。

5）Security 设置：设置项目的保护和密码策略。

6）公共数据：此文件夹包含可跨多个设备使用的数据，如公共消息、日志和脚本。

7）文档设置：可指定项目文档的打印布局。

8）语言和资源：可指定项目语言及该文件夹内的文本所使用的语言。

9）在线访问：可以找到编程设备或 PC 与被连接系统进行在线连接时使用的全部网络接入方法。在各个接口符号处，可以获得相应接口的状态信息，也可以查看可访问设备，显示并编辑接口的属性信息。

10）读卡器/USB 存储器：用于管理连接到 PG/PC 的所有读卡器和 USB 存储器。

（2）任务卡　任务卡位于项目视图右侧的工具栏中，具体可以使用哪些任务卡取决于已经安装的软件。

根据工作区被编辑或被选定对象的不同，可以使用任务卡执行附加的可用操作。这些操作包括从库中选择对象、从硬件目录中选择对象、查找和替换项目中的对象、显示已选定对象的诊断信息等，如图 7-18 所示。

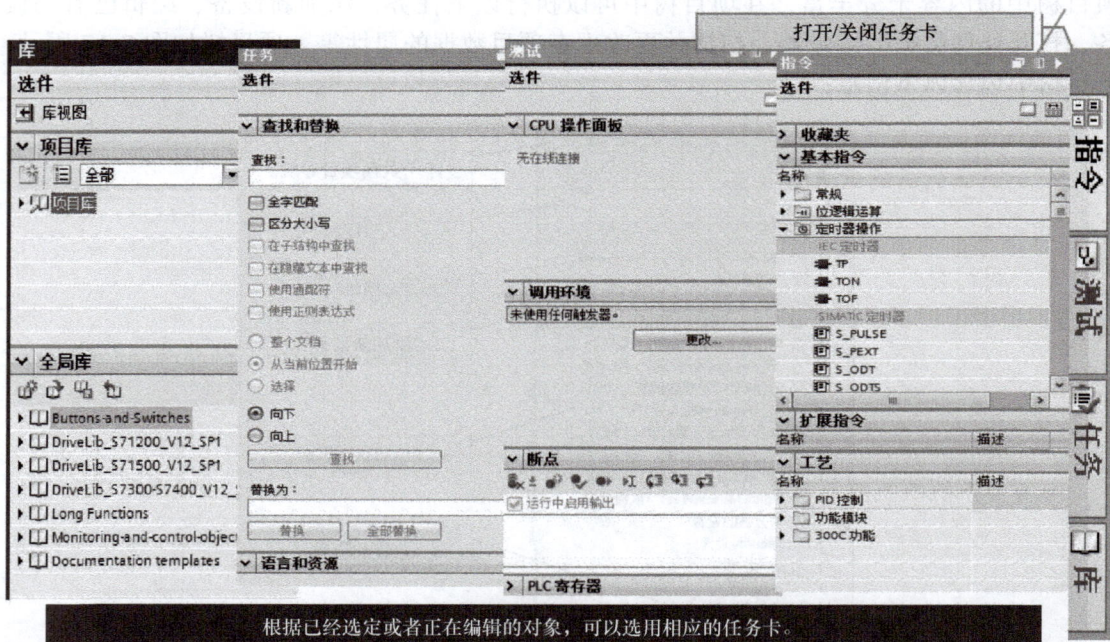

图 7-18　任务卡

（3）检查器窗口　用于显示与被选择对象或者已执行活动等有关的附加信息。检查器窗口的组成如图 7-19 所示。

1）"属性"选项卡：该选项卡用于显示被选定对象的属性。在该选项卡中可以更改允许编辑的属性。

2）"信息"选项卡：该选项卡用于显示被选定对象的其他信息及与已执行动作（如编译）有关的信息。

3）"诊断"选项卡：该选项卡用于提供与系统诊断事件和已组态报警事件等有关的信息。

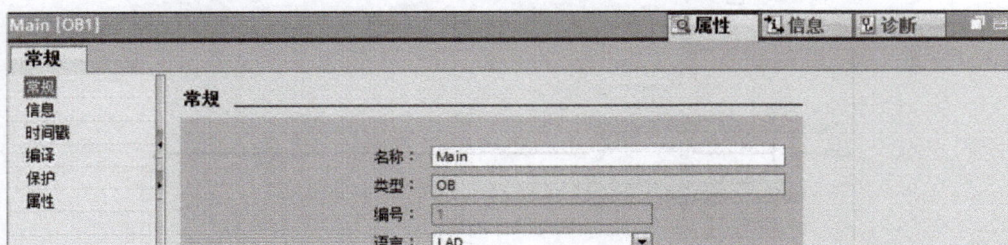

a）属性

b）信息

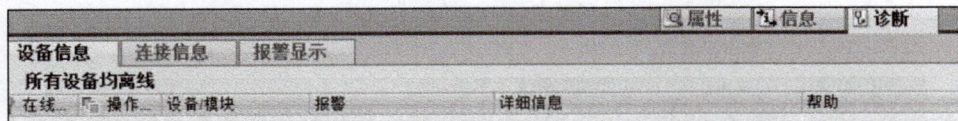

c）诊断

图 7-19　检查器窗口的组成

（4）工作区　用于显示可以打开并进行编辑的对象。这类对象包括编辑器、视图及表。

主要的编程等工作在工作区内进行，这个区域内有分割线，用于分隔界面的各个组件，可以利用分割线上的箭头显示或隐藏相邻部分。

工作区中可以同时打开多个对象，然而在正常情况下，工作区中一次只能显示多个已打开对象中的某一个，其余对象则以选项卡的形式显示在编辑器栏中。如果某个任务要求同时显示两个对象，则可以水平或垂直拆分编辑器空间。在没有打开编辑器时，工作区是空的。工作区内的窗口如图 7-20 所示。

编辑器空间的拆分步骤如下：在"窗口"菜单中，选择"垂直拆分编辑器空间"选项或"水平拆分编辑器空间"选项，或者单击工具栏中的按钮■或■，所选中的对象及编辑器栏内的下一个对象将会并排或者堆叠地显示出来，如图 7-21 所示。

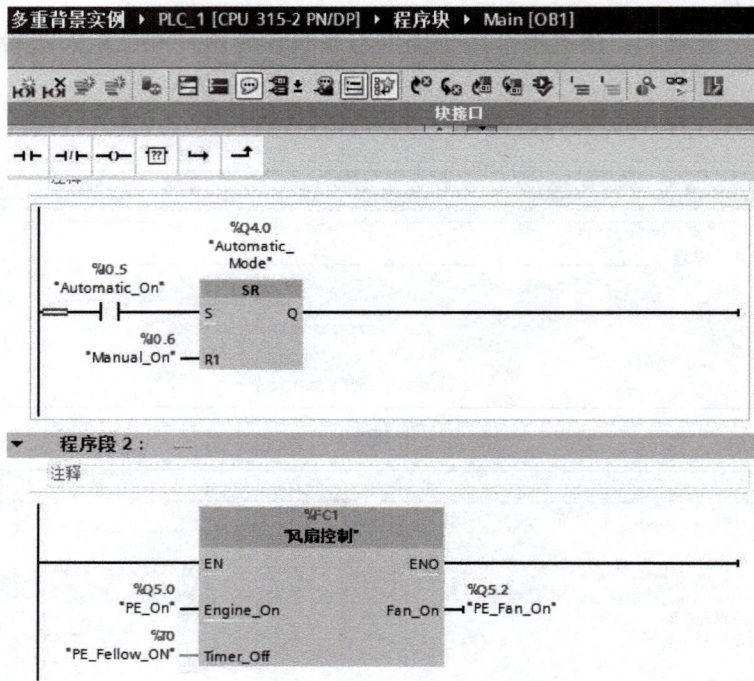

图 7-20　工作区内的窗口

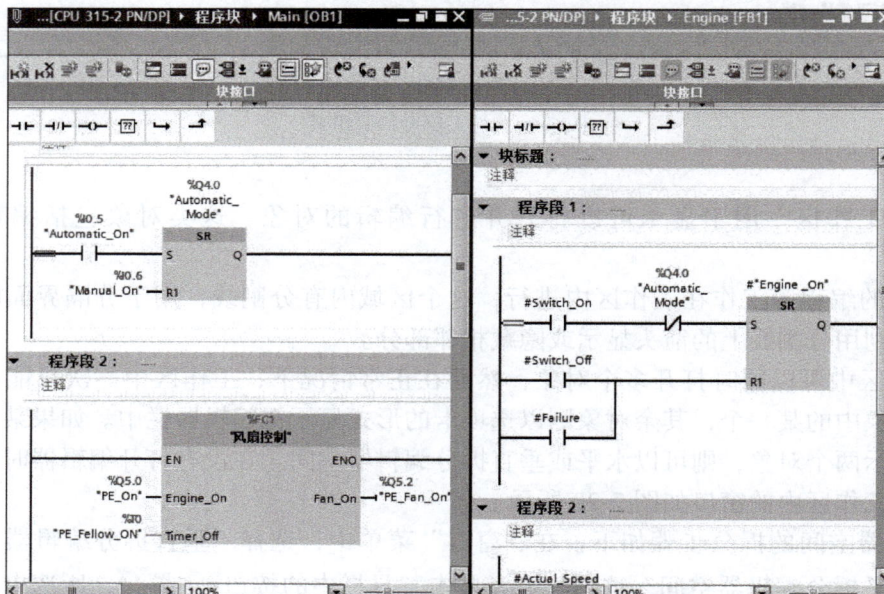

图 7-21　编辑器空间的拆分

面对如此丰富的界面，针对具体的操作定制自己的界面是实现高效编程的前提。为了快速定制自己的界面，了解快捷操作是非常必要的。

1）折叠 / 展开窗口：单击相应窗口的折叠按钮◀，即可将暂时不用的窗口折叠起来，这样工作区就会变大；单击相应窗口的展开按钮▶，即可将折叠的窗口重新展开；双击工作区的标题栏，窗口自动折叠，再次双击则恢复。

2）自动折叠 / 永久展开窗口：单击自动折叠按钮▥，当鼠标指针回到工作区时，相应的窗口会自动折叠起来；单击永久展开按钮▯，可以将自动折叠的窗口恢复为永久展开。

3）窗口浮动：单击按钮⬒可以使窗口浮动起来，这样可以将浮动的窗口拖到其他地方。对于多屏显示，可以将窗口拖到其他屏幕，实现多屏编程。单击按钮⬓可以还原。

4）恢复默认布局：在"窗口"菜单中选择"默认的窗口布局"选项，即可将窗口恢复为默认布局，如图 7-22 所示。

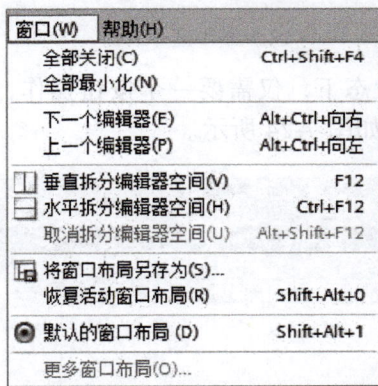

图 7-22　将窗口恢复为默认布局

（5）编辑器栏　用于显示已打开的编辑器，在编辑器栏可以对打开的对象进行快速切换。

（6）详细视图　用于显示总览窗口和项目树中所选对象的特定内容，其内容可以是文本列表或者变量。

3. 项目的语言选择及保存

（1）选择语言　若要更改用户界面语言，则可按照以下步骤操作：

1）在"选项"菜单中，选择"设置"命令。

2）在导航区中选择"常规"选项。

3）在"常规"设置区的"用户界面语言"下拉列表中选择所需要的语言，用户界面语言就会更改成所需要的语言。在下次打开该应用程序时，将显示为已经选定的用户界面语言，如图 7-23 所示。

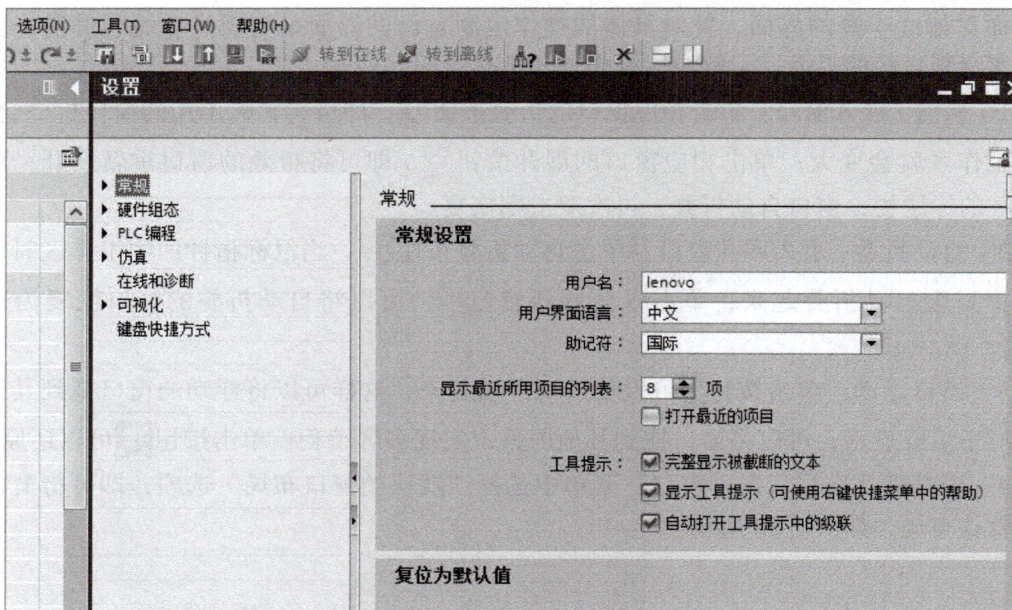

图 7-23　选择语言

（2）保存项目　在当前状态下，仅需要一个按钮操作，就可以保存完整的项目，即使项目中有错误也可以保存，如图 7-24 所示。

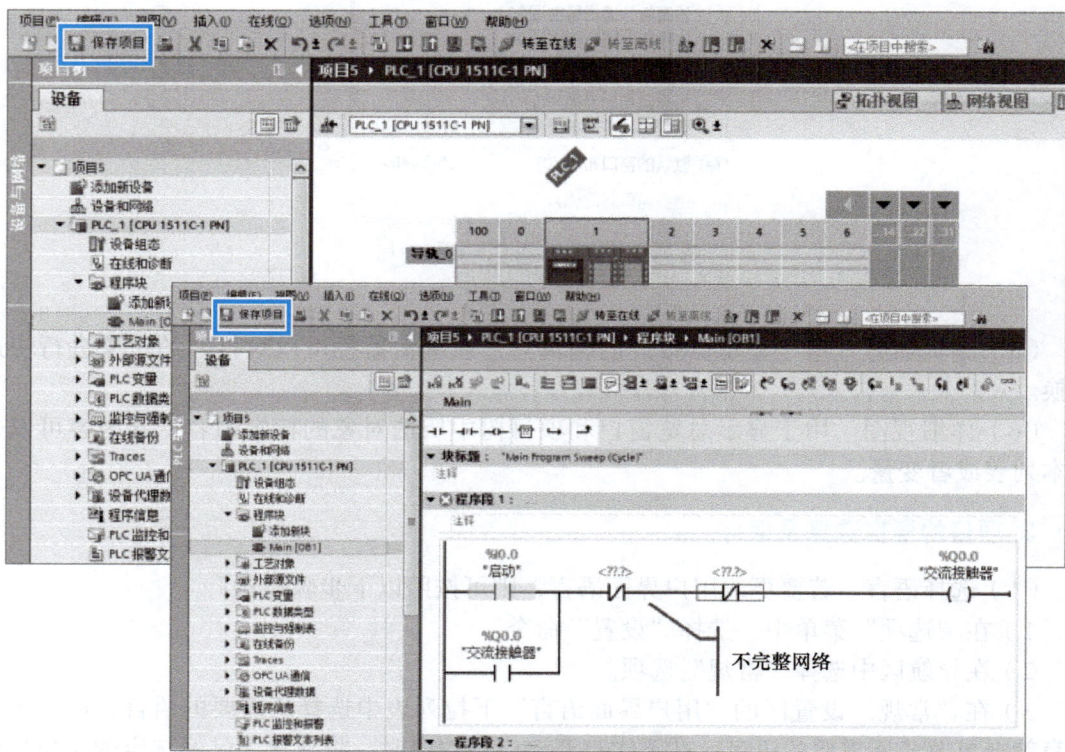

图 7-24　保存项目

技能训练

1. 设备组态

打开博途 STEP7 软件，首先创建新项目，项目名称为"设备组态"，然后进入项目视图，依据给定的 S7–300 PLC 进行组态。

2. 用户界面语言的设置

按照上述介绍的方法，对用户界面语言进行设置。

3. 项目的保存、编译及下载

按照上述介绍的方法，保存新建项目。在项目视图中，选中已组态的所有硬件设备，单击工具栏上的"编译"图标 进行设备组态编译，编译完成后，单击工具栏上的"下载到设备"图标 （或执行菜单命令"在线→下载到设备"）执行下载，弹出"下载结果"对话框，单击该对话框中的"完成"按钮，下载完成。

效果测评

TIA 博途软件介绍课题评价表见表 7-6。

表 7-6　TIA 博途软件介绍课题评价表

评价项目	评价要求	评分标准	配分	扣分	得分
设备组态	1）打开博途软件，创建新项目 2）能按实际设备正确组态 PLC	1）没有按照要求打开博途软件，不会创建新项目，扣 10 分 2）组态的 CPU 型号或订货号与实物不符，扣 10 分	40 分		
语言设置	能正确设置项目用户界面语言	不能正确设置用户界面语言，扣 10 分	10 分		
保存、编译与下载	1）能对新建项目进行保存 2）能正确进行设备组态的编译操作 3）能通过软件将设备组态正确下载到 CPU	1）没有按照要求保存项目，扣 10 分 2）没有按照要求进行编译，扣 10 分 3）不能有效下载，扣 5～10 分	30 分		
安全操作	确保人身和设备安全	违反安全文明操作规程，扣 10～20 分	20 分		
合计			100 分		

课题 3 ◎ 顺序控制程序设计方法

教学目标

知识目标

（1）掌握顺序功能图的绘制方法。
（2）掌握单序列、并行序列、选择序列顺序控制程序的设计方法。
（3）掌握用 S、R 指令编写顺序控制程序。
（4）掌握用 Graph 语言编写顺序控制程序。

能力目标

（1）能根据控制要求绘制出系统的顺序功能图。
（2）能使用 S、R 指令对系统进行软件程序的编制调试。
（3）能使用 Graph 语言对系统进行软件程序的编制调试。

素质目标

（1）培养学生刻苦钻研的学习精神和一丝不苟的工程意识。
（2）培养学生团结协作的团结意识和自主学习、创新的能力。

教学内容

在自动化生产线各单元中，很多系统在生产过程中是按照生产工艺的预先规定，在各个输入信号的作用下，根据内部状态和时间的顺序，自动、有序地进行动作，这种系统称为顺序控制系统。编写这种顺序控制系统的程序往往采用顺序控制设计法。本课题主要介绍顺序控制设计法的基本知识、顺序控制流程图绘制方法、顺序流程图的类型及特点，以及顺序流程的编程方法。

相关知识

PLC 是在传统的继电器控制系统的基础上发展而来的，继电器控制系统是典型的数字量控制系统。数字量控制系统梯形图的设计方法分为两种，即经验设计法和顺序控制设计法。常用的梯形图的设计方法就属于经验设计法，这种设计方法是根据被控对象对控制系统的具体要求，不断地修改完善梯形图，没有普遍的规律可循，具有很大的试探性和随意性，最后结果不是唯一的，设计所用的时间和设计的质量与设计者的经验有关，因此称为经验设计法。用经验设计法设计出的梯形图因人而异，往往很难阅读，给系统维修和改进带来很大困难。

在生产实践中经常可见顺序控制的运动规律，如多工步组合机床的运动。顺序控制设计法是指使各个执行机构按照生产工艺预先规定的顺序，在各个输入信号作用下，根据内部状态和时间顺序，在生产过程中自动地、有序地进行操作的设计方法。使用顺序控制设计法时，首先根据系统的工艺过程和运动规律画出顺序功能图；然后根据顺序功能图编写程序。这种方法有一定的设计步骤和规律，初学者很容易学会，有经验的工程师采用这种方法也可以提高设计效率。采用顺序控制设计法设计程序可使程序的阅读、调试、修改十分方便。

图 7-25 所示为机械手搬运工件的工作过程。在初始状态下（步 S0），若在工作台 E 点检测到有工件，则机械手下降（步 S1）至 D 点，然后开始夹紧工件（步 S2），夹紧时间为 3s，机械手上升（步 S3）至 C 点，手臂向左伸出（步 S4）至 B 点，然后机械手下降（步 S5）至 D 点，释放工件（步 S6），释放时间为 3s，将工件放在工作台的 F 点，机械手上升（步 S7）至 C 点，手臂向右缩回（步 S8）至 A 点，一个工作循环结束。若再次检测到工作台 E 点有工件，则又开始下一工作循环，周而复始。

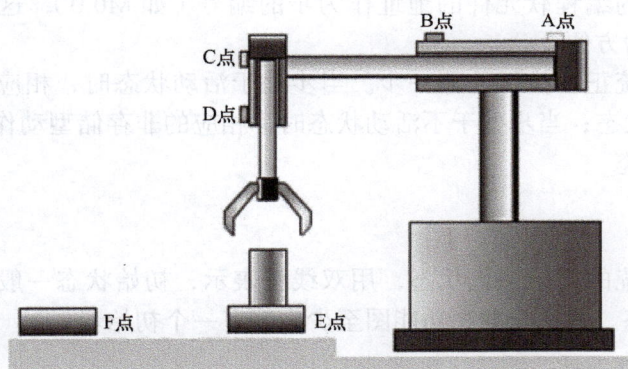

图 7-25　机械手搬运工件的工作过程

从以上描述可以看出，机械手搬运工件过程是由一系列步（S）或功能组成，这些步或功能按顺序由转换条件激活，这样的控制系统就是最为典型的顺序控制系统，也称为步进系统。

一、顺序控制设计法的基本思想

在工业控制领域的许多场合中要应用顺序控制的方式进行控制。顺序控制是指使生产机械按生产工艺预先安排的顺序自动工作。

将系统的一个工作周期划分为若干个顺序相连的阶段，这些阶段称为步（Step），用编程软元件（如位存储器 M）来代表各步。在一步之内，输出量的状态保持不变，这样使步与输出量的逻辑关系变得十分简单。

根据输出量的状态来划分步，只要输出量的状态发生变化就在该处划出一步。

系统不能总停在一步内工作，从当前步进入下一步称为步的转换，促成这种转换的信号称为转换条件。转换条件可以是外部输入信号，也可以是 PLC 内部信号或若干个信号的逻辑组合。顺序控制设计就是用转换条件去控制代表各步的编程软元件，让它们按照一定的顺序变化，然后用代表各步的软元件去控制 PLC 的各输出位。

二、顺序功能图的结构

顺序功能图（Sequential Function Chart）是描述控制系统的控制过程、功能和特性的一种图形，也是设计 PLC 顺序控制程序的有力工具。它涉及所描述的控制功能的具体技术，是一种通用的技术语言。在 IEC 的 PLC 编程语言标准（IEC 61131–3）中，顺序功能图被确定为居首位的 PLC 编程语言。现在还有相当多的 PLC（包括 S7–1200 PLC）没有配备顺序功能图语言，但是可以用顺序功能图来描述系统的功能，根据它来设计梯形图程序。

顺序功能图主要由步、初始步、有向连线、转换、转换条件和动作（或命令）组成。

1. 步

步表示系统的某一工作状态，用矩形框表示，方框中可以用数字表示该步的编号，也可以用代表该步的编程软元件的地址作为步的编号（如 M0.0），这样在根据顺序功能图设计梯形图时较为方便。

活动步是指系统正在执行的那一步。当步处于活动状态时，相应的动作执行，即该步内的元件为 ON 状态；当步处于不活动状态时，相应的非存储型动作停止执行，即该步内的元件为 OFF 状态。

2. 初始步

初始步表示系统的初始工作状态，用双线框表示，初始状态一般是系统等待启动命令的相对静止的状态。每一个顺序功能图至少应该有一个初始步。

3. 有向连线

有向连线是指把每一步按照活动步的先后顺序用直线连接起来。有向连线的默认方向由上至下，凡与此方向不同的连线均应标注箭头表示方向。

4. 转换

转换用有向连线上与有向连线垂直的短画线来表示，作用是将相邻两步分隔开。步的活动状态的进展是由转换的实现来完成的，并与控制过程的发展相对应。

转换表示从一个状态到另一个状态的变化，即从一步到另一步的转移，用有向连线表示转移的方向。

转换实现的条件为该转换所有的前级步都是活动步，且相应的转换条件得到满足。转换实现后的结果为使该转换的后续步变为活动步，前级步变为不活动步。

5. 转换条件

使系统由当前步进入下一步的信号称为转换条件。转换是一种条件，当条件成立时，称为转换使能。该转换如果能够使系统的状态发生转换，则称为触发。转换条件是系统从一个状态向另一个状态转移的必要条件。

转换条件是与转换相关的逻辑命令，转换条件可以用文字语言、布尔代数表达式或图形符号标注在表示转换的短画线旁边，使用最多的是布尔代数表达式。

在顺序功能图中，只有当某一步的前级步是活动步时，该步才有可能变成活动步。如果用没有断电保持功能的编程软元件代表各步，进入 RUN 工作方式时，它们均处于"0"状态，必须在开机时将初始步预置为活动步，否则因顺序功能图中没有活动步，系统将无法工作。

绘制顺序功能图应注意以下几点：

1）步与步不能直接相连，要用转换隔开。

2）转换也不能直接相连，要用步隔开。

3）初始步描述的是系统等待启动命令的初始状态，通常在这一步里没有任何动作。但是初始步是不可缺少的，因为如果没有该步，无法表示系统的初始状态，系统也无法返回停止状态。

4）自动控制系统应能多次重复完成某一控制过程，要求系统可以循环执行某一程序，因此顺序功能图应是一个闭环，即在完成一次工艺过程的全部操作后，应从最后一步返回初始步，系统停留在初始状态（单周期操作）；在连续循环工作方式下，系统应从最后一步返回下一工作周期开始运行的第一步。

6. 动作（或命令）

与步对应的动作（或命令）用于在每一步内把状态为 ON 的输出位表示出来。可以将一个控制系统划分为被控系统和施控系统。对于被控系统，在某一步要完成某些"动作"（action）；对于施控系统，在某一步要向被控系统发出某些"命令"（command）。

为了方便，以后将动作或命令统称为动作，也用矩形框中的文字或符号表示，该矩形框与对应的步相连表示在该步内的动作，并放置在步序框的右边。在每一步内只标出状态为 ON 的输出位，一般用输出类指令（如输出、置位、复位等）。步相当于这些指令的子母线，这些动作命令平时不执行，只有当对应的步被激活时才执行。

根据需要，指令与对象的动作响应之间可能有多种情况，如有的动作仅在指令激活的时间内有响应，指令结束后动作终止（点动动作）；而有的一旦发出指令，动作就一直继续（存储性动作），除非再发出停止或撤销指令，这就需要用不同的符号来进行修饰。动作的修饰词见表 7-7。

表 7-7　动作的修饰词

修饰词	动作类型	说明
N	非存储型	当步变为不活动步时动作终止
S	置位（存储型）	当步变为活动步时动作继续，直到动作被复位
R	复位（存储型）	被修饰词 S、SD、SL 和 DS 启动的动作被终止
L	时间限制	步变为活动步时动作启动，直到步变为不活动步或设定时间到时动作终止

（续）

修饰词	动作类型	说明
D	时间延迟	步变为活动步时延时定时器启动，如果延迟之后步仍然是活动的，动作启动和继续，直到步变为不活动步时动作终止
P	脉冲	当步变为活动步时，动作启动并且只执行一次
SD	存储与时间延迟	在时间延迟之后动作启动，一直到动作被复位
DS	延迟与存储	在延迟之后如果步仍然是活动的，动作启动直到复位
SL	存储与时间限制	步变为活动步时动作启动，一直到设定的时间到或动作复位

如果某一步有几个动作，可以用图 7-26 中的两种画法来表示，但是并不表示这些动作之间有任何顺序关系。

图 7-26　动作

三、顺序功能图的类型

顺序功能图主要有单序列、选择序列、并行序列 3 种类型。

1. 单序列

单序列是由一系列相继激活的步组成，每一步的后面仅有一个转换，每一个转换的后面只有一个步，如图 7-27a 所示。

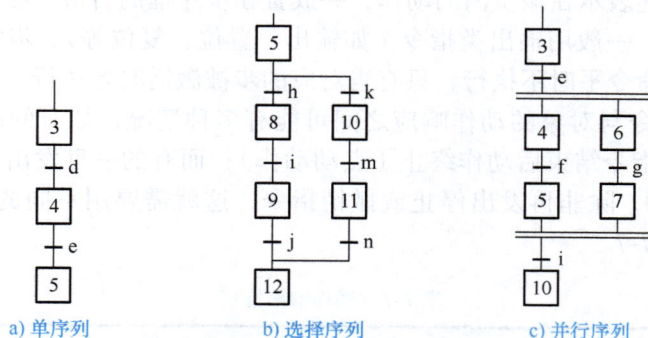

a) 单序列　　　　　　b) 选择序列　　　　　　c) 并行序列

图 7-27　顺序功能图的类型

2. 选择序列

选择序列的开始称为分支，转换符号只能标在水平连线之下，如图 7-27b 所示。步 5 后有两个转换 h 和 k 所引导的两个选择分支，如果步 5 为活动步并且转换 h 使能，则步 8

被触发；如果步 5 为活动步并且转换 k 使能，则步 10 被触发。一般只允许选择一个序列。

选择序列的合并是指几个选择序列合并到一个公共序列。此时，用与需要重新组合的序列相同数量的转换符号和水平连线来表示，转换符号只允许在水平连线上。图 7-27b 中，如果步 9 为活动步并且转换 j 使能，则步 12 被触发；如果步 11 为活动步并且转换 n 使能，则步 12 也被触发。

3. 并行序列

当转换的实现导致几个序列同时被激活时，这些序列称为并行序列。并行序列用来表示系统的几个同时工作的独立部分的情况，如图 7-27c 所示。并行序列的开始称为分支。当步 3 是活动步并且转换条件 e 为 ON 时，步 4、步 6 被同时激活，每个序列中活动步的进展将是独立的。在表示同步的水平双线之上，只允许有一个转换符号。并行序列的结束称为合并，在表示同步水平双线之下，只允许有一个转换符号。当直接连在双线上的所有前级步（步 5、步 7）都处于活动状态，并且转换状态条件 i 为 ON 时，才会发生步 5、步 7 到步 10 的进展，步 5、步 7 同时变为不活动步，而步 10 变为活动步。

四、顺序功能图的编程方法

根据控制系统的工艺要求画出系统的顺序功能图后，若 PLC 没有配备顺序功能图语言，则必须将顺序功能图转换成 PLC 执行的梯形图程序（S7-300、400、1500 PLC 配备有顺序功能图语言）。将顺序功能图转换成梯形图的方法主要有两种，分别是采用起保停电路的设计方法和采用置位（S）/复位（R）指令的设计方法。

1. 起保停电路设计法

起保停电路仅使用与触头和线圈有关的指令，任何一种 PLC 的指令系统都有这一类指令，因此这是一种通用的编程方法，可以用于任意型号的 PLC。

图 7-28a 所示为自动小车运动 PLC 控制系统的示意图。当按下起动按钮时，小车由原点 SQ0 处前进（Q0.0 动作）到 SQ1 处，停留 2s 返回（Q0.1 动作）到原点，停留 3s 后前进到 SQ2 处，停留 2s 后回到原点。当再次按下起动按钮时，重复上述动作。

设计起保停电路的关键是找出它的启动条件和停止条件。根据转换实现的基本规则，转换实现的条件是它的前级步为活动步，并且满足相应的转换条件。在起保停电路中，则应将代表前级步的存储器位 M×.× 的常开触头和代表转换条件的常开触头（如 I×.×）串联，作为控制下一位的启动电路。

图 7-28b 所示为自动小车运动 PLC 控制系统的顺序功能图，当 M2.1 和 SQ1 的常开触头均闭合时，步 M2.2 变为活动步，这时步 M2.1 应变为不活动步，因此可以将 M2.2 为 ON 状态作为使存储器位 M2.1 变为 OFF 的条件，即将 M2.2 的常闭触头与 M2.1 的线圈串联。用逻辑代数式表示为

$$M2.1 = (M2.0 \cdot I0.0 + M2.1) \cdot M2.2$$

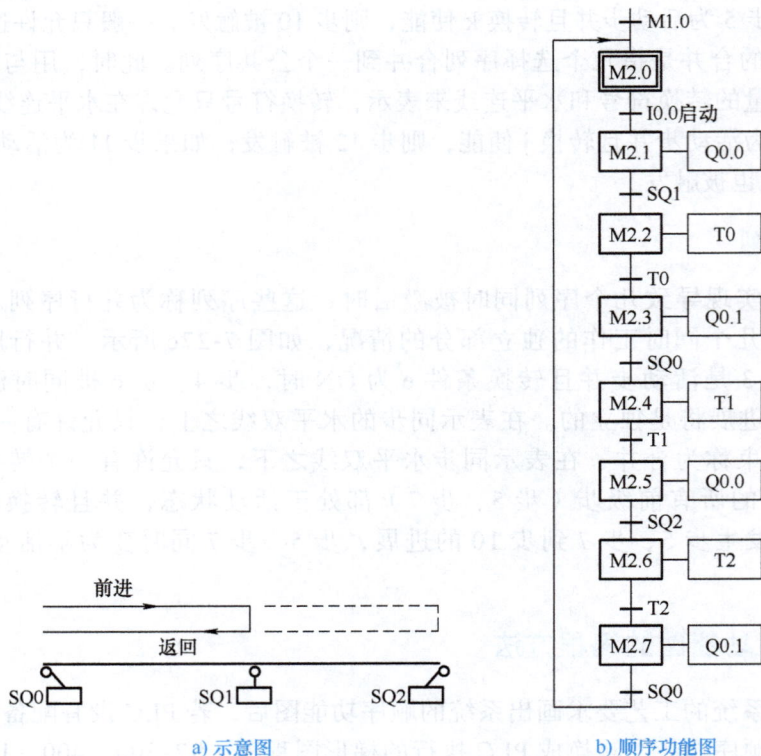

a) 示意图　　　　b) 顺序功能图

图 7-28　自动小车运动 PLC 控制系统

根据上述的编程方法和顺序功能图，很容易画出梯形图，如图 7-29 所示。

顺序控制梯形图输出电路部分的设计如下：

由于步是根据输出变量的状态变化来划分的，它们之间的关系可以分为两种情况来处理。

1）某输出量仅在某一步为 ON，则可以将它原线圈与对应步的存储器位 M 的线圈相并联。

2）如果某输出在几步中都为 ON，则应将使用各步的存储器位的常开触头并联后，驱动输出线圈，如图 7-29 中程序段 9 和程序段 10 所示。

2. 置位 / 复位指令设计法

在使用置位 / 复位指令设计顺序控制程序时，将各转换的所有前级步对应的常开触头与转换对应的触头或电路串联，该串联电路即为起保停电路中的启动电路，用它作为使所有后续步置位（使用 S 指令）和使所有前级步复位（使用 R 指令）的条件。在任何情况下，各步的控制电路都可以用这一原则来设计，每一个转换对应一个这样的控制置位和复位的电路块，有多少个转换就有多少个这样的电路块。这种设计方法特别有规律可循，梯形图与转换实现的基本规则之间有着严格的对应关系，在设计复杂的顺序功能图的梯形图时，既容易掌握，又不容易出错。

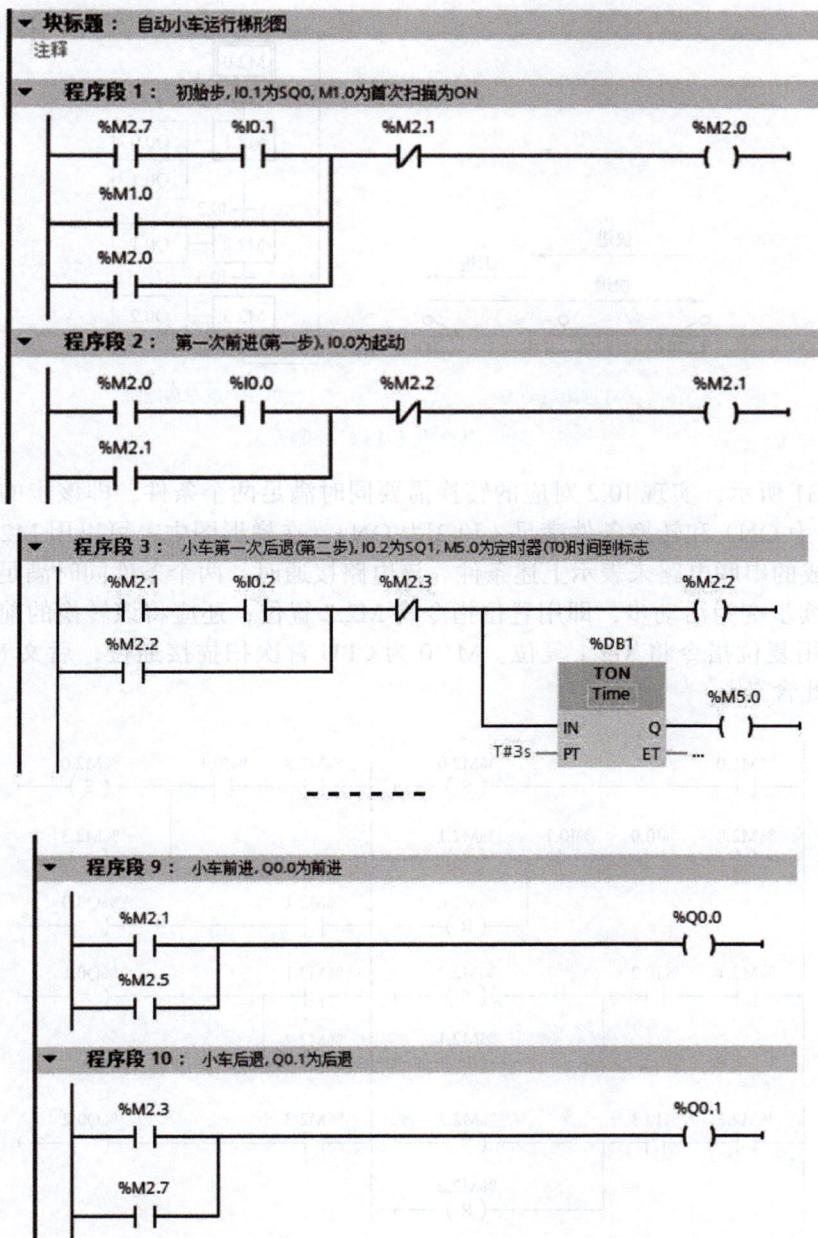

图 7-29　自动小车运动 PLC 控制系统梯形图

使用置位 / 复位指令设计顺序功能图的方法如下：

（1）单序列的编程方法　某组合机床的动力头在初始状态时停在最左边，限位开关 I0.1 为 ON 状态。按下起动按钮 I0.0，动力头开始进给运动，如图 7-30a 所示，工作一个循环后，返回并停在初始位置。控制电磁阀 Q0.0（快进）、Q0.1（工进）和 Q0.2（快退）在各工步的状态如图 7-30b 所示。

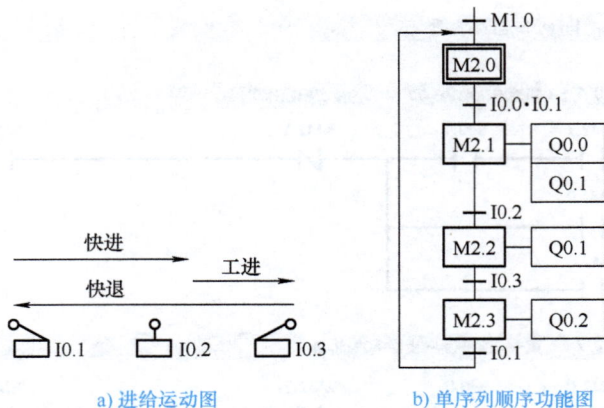

a) 进给运动图   b) 单序列顺序功能图

图 7-30　组合机床 PLC 控制系统

如图 7-31 所示，实现 I0.2 对应的转换需要同时满足两个条件，即该步的前级步是活动步（M2.1 为 ON）和转换条件满足（I0.2 为 ON）。在梯形图中，可以用 M2.1 和 I0.2 的常开触头组成的串联电路来表示上述条件。该电路接通时，两个条件同时满足。此时应将该转换的后续步变为活动步，即用置位指令将 M2.2 置位；还应将该转换的前级步变为不活动步，即用复位指令将 M2.1 复位。M1.0 为 CPU 首次扫描接通位，后文 M1.0 如不特殊说明均为此含义。

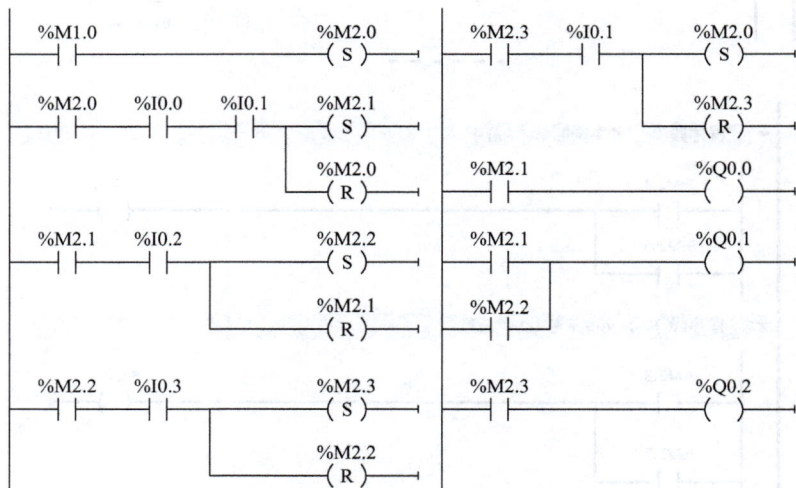

图 7-31　单序列梯形图

使用单序列编程方法时，不能将输出位的线圈与置位/复位指令并联，这是因为图 7-30 所示控制置位/复位的串联电路接通的时间只有一个扫描周期，转换条件满足后前级步马上被复位，该串联电路断开，而输出位的线圈至少应该在某一步对应的全部时间内被接通。所以应根据顺序功能图，用代表步的存储器位的常开触头或它们的并联电路来驱动输出位的线圈。

（2）并行序列的编程方法　图 7-32 所示为并行序列顺序功能图，采用 S、R 指令进行的并行序列梯形图如图 7-33 所示。

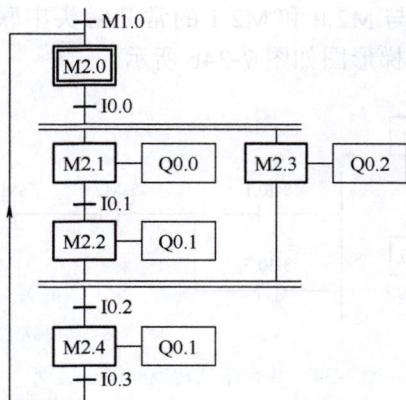

图 7-32　并行序列顺序功能图

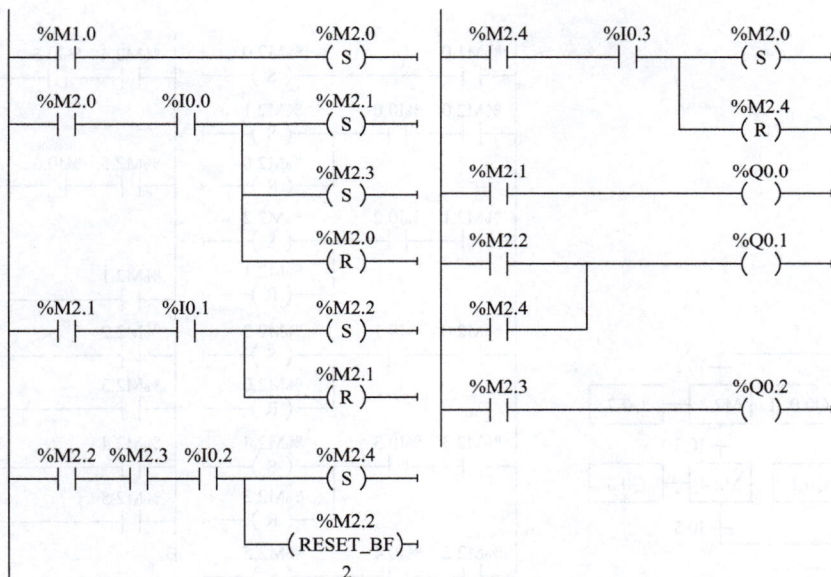

图 7-33　并行序列梯形图

1）并行序列分支的编程。如图 7-32 所示，步 M2.0 之后有一个并行序列的分支。当 M2.0 是活动步，并且转换条件 I0.0 为 ON 时，步 M2.1 和步 M2.3 应同时变为活动步，这时用 M2.0 和 I0.0 的常开触头串联电路使 M2.1 和 M2.3 同时置位，用复位指令使步 M2.0 变为不活动步，如图 7-33 所示。

2）并行序列合并的编程。如图 7-32 所示，在转换条件 I0.2 之前有一个并行序列的合并。当所有的前级步 M2.2 和 M2.3 都是活动步，并且转换条件 I0.2 为 ON 时，实现并行序列的合并。用 M2.2、M2.3 和 I0.2 的常开触头串联电路使后续步 M2.4 置位，用复位指令使前级步 M2.2 和 M2.3 变为不活动步，如图 7-33 所示。

某些控制有时需要并行序列的合并和分支由一个转换条件同步实现，如图 7-34a 所示。转换的上面是并行序列的合并，转换的下面是并行序列的分支，该转换实现的条件是所有的前级步 M2.0 和 M2.1 都是活动步且转换条件 I0.1 或 I0.3 为 ON。因此，应将 I0.1

和 I0.3 的常开触头并联后再与 M2.0 和 M2.1 的常开触头串联，作为 M2.2、M2.3 置位和 M2.0、M2.1 复位的条件，其梯形图如图 7-34b 所示。

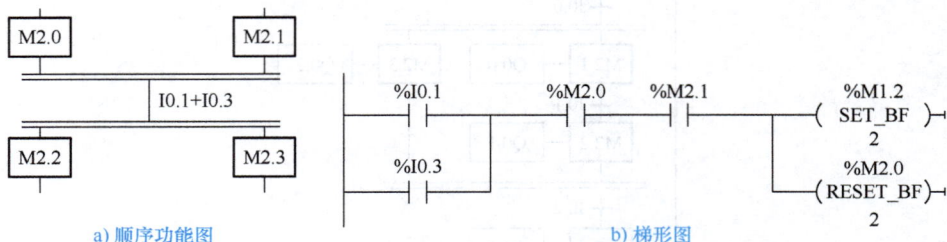

a) 顺序功能图   b) 梯形图

图 7-34　并行序列转换的同步实现

（3）选择序列的编程方法　图 7-35 所示为选择序列顺序功能图，采用 S、R 指令进行的选择序列梯形图如图 7-36 所示。

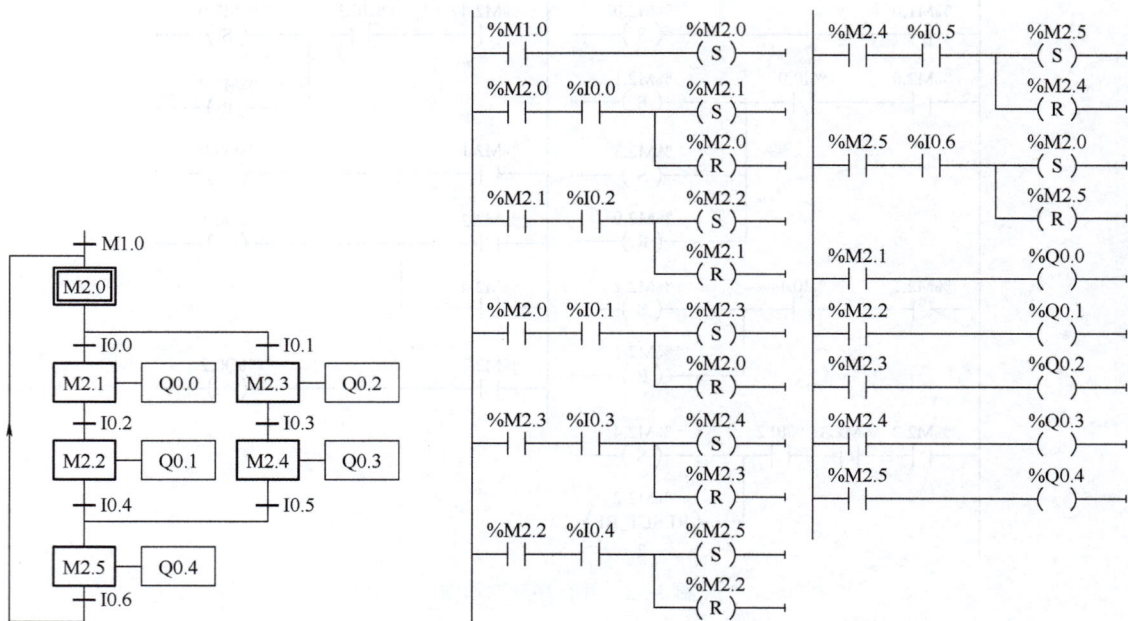

图 7-35　选择序列顺序功能图   图 7-36　选择序列梯形图

1）选择序列分支的编程。如图 7-35 所示，步 M2.0 之后有一个选择序列的分支。当 M2.0 为活动步时，可以有两种不同的选择，当转换条件 I0.0 满足时，后续步 M2.1 变为活动步，M2.0 变为不活动步；而当转换条件 I0.1 满足时，后续步 M2.3 变为活动步，M2.0 变为不活动步。

2）选择序列合并的编程。如图 7-35 所示，步 M2.5 之前有一个选择序列的合并，当步 M2.2 为活动步，并且转换条件 I0.4 满足，或者步 M2.4 为活动步，并且转换条件 I0.5 满足时，步 M2.5 应变为活动步。在步 M2.2 和步 M2.4 后续对应的程序段中，分别用 I0.4 和 I0.5 的常开触头驱动置位 M2.5 指令，就能实现选择序列的合并。

五、顺序功能图应用 Graph 语言编程

利用博途 S7 Graph 编程语言可以清楚、快速地组织和编写 S7 PLC 系统的顺序控制程序。它根据功能将控制任务分解为若干步，其顺序用图形方式显示出来，并且可形成图形和文本方式的文件，可非常方便地实现全局、单页或单步显示及互锁控制和监视条件的图形分离。

在每一步中要执行相应的动作并且根据条件决定是否转换为下一步。它们的定义、互锁或监视功能用博途的编程语言 LAD 或 FBD 来实现。

博途 Graph 语言编辑器界面如图 7-37 所示。

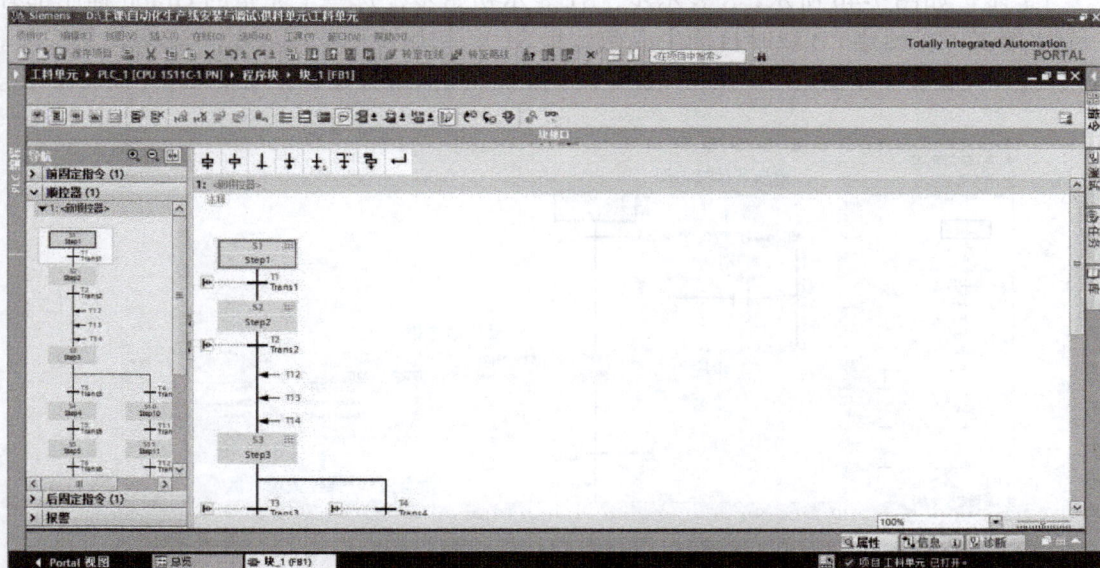

图 7-37　博途 Graph 语言编辑器界面

在博途 Graph 语言编辑器中，视图工具条如图 7-38 所示。顺序控制器工具条如图 7-39 所示。

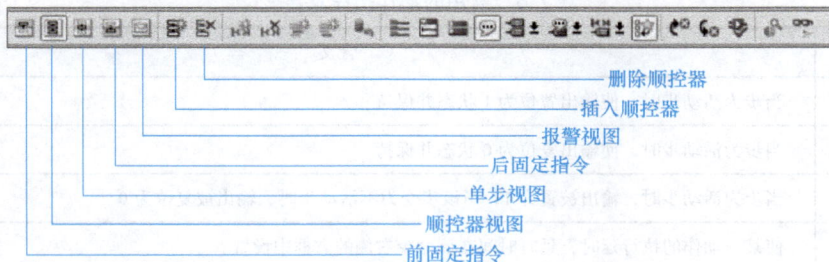

图 7-38　视图工具条

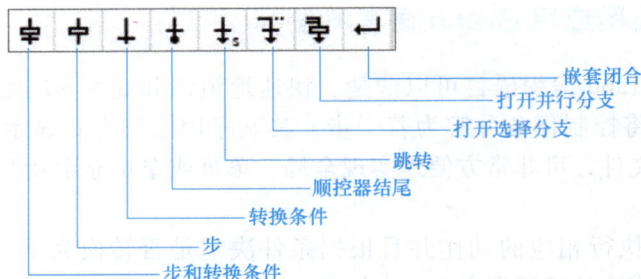

图 7-39　顺序控制器工具条

博途中 Graph 语言编程要点如下：

1）步：如图 7-40 所示，S 表示步，S1 表示初始步，每一个完整的 Graph 程序都有一个初始步（在创建 FB 块时自动生成初始步 S1），初始步用双线表示。S2 表示第二步，依次类推。S2 表示步的编号，Step2 表示步的名称。按照编程逻辑，需要几步就添加几步。

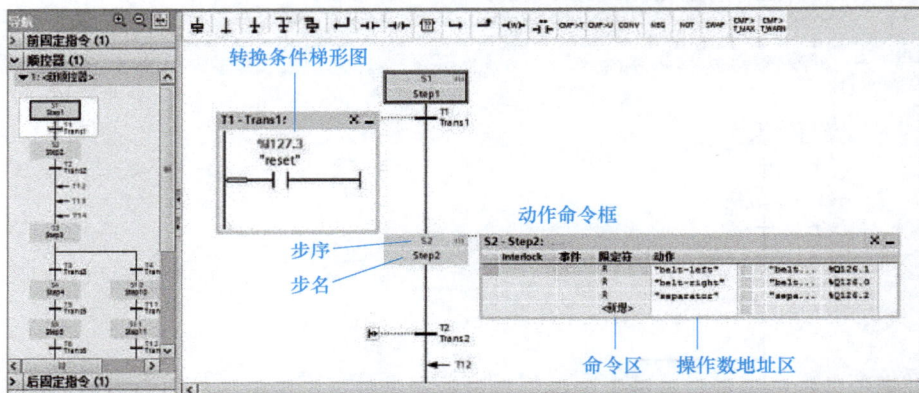

图 7-40　博途中 Graph 语言编程要点

2）转换条件：T1 是转换条件，Trans1 是转换条件符号名。每两步（如 S1 步到 S2 步）之间左边的梯形图是步的转换条件，条件满足，步被激活，程序从 S1 步跳到 S2 步。转换条件可以是常开触头、常闭触头和中间继电器等。

3）步的动作：控制任务要由步的动作来完成，当步被激活时，开始执行步的动作。步右边动作命令方框就是动作指令框，常用的动作指令及含义见表 7-8。

表 7-8　常用的动作指令及含义

命令	含义
S	当步为活动步时，使输出置位为 1 状态并保持
R	当步为活动步时，使输出复位为 0 状态并保持
N	当步为活动步时，输出被置为 1；当该步变为不活动步时，输出被复位为 0
D	使某一动作的执行延时，延时时间在该命令右侧的方框中设置
L	用来产生宽度受限的脉冲，相当于脉冲定时器

技能训练

1. 控制任务及要求

要求对气动机械手的搬运工件（见图 7-41）进行自动控制。控制要求如下：

1）工件的补充由人工完成，即直接将工件放在 D 点（SQ0 动作）。

2）起动后，D 点有工件，机械手臂先下降（B 缸动作），抓取工件（C 缸动作），然后上升（B 缸复位），再左移（A 缸动作）到 E 点上方，机械手臂再次下降（B 缸动作），时间到后松开工件（C 缸复位），机械手臂再次上升（B 缸复位），最后机械手臂再回到原位（A 缸复位）。

3）A、B、C 缸均为单作用气缸，使用单电控电磁阀控制方式。

4）C 缸抓取或放开工件，都必须有 1s 的时间间隔，机械手臂才能动作。

5）当 E 点有工件且 B 缸活塞杆已上升到 SQ4 时，电动机驱动传送带开始运送工件，5s 后工件完全运走。当工件完全运走并且机械手臂回到原位（A 缸复位）时，机械手臂和电动机立即停止工作。

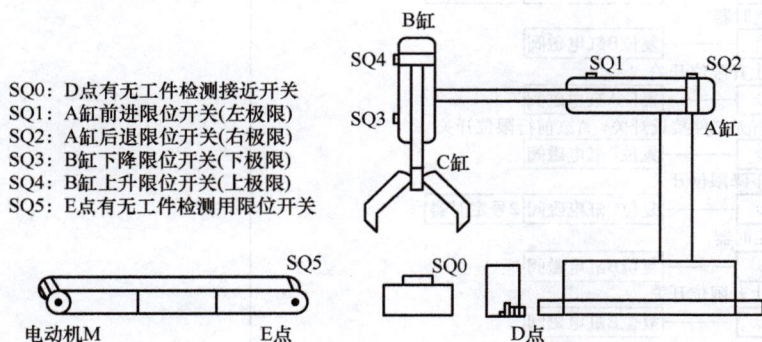

SQ0：D 点有无工件检测接近开关
SQ1：A 缸前进限位开关（左极限）
SQ2：A 缸后退限位开关（右极限）
SQ3：B 缸下降限位开关（下极限）
SQ4：B 缸上升限位开关（上极限）
SQ5：E 点有无工件检测用限位开关

图 7-41　气动机械手搬运工件示意图

2. I/O 地址分配

根据控制要求确定 I/O 点数，进行 I/O 地址分配。

3. 创建工程项目

打开博途编程软件，在 Portal 视图中选择"创建新项目"，输入项目名称"气动机械手搬运"，选择项目保存路径，单击"创建"，创建工程项目完成。

4. 硬件组态

切换至项目视图后，单击"添加新设备"，在打开的"添加新设备"窗口中单击"控制器"，在中间的目录树中，依次双击选项名称" SIMATIC S7-300 → CPU → CPU 313C-2DP"，在打开的" CPU 313C-2DP"文件夹中选择与硬件相对应订货号的 CPU

（在此选择订货号为 6ES7 313–6CG04–0AB0），单击窗口右下角的"添加"，添加新设备完成。

5. 编辑变量表

进入项目视图，在项目树中，依次双击"PLC_1→PLC 变量→添加新变量表"，双击"PLC 变量"，生成变量表"变量表_1"，根据 I/O 分配表编辑变量表。

6. 绘制顺序流程图

根据气动机械手搬运工件的控制要求，绘制顺序流程图，如图 7-42 所示。

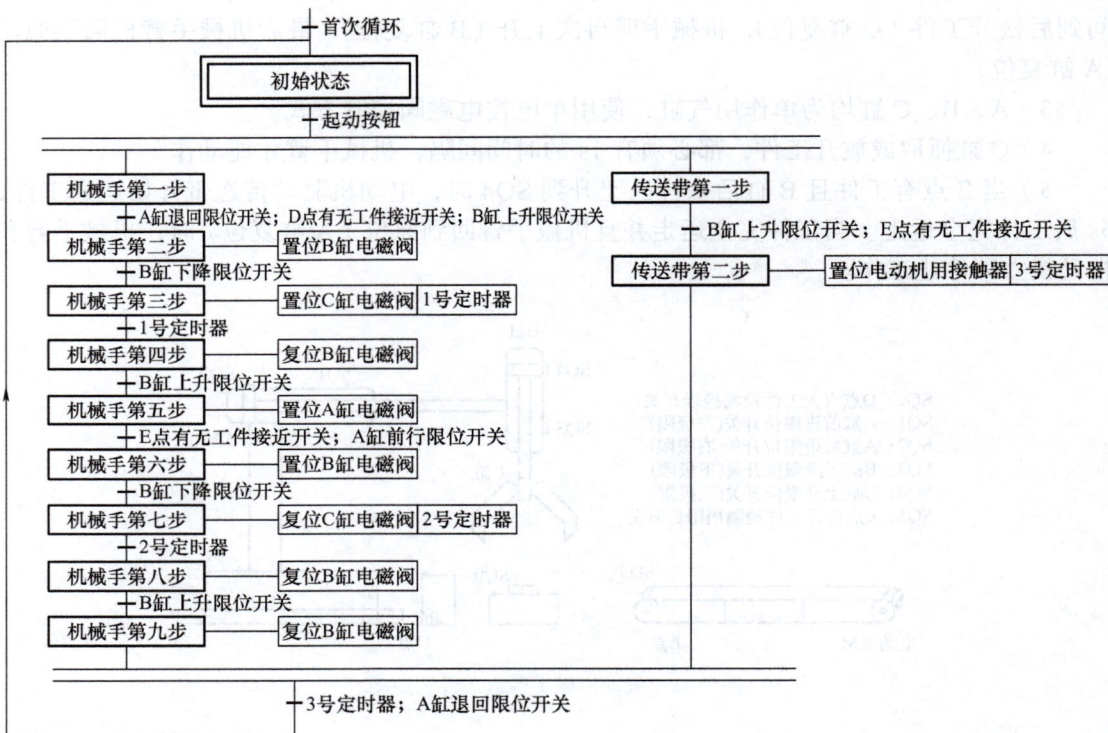

图 7-42　气动机械手搬运工件的顺序流程图

7. 编写程序

编写程序时，分别采用两种不同方法编写顺序控制程序。

1）根据图 7-42 的顺序流程图，在项目树中，依次双击"PLC_1→程序块→Main（OB1）"，打开程序编辑器，在程序编辑器中用 S、R 指令编写程序。

2）根据图 7-42 的顺序流程图，在项目树中，依次双击"PLC_1→程序块→添加新块"，在打开的"添加新块"窗口中选择"函数块（FB）"，语言下拉选择"GRAPH"，单击"确定"，生成新块"块_1"。在"块_1"中，用 Graph 语言编写顺序控制程序。编写完成后，再在"PLC_1→程序块→Main（OB1）"中，调用"块_1"。

8. 调试运行

将设备组态及程序编译下载到 CPU 中，启动 CPU，将 CPU 切换至 RUN 模式。手动放置工件并按下起动按钮后，观察机械手各气缸是否按照控制要求进行顺序动作，若没有，检查电路接线或修改程序，直至机械手各气缸能按控制要求进行动作。

效果测评

顺序控制程序设计方法课题评价表见表 7-9。

表 7-9　顺序控制程序设计方法课题评价表

评价项目	评价要求	评分标准	配分	扣分	得分
流程图绘制	能够根据控制要求正确绘制流程图	一处绘制错误扣 5 分	20 分		
电路及程序设计	1）能正确分配 I/O 地址 2）能正确进行设备组态 3）根据流程图正确编制程序（S、R 指令和 Graph 两种）	1）I/O 地址分配错误或少一处，扣 5 分 2）CPU 组态与现场设备型号不匹配，扣 10 分 3）程序表达不正确或不规范，每处扣 5 分	40 分		
调试与运行	能熟练使用编程软件将编制程序下载至 CPU，并按要求调试运行	1）不能熟练使用编程软件进行程序的编辑、修改、转换、写入及监视，每项扣 2 分 2）不能按照控制要求完成相应的功能，每缺一项扣 5 分	20 分		
安全操作	确保人身和设备安全	违反安全文明操作规程，扣 10 ~ 20 分	20 分		
合计			100 分		

思考与练习

一、填空题

1. S7–300 PLC 的模块槽号地址分配是有规律的，通常 1 号槽固定为_____模块，2 号槽固定为_____模块，3 号槽固定为_____模块，4 ~ 11 号槽可以为_____等模块。

2. S7–300 PLC 面板上的 LED 显示灯中，SF（红色）亮表示_____；BF（红色）亮表示_____。

3. S7–300 PLC 的模块中 SM 是_____，CP 是_____，FM 是_____，PS 是_____。

4. S7–300 PLC 主要组成部分有_____、_____、_____、_____、_____、_____和_____。

5. S7–300 PLC 中扩展机架之间通过_____相连接。

6. PLC 是通过周期扫描工作方式来完成控制的，每个周期包括_____、_____、_____。

二、简答题

1. 什么是顺序控制系统？

2. 在顺序控制功能图中，什么是步、初始步、活动步、动作（或命令）和转换条件？

3. 步的划分原则是什么？

4. 在顺序控制系统中设计顺序功能图时要注意什么？

5. 简述转换实现的条件和转换实现时应完成的操作。

三、编程题

1. 实现三盏灯的开关控制，要求：按下起动按钮 SB1，第一盏灯点亮；按下 SB2，第二盏灯点亮，同时第一盏灯熄灭；按下 SB3，第三盏灯点亮，第二盏灯熄灭；按下 SB4，第一盏灯点亮，第三盏灯熄灭；如此循环。请利用顺序控制的方式编写程序。

2. 现有一车床，按下起动按钮 I0.4 后，应先起动冷却电动机，延时 6s 后主电动机起动；按停止按钮 I0.5 后，应先停止主电动机，再停止冷却电动机。请用顺序控制的编程方法编写程序。

模块 8

CIROS 仿真软件在自动化生产线中的应用

教学目标

知识目标

（1）了解 CIROS 仿真软件。

（2）掌握 TIA 博途软件结合 CIROS 软件进行设备仿真编程调试的方法。

能力目标

（1）对 CIROS 仿真软件有基本的认知。

（2）能通过 CIROS 仿真软件对编写程序进行在线监控、软硬件调试。

素质目标

培养学生的自我认知能力、独立思考能力和发现解决问题的能力。

教学内容

为了解决自动化生产线各单元在编程运行调试时设备少的问题，依托 CIROS 仿真软件，将信息技术和实训设施深度融合，以虚助实、虚实结合，来完成生产线各单元的仿真调试。本课题简要介绍 CIROS 仿真软件的作用和功能，并通过一个仿真实例来演示如何通过软件之间的联调来实现程序的编制与调试。

相关知识

一、CIROS 仿真软件介绍

CIROS 仿真软件支持不同场景下的 PLC 模拟和离线编程，适用于 PLC 控制的自动化技术设备。真实的 PLC 可以通过 EasyPort 与 CIROS 仿真软件连接。在这种场景下，CIROS 仿真软件接收 PLC 的输出值，模拟受控进程并将当前的传感器值通过 EasyPort 返回至 PLC 的输入端。也可以使用其他的控制软件，如 S7-PLCSIM 或 Codesys SoftPLC，在没有硬件的情况下控制模拟过程。此外，CIROS 仿真软件支持使用 OPC 服务器的控制系统连接。

CIROS 仿真软件可实现的功能如下：

（1）工业实践　仿真模拟已经是生产和产品开发中用于快速和低成本分析新解决方案的一个重要工具，图 8-1 所示为 CIROS 仿真软件用于工业实践的场景。依据问题中的任务，CIROS 仿真模拟系统可根据得到的信息的详细程度和计算信息的方式来进行工作。

图 8-1　CIROS 仿真软件用于工业实践的场景

（2）灵活学习　逼真的模拟教学系统大大增加了培训的场景，几乎包含了自动化系统中的所有场景，如图 8-2 所示。它们允许使用模拟拓展新的训练内容和场景。

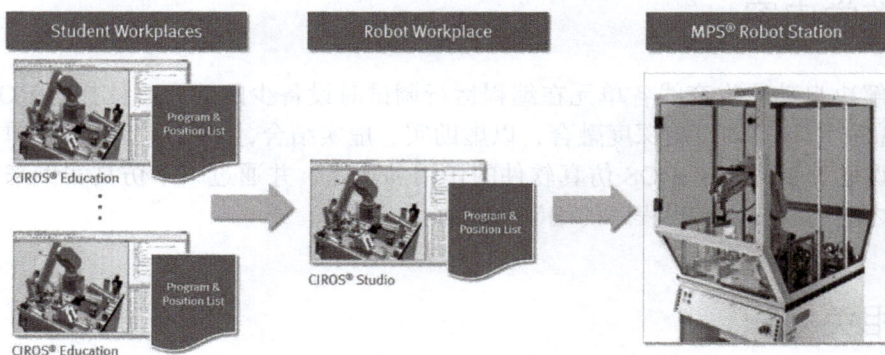

图 8-2　CIROS 仿真软件的学习模拟环境

（3）安全调试　机电一体化系统中使用了很多速度快、成本高的大型设备。为了学生和设备的安全，认识和操作各类机器人、直线轴和运输系统的任务可以先在模拟的生产环境中进行，图 8-3 所示为 CIROS 仿真软件的仿真调试场景。

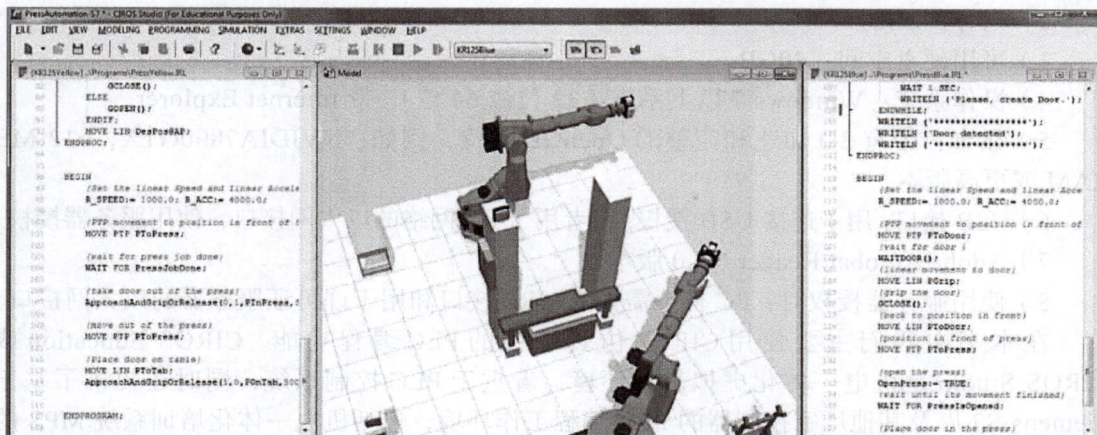

图 8-3　CIROS 仿真软件的仿真调试场景

（4）故障模拟　在模拟场景中，单击气缸或者电感式传感器，就可以在其上面设置故障。通过这项功能可以开展新的学习内容，培训学生进行系统性错误诊断，如图 8-4 所示。

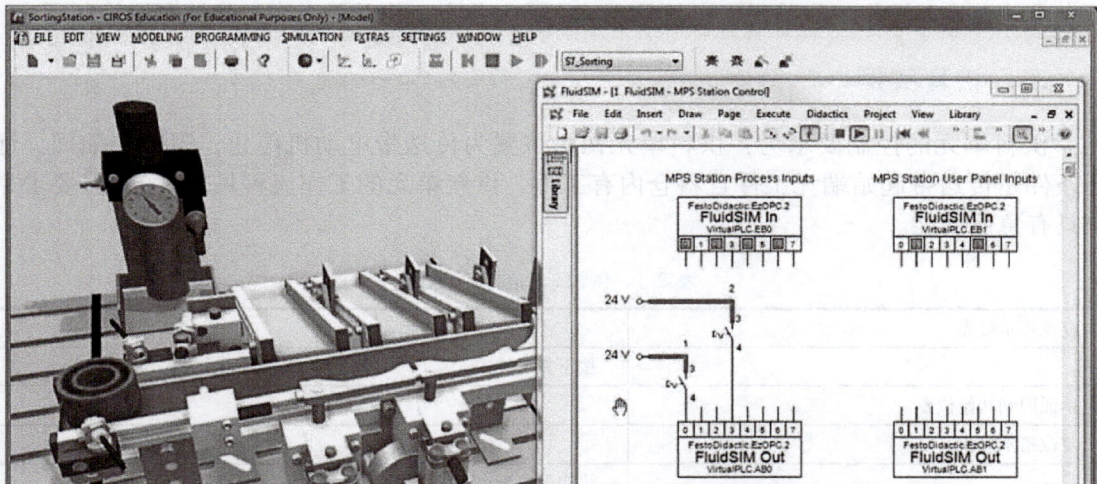

图 8-4　CIROS 仿真软件的故障模拟

（5）模拟到实践的转换　在生产设备模型的基础上，可以通过虚拟操作工业控制器和机械手掌握编写流程控制程序和运动程序的能力。完成的程序可以接着用于真实的控制器。

在 CIROS 仿真软件自带的模型库中，可以找到几乎所有 Festo Didactic 教学系统在工厂自动化和过程自动化领域对应的模拟模型并可直接使用。模型包括 MPS 模块化生产加工系统的组件、模块和工作单元。此外，通过 CIROS Studio 可以构建自己的过程模块，或使用现有的 MPS 工作单元模型搭建自己的设备。

安装 CIROS 仿真软件的系统要求如下：

1）Intel Core Duo 2.2 GHz 处理器。

2）内存：2GB。

3）可用硬盘空间：20GB。

4）操作系统：Windows 7 以上系统（32 位或 64 位），带 Internet Explorer。

5）显卡：带有 3D 加速和完整的 OpenGL 支持，例如：NVIDIA7800GTX，512 MB RAM 或更高版本。

6）USB 接口：用于连接 USB 授权；或者用于 PC 网络的以太网接口，使用服务器授权。

7）Adobe Acrobat Reader：6.0 版本以上。

8）使用服务器授权时：PC 机上需带有 USB 接口和用于许可证服务器的以太网接口。

在本书中我们主要使用 CIROS 仿真软件的 PLC 编程功能。CIROS Education 或 CIROS Studio 是机电一体化虚拟教学环境，着重于 PLC 控制系统，同时还提供了基于 Siemens S7 以及其他厂家控制器的 PLC 编程工作环境，包括机电一体化培训系统 MPS 的虚拟教学环境。

在 CIROS 仿真软件的综合模型库中包含 30 多个精选 MPS 工作单元的过程模型、不同的传输系统和自动化仓库。模型的控制可以由内置的虚拟 S7-PLC、由模拟 SIMATIC 控制器的 S7-PLCSIM 或者通过 EasyPort 或 EzOPC 服务器连接的外置 PLC 进行。设备的每一个工作单元均有各自的虚拟控制器及相应的程序，它们可在任何时间加以改变或全部新建，可在手动模式下操作工作单元，也就是说，能够在各个工作单元一步一步地调取控制程序。

二、仿真实例

供料单元的控制要求为：供料单元初始位置为传送带电动机停止、阻隔器缩回。起动条件是传送带起始端无工件且料仓内有工件。供料单元的工作流程见表 8-1，且要求系统具有急停功能。

表 8-1　供料单元的工作流程

复位指示灯亮	
	按下复位按钮
单元回到初始位置	
复位指示灯灭	
	将钥匙打到自动位置
起动指示灯亮	
	按下开始按钮
起动指示灯灭	
A：检测料仓有无工件	
料仓有工件	料仓无工件
料仓气缸推料	等待，备用灯 1 亮
传送带起动	继续执行 A
工件传送至传送带末端	
传送带电动机停止	
单元恢复至初始状态	
继续执行 A	

采用 TIA 博途软件进行编程设计并利用 CIROS 仿真软件进行仿真验证。

1. 所需软件

1）TIA 博途软件。

2）CIROS 仿真软件。

3）S7 PLCSIM Advance。

4）EzOPC。

2. TIA 博途软件编程

（1）生成项目　启动 TIA 博途软件，在博途视图中创建新项目，项目名称为"供料单元控制"，并选择项目保存路径，如图 8-5 所示。

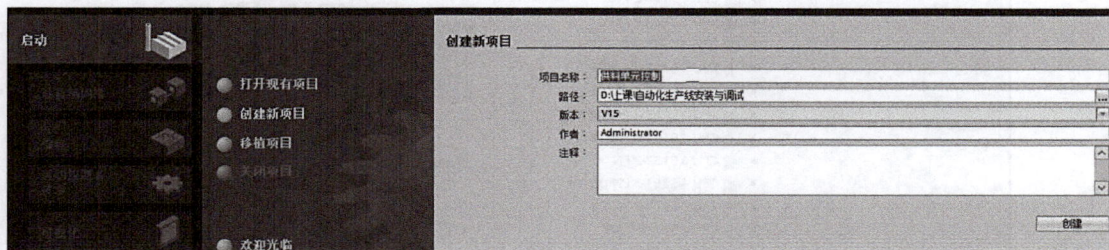

图 8-5　创建新项目

（2）设备组态　由于该程序在 CIROS 仿真软件中调试，需通过 S7 PLCSIM Advance 和 EzOPC 建立 PLC 程序与 CIROS 仿真软件之间的连接，故 PLC 硬件设备需组态为 S7–1500 系列 PLC，并将所有输入/输出地址更改为 126 字节，具体步骤如下所示：

1）单击左下角的"视图切换"按钮进入项目视图，在项目树中双击"添加新设备"，选择 SIMATIC S7–1500 CPU 1511C–1 PN，设备订货号为 6ES7 511–1CK01–0AB0，如图 8-6 所示。

2）在项目树中展开"CPU 1511C–1 PN"，双击"设备组态"，在"设备概览"窗口中看到 16DI/16DQ 数字量输入字节 I 地址为"0…1"，将其首字节地址改为 126，即变为"126…127"，具体为 I126.0 ～ I127.7；数字量输出字节 Q 地址为"0…1"，将其首字节地址改为 126，即变为"126…127"，具体为 Q126.0 ～ Q127.7，由于供料单元中未用到模拟量，故模拟量输入/输出字节不需要更改，如图 8-7 所示。

3）块编译时支持仿真。在项目树中右击项目名称，选择"属性"后，单击"保护"，勾选"块编译时支持仿真"，如图 8-8 所示。

（3）编辑变量　在 S7–1500 PLC CPU 的编程理念中，特别强调符号变量的使用。在开始编写程序之前，用户应当为输入变量、输出变量、中间变量定义相应的符号名，也就是标签，如图 8-9 所示。

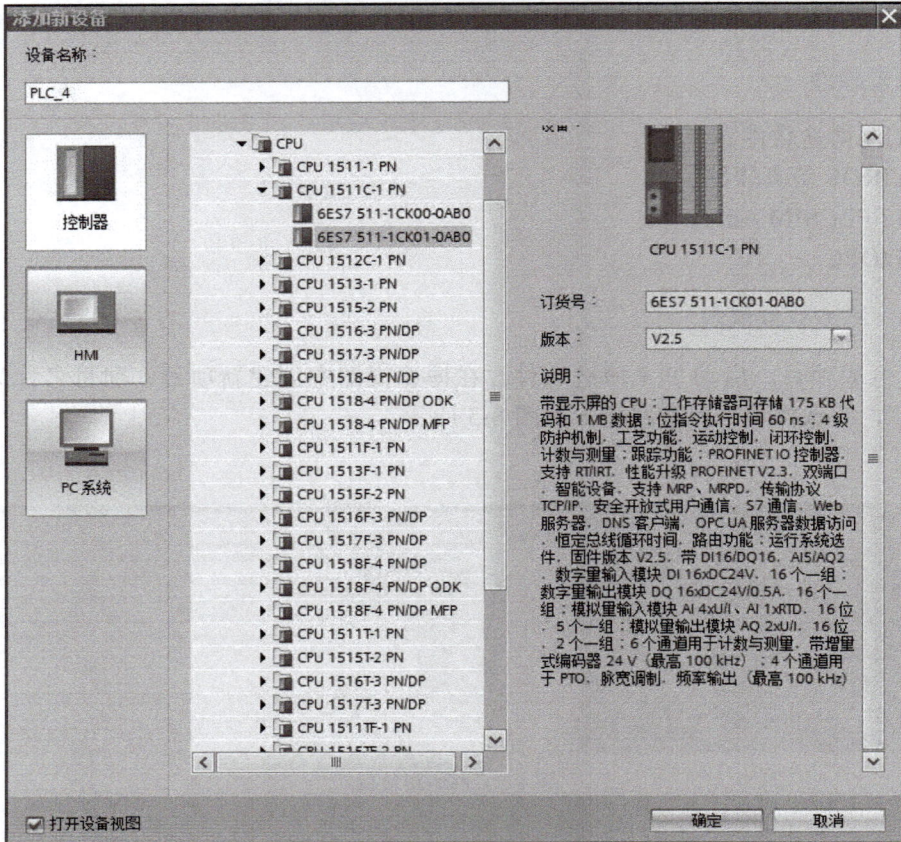

图 8-6　添加新设备

	模块	机架	插槽	I 地址	Q 地址	类型	订货号	固件
		0	0					
▼	PLC_1	0	1			CPU 1511C-1 PN	6ES7 511-1CK00-0AB0	V2.0
	AI 5/AQ 2_1	0	1 8	0...9	0...3	AI 5/AQ 2		
	DI 16/DQ 16_1	0	1 9	126...127	126...127	DI 16/DQ 16		
	HSC_1	0	1 16	12...27	6...17	HSC		
	HSC_2	0	1 17	28...43	18...29	HSC		
	HSC_3	0	1 18	44...59	30...41	HSC		

图 8-7　设备组态

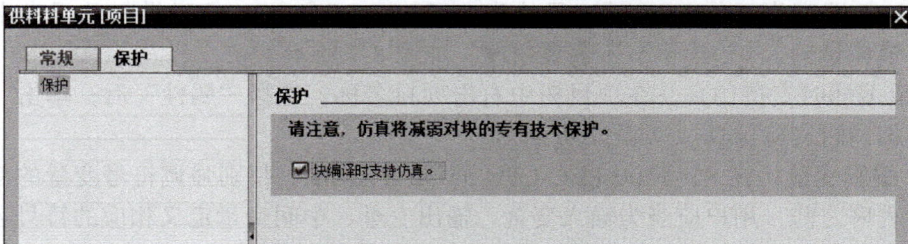

图 8-8　块编译时支持仿真

默认变量表

		名称	数据类型	地址	保持	可从 …	从 H…	在 H…	监控	注释
1		1b1	Bool	%I126.0	□	☑	☑	☑		工件开始
2		1b2	Bool	%I126.1	□	☑	☑	☑		工件在中间
3		1b3	Bool	%I126.2	□	☑	☑	☑		工件在尾端-对射式
4		retracted	Bool	%I126.4	□	☑	☑	☑		缩回状态
5		advanced	Bool	%I126.5	□	☑	☑	☑		伸出状态
6		magz-empty	Bool	%I126.6	□	☑	☑	☑		料仓空
7		start	Bool	%I127.0	□	☑	☑	☑		
8		stop	Bool	%I127.1	□	☑	☑	☑		
9		Auto/man	Bool	%I127.2	□	☑	☑	☑		
10		reset	Bool	%I127.3	□	☑	☑	☑		
11		belt-right	Bool	%Q126.0	□	☑	☑	☑		
12		belt-left	Bool	%Q126.1 ▼	□	☑	☑	☑		
13		separator	Bool	%Q126.2	□	☑	☑	☑		
14		slide advance	Bool	%Q126.4	□	☑	☑	☑		
15		start light	Bool	%Q127.0	□	☑	☑	☑		
16		reset light	Bool	%Q127.1	□	☑	☑	☑		
17		good light	Bool	%Q127.2	□	☑	☑	☑		
18		bad light	Bool	%Q127.3	□	☑	☑	☑		
19		timer	Bool	%M126.0	□	☑	☑	☑		
20		bad stat	Bool	%M127.1	□	☑	☑	☑		
21		good stat	Bool	%M127.0	□	☑	☑	☑		
22		Tag_1	Byte	%QB126	□	☑	☑	☑		
23		Tag_2	Byte	%QB127	□	☑	☑	☑		
24		Tag_3	Byte	%MB127	□	☑	☑	☑		

图 8-9　变量表定义

具体步骤如下：

① 在 PLC 变量表中声明变量。

② 在程序编辑器中选用和显示变量。

③ 在程序编辑器中定义和改变变量。

（4）编辑程序　在项目视图中项目树的程序块中选择"Main［OB1］"，在主程序中编写急停及子程序调用程序，如图 8-10 ～图 8-12 所示。在项目视图中项目树的程序块中单击"添加新块"，选择"函数块 FB"以及编程语言为"Graph"，在该 FB 块中编写供料单元的自动控制程序，如图 8-13 ～图 8-15 所示（由于程序较长，后面部分未展开）。

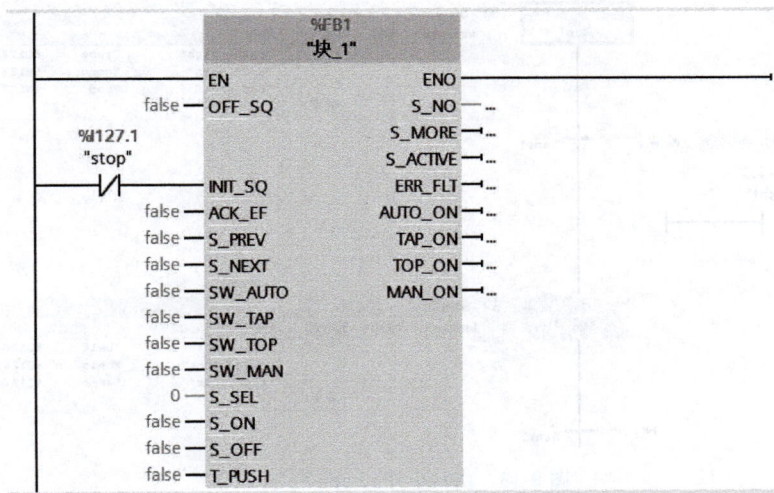

图 8-10　供料单元 Main 程序（1）

229

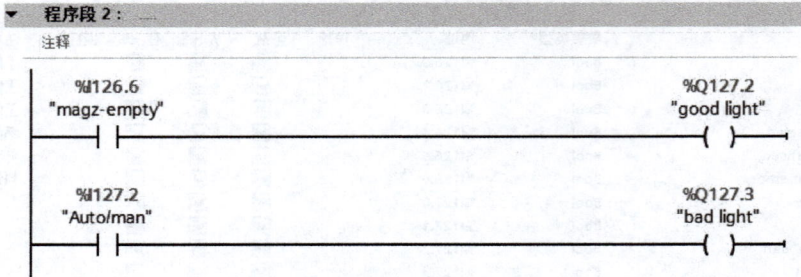

图 8-11　供料单元 Main 程序（2）

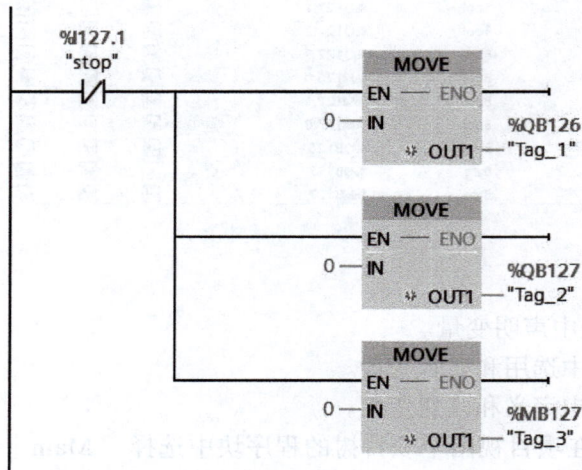

图 8-12　供料单元 Main 程序（3）

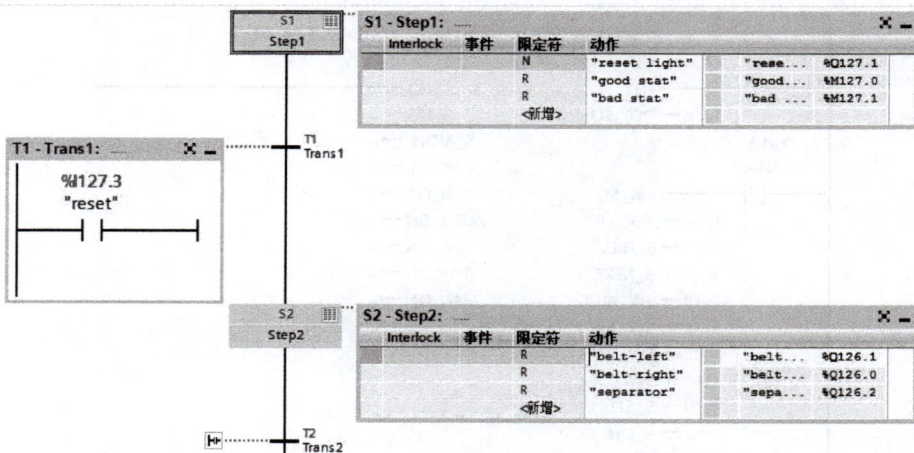

图 8-13　供料单元 Graph 程序（1）

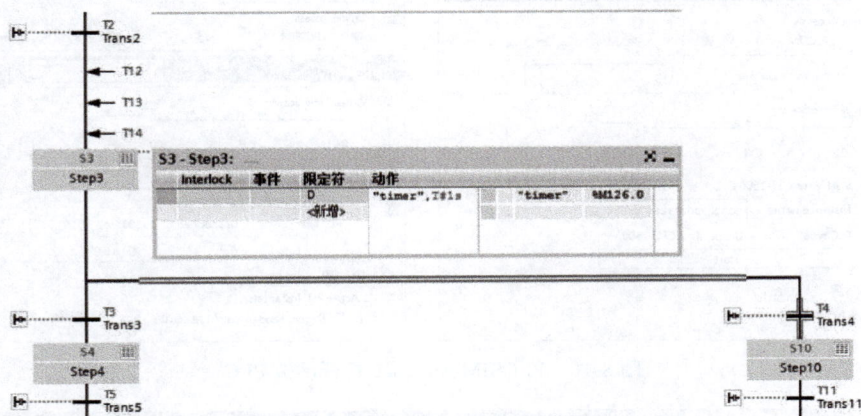

图 8-14　供料单元 Graph 程序（2）

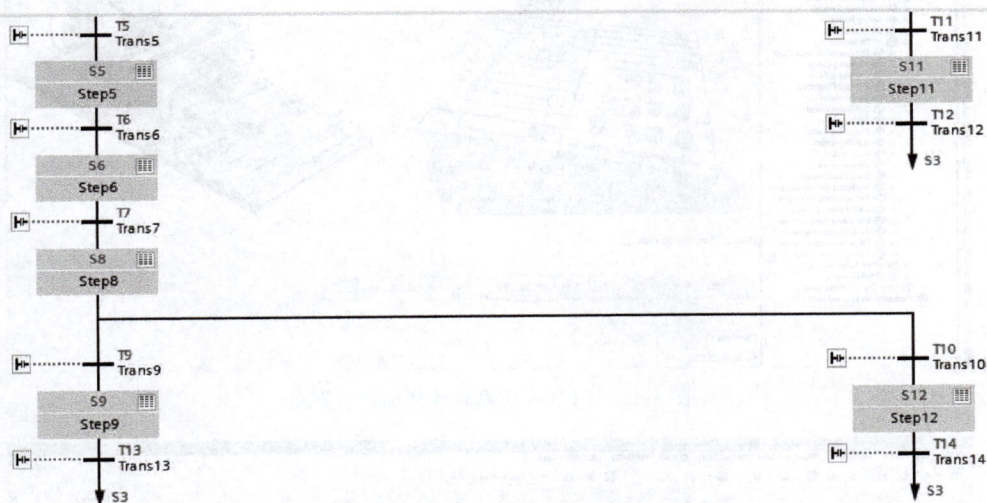

图 8-15　供料单元 Graph 程序（3）

3. 仿真调试

编写好供料单元程序后，打开 PLCSIM Advance 仿真软件，单击"Start Virtual S7–1500 PLC"，输入虚拟 1500 PLC 名称后，单击"Start"，即可启动虚拟 PLC，如图 8-16 所示。

在博途软件中对程序进行编译后，单击按钮 ⬇，下载 PLC 程序至虚拟 PLC 中。

打开 CIROS 仿真软件，单击"目录 → CIROS Education → PLC Programming → Controlling modules & stations → MPS Stations → Distributing/conveyor station"，打开供料单元仿真模型，如图 8-17、图 8-18 所示。

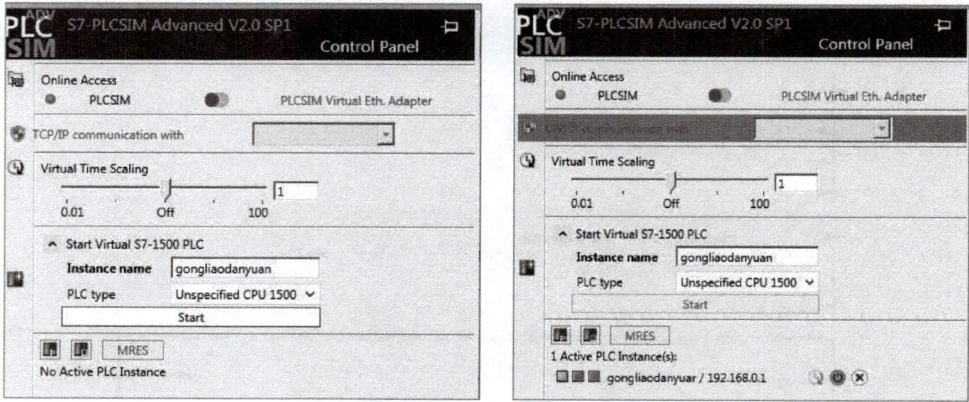

图 8-16　PLCSIM Advance 打开虚拟 PLC

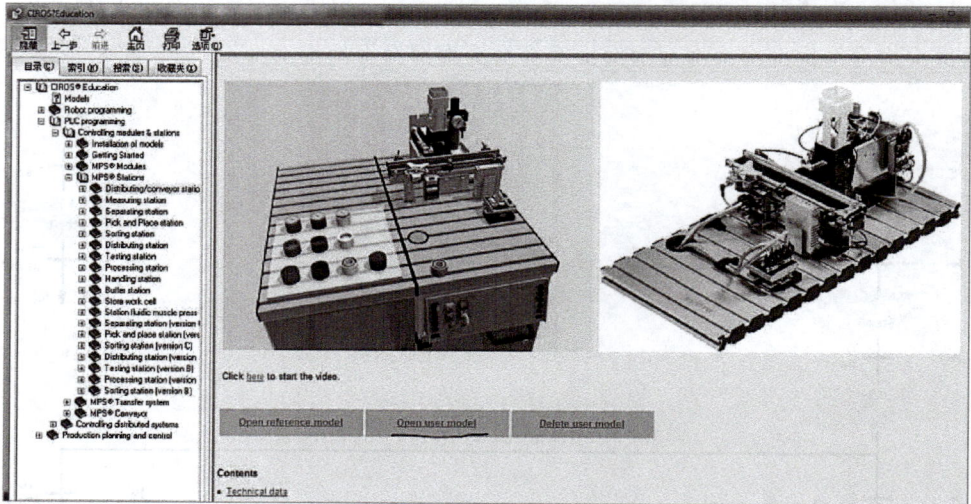

图 8-17　CIROS 仿真软件帮助索引界面

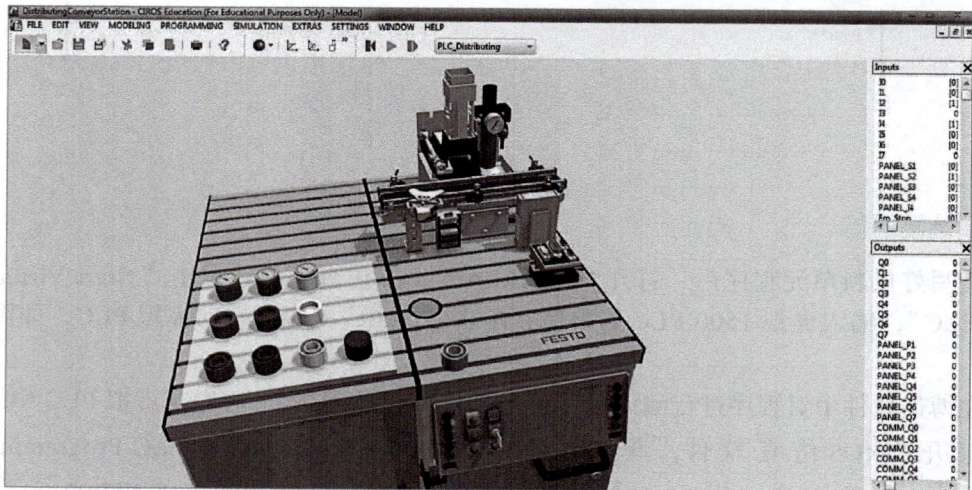

图 8-18　CIROS 仿真软件中供料单元仿真模型

在供料单元的虚拟仿真模型中，单击"MODELING → PLC Switch"，弹出如图 8-19 所示对话框，在对话框中右击"PLC Distributing"，选择"Switch Directly to → OPC"，对话框转变为如图 8-20 所示对话框。

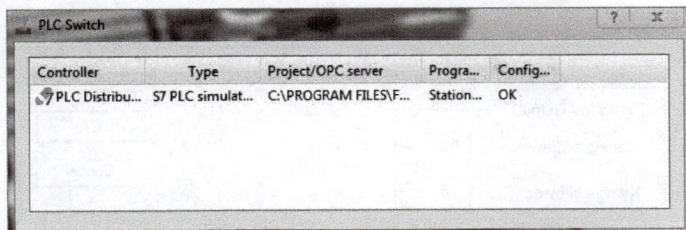

图 8-19　PLC Switch 转换之前

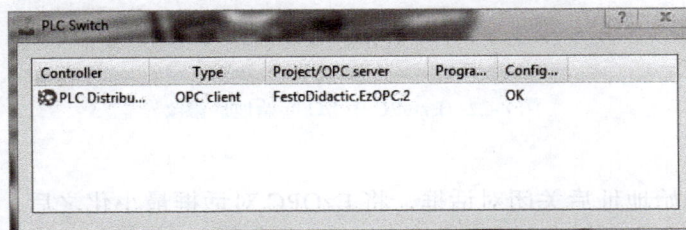

图 8-20　PLC Switch 转换之后

关闭对话框后，单击按钮 ▶，弹出 EzOPC 对话框，如图 8-21 所示。

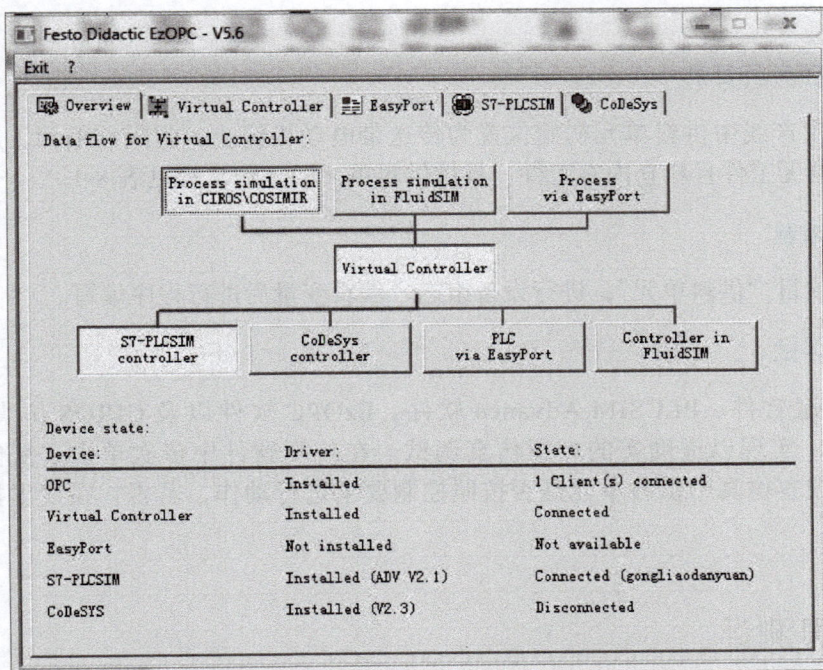

图 8-21　EzOPC 对话框

233

单击"S7–PLCSIM",勾选"PLCSIM Advanced",单击"Define IO range",修改对话框中 Starting address 为"126"(与博途软件硬件组态时,I/O 输入 / 输出的起始地址一致),如图 8-22 所示。

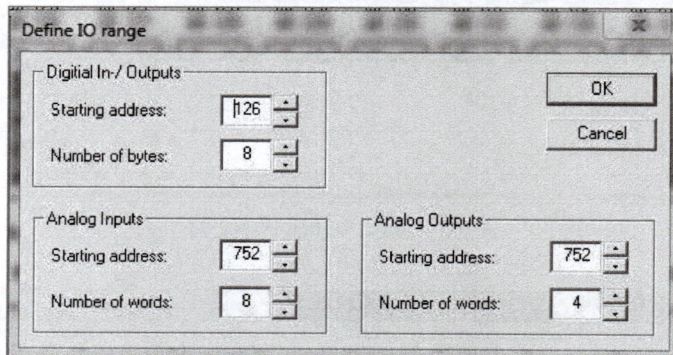

图 8-22　EzOPC 中 I/O 起始地址修改

修改完 I/O 起始地址后关闭对话框,将 EzOPC 对话框最小化之后,即可在仿真模型中调试 PLC 程序。

技能训练

1. 控制任务及要求

自动化生产线中供料单元初始位置为传送带电动机停止、阻隔器缩回。起动条件是传送带起始端无工件且料仓内有工件。具体供料单元的工作流程见表 8-1。

2. 程序编制

生成新项目"供料单元",进行设备组态,编辑变量后进行程序编写。

3. 仿真调试

进行博途软件、PLCSIM Advance 软件、EzOPC 软件以及 CIROS 仿真软件之间的软件协同,实现以虚助实的虚拟仿真调试。在仿真软件中依次单击"复位"和"启动"按钮,观察仿真中供料单元是否按照控制要求进行动作,若否,在线虚拟修改调试程序。

效果测评

CIROS 仿真软件在自动化生产线中的应用课题评价表见表 8-2。

表 8-2　CIROS 仿真软件在自动化生产线中的应用课题评价表

评价项目	评价要求	评分标准	配分	扣分	得分
程序的正确编制	1）能正确分配 I/O 地址 2）能正确进行设备组态 3）能正确编制程序流程图	1）I/O 地址分配错误或少一处，扣 5 分 2）CPU 组态不正确，扣 10 分 3）未设置块保护，扣 10 分 4）程序表达不正确或不规范，每处扣 5 分	30 分		
仿真调试	能熟练使用 CIORS 软件对编制程序进行仿真调试	1）不能通过正确设置使三个软件进行协同运行，不能实现虚拟调试，每处错误扣 10 分 2）不能通过虚实软件协同进行程序的编辑、修改、转换、写入及监视，每项扣 2 分	50 分		
安全操作	确保人身和设备安全	违反安全文明操作规程，扣 10 ~ 20 分	20 分		
合计			100 分		

参 考 文 献

［1］ 吴繁红．西门子 S7-1200 PLC 应用技术项目教程［M］．2 版．北京：电子工业出版社，2021．

［2］ 陈丽，程德芳．PLC 应用技术：S7-1200［M］．北京：机械工业出版社，2020．

［3］ 侍寿永，夏玉红．电气控制与 PLC 应用技术：S7-1200［M］．北京：机械工业出版社，2022．

［4］ 刘艳春，卢玉锋．自动化生产线安装与调试［M］．北京：中国铁道出版社，2015．